国家林业局干部学习培训系列教材

林业改革知识读本

本书编写组组织编写

张 蕾 主编

中国林业出版社

图书在版编目（CIP）数据

林业改革知识读本/张蕾主编. —北京：中国林业出版社，2017.6
国家林业局干部学习培养系列教材
ISBN 978-7-5038-9082-6

Ⅰ.①林…　Ⅱ.①张…　Ⅲ.①林业经济－经济体制改革－中国－干部培训－教材　Ⅳ.①F326.22

中国版本图书馆 CIP 数据核字（2017）第 126155 号

国家林业局生态文明教材及林业高校教材建设项目

中国林业出版社·教育出版分社

策划编辑：杨长峰　高红岩	责任编辑：高红岩
电话：(010)83143554	传真：(010)83143516

出版发行	中国林业出版社（100009　北京市西城区德内大街刘海胡同7号）
	E-mail：jiaocaipublic@163.com　电话：(010)83143500
	http://lycb.forestry.gov.cn
经　销	新华书店
印　刷	北京中科印刷有限公司
版　次	2017年6月第1版
印　次	2017年6月第1次
开　本	710mm×1000mm　1/16
印　张	19.25
字　数	320千字
定　价	40.00元

未经许可，不得以任何方式复制或抄袭本书之部分或全部内容。

版权所有　侵权必究

国家林业局干部学习培训系列教材
编撰工作委员会

主 任： 张建龙
副主任： 张永利　刘东生　彭有冬　李树铭　李春良
　　　　　谭光明　封加平　张鸿文　马广仁
委 员： 祁　宏　王祝雄　郝燕湘　贾建生　刘　拓
　　　　　王海忠　闫　振　胡章翠　章红燕　郝育军
　　　　　高红电　李世东　杨　超　潘世学　程　红
　　　　　孟宪林　孙国吉　张　炜　周鸿升　潘迎珍
　　　　　丁立新　王志高　李向阳　金　旻

《林业改革知识读本》编写工作组

组　　　长：张　蕾
副　组　长：李向阳　王　浩
成　　　员：吴友苗　邹庆浩　陈峥嵘　李俊魁
　　　　　　陈立俊　裘烨真
执 行 主 编：张　蕾
参 编 人 员：黄雪丽　谷振宾　赵冬泉　杨光华

序

"玉不琢，不成器；人不学，不知道。"①重视学习、善于学习，是我们党的优良传统和政治优势，是我们党保持和发展先进性、始终走在时代前列的重要保证，也是领导干部提高素质、增强本领、健康成长、不断进步的重要途径。在历史上每一个重大转折时期，我们党总是把加强学习和教育干部突出地摆到全党面前，而每次这样的学习热潮，都能推动党和人民事业实现大发展、大进步。

"中国共产党人依靠学习走到今天，也必然要依靠学习走向未来。"当前，面对复杂严峻的国际形势，面对艰巨繁重的改革发展稳定任务，我们学习的任务不是轻了，而是更加重了。习近平总书记指出："全党同志特别是各级领导干部要有本领不够的危机感，以时不我待的精神，一刻不停增强本领。只有全党本领不断增强了，'两个一百年'奋斗目标才能实现，中华民族伟大复兴的中国梦才能梦想成真。"

"工欲善其事，必先利其器。"教材是干部学习培训的关键工具，关系到用什么培养党和人民需要的好干部的问题。好的教材对于丰富知识、提高能力，对于提升教学水平和培训质量都具有非常重要的意义。中央高度重视干部学习培训教材建设。习近平

---

① 出自欧阳修《诲学说》。

总书记在为第四批全国干部学习培训教材作的《序言》中，要求广大干部要"学好用好教材""不断增强中国特色社会主义道路自信、理论自信、制度自信，不断提高知识化、专业化水平，不断提高履职尽责的素质和能力"。《干部教育培训工作条例》要求：应当适应不同类别干部教育培训的需要，着眼于提高干部的综合素质和能力，逐步建立开放的、形式多样的、具有时代特色的教材体系。

近年来，各级林业部门单位不断加强干部学习培训教材建设，取得了较好成绩。但是相对于日益增强的林业干部培训需求，教材建设工作仍远远滞后，突出表现为教材建设缺乏规划和统一标准、内容陈旧、特色不明显、实践教材严重不足等。

为深入贯彻落实中央要求，服务干部健康成长，国家林业局适时启动了局重点教材建设工作，成立了国家林业局教材建设工作领导小组，下设干部学习培训教材建设办公室和院校林科教育教材建设办公室，分别负责组织实施干部学习培训教材和林科教育教材编制工作。

系列教材建设坚持以下原则：通识性，以干部必须掌握的基础知识或专业技能为主要编写内容；实用性，紧贴培训对象的工作实际；科学性，尊重林业发展规律和科学规律，突出行业特色；前瞻性，既要注重认识和破解当前林业改革发展面临的难题与挑战，又要关注未来林业发展趋势；创新性，注重介绍林业改革发展的新知识、新领域、新方法、新技术和新成果。系列教材的应用，将为提升广大林业干部特别是基层林业干部的综合素质、专业素养和履职尽责能力提供有力工具。系列教材建设以林业党政干部、专业技术人员、企业经营管理者等为主要对象，以林业基础知识、新知识、林业热点等为主要内容，逐步形成包括通用知识、专业知识、工作案例在内的系列教材。

国家林业局第一批启动了《林业政策法规知识读本》《林业改

革知识读本》等教材建设，为全面推进干部学习培训教材建设奠定了良好基础。

各级林业部门单位要以教材建设为契机，把局重点教材建设与本土教材结合起来，把干部学习与工作实际结合起来，认真做好本地区教材建设工作。要把学好用好教材作为干部教育培训的重要任务，融入到推动本地区林业建设的生动实践中，着力提升广大干部推动科学发展和改革创新的能力，更好地服务林业现代化建设。

2017 年 5 月

前　言

党的十八届五中全会通过的《中共中央关于国民经济和社会发展"十三五"规划的建议》中提出了"创新、协调、绿色、开放、共享"五大发展理念。其中绿色发展首次作为国家发展规划的核心理念之一，这与十八大将生态文明纳入"五位一体"总体布局一脉相承。作为党中央在十三五时期的重大战略部署，无疑给林业的发展提出了更高的要求，林业也必将在绿色发展中承担更大的历史使命。

新中国成立以来，我国林业建设取得巨大成就。但我国仍是一个少林缺绿的国家。目前，我国森林面积2.08亿hm^2，森林覆盖率21.63%，远低于全球31%的平均水平，人均森林面积仅为世界人均水平的1/4，人均森林蓄积只有世界人均水平的1/7，可以说林业的发展面临更大的挑战和压力。与此同时，林区也是新农村建设的薄弱区域。我国山区面积占国土面积的69%，山区人口占到全国的56%，在全国2000多个行政县(市)中，有1500多个是山区县，在592个国家级贫困县中，有496个分布在山区。可见，山区是贫困人口的聚集区，更是新农村建设的重点和难点所在。阿马蒂亚·森曾经说过，人的贫困与他占有的资源禀赋、能力禀赋有关，更与制度约束有关。长期以来林业发展体制机制不活，产权结构不清等导致的林业生产力低下的问题，成为制约林业发展、林农致富、林区繁荣的重大障碍。推进林业改革，消除制度性障碍势在必行。

我国的林业制度改革首先起步于集体林。新中国成立后，集体林权制度经历了四次变动，在统分之间顺应了当时的历史要求，推动了集体林业发展。但是，随着社会主义市场经济体制的不断完善，体制机制问题不断凸显。从2003年开始集体林权制度改革（后简称"集体林改"）的试点到2008年集体林改的全面推进，截至2012年年底集体林改的确权发证任务已经全面完成。在此基础上，国务院、国家林业局联合其他相关部门相继出台了涉及林下经济、融资贷款等一系列配套改革制度文件，通过深化改革，逐步形成充满活力的集体林业发展机制。集体林改已经取得了显著的成效，资源增长、农民增收、林区稳定，林区治理走向和谐，为国家探索自然资源产权制度改革作出了贡献，并为国际林权制度改革作出了典范和榜样。

集体林改取得巨大成效的同时，国有林改革也不断探索。新中国成立以后，为尽快复苏国家经济，满足社会主义初级阶段经济建设的需要，国家将大面积集中分布的天然林划归国有，建立国有林区，成立国有林场，集中开发、集中管理。在历史变迁中，国有林的发展从计划经济时期的多权合一的摸索到改革开放后的体制探索，每一次变革都顺应了时代发展的潮流，经过长期建设和发展，国有林成为我国最重要的生态安全屏障和森林资源培育战略基地。但国有林的发展却面临着资源管理弱化、基础设施落后、债务负担沉重、职工生活困难、发展陷入困境等问题。为了进一步加快国有林改革，更好地支撑国家生态建设和绿色发展，2015年3月18日中共中央、国务院出台了《国有林场改革方案》和《国有林区改革指导意见》，指出国有林场、国有林区是维护国家生态安全最重要的基础设施，主要功能是保护培育森林资源、维护国家生态安全；要推动林业发展模式由木材生产为主转变为生态修复和建设为主、由利用森林获取经济利益为主转变为保护森林提供生态服务为主。这是对林业使命的新判断和对国有林场、国有林区功能作用的新定位，并出台了一系列改革措施。

在新形势下，大力推进林业改革，是维护国家生态安全、守住中华民族发展根基的战略举措，对实现全面建成小康社会、建设生态文明和美丽中国、实现中华民族伟大复兴的中国梦有着重要意义。集体林改已经进入深化阶段，正如国家林业局局长张建龙指出的：要抓紧出台关于完善集体林权制度的意见，继续做好集体林地承包确权登记颁证工作，稳定集体林地承包关系，加强林权权益保护，进一步放活生产经营自主权，依法推进集体林权有序流转，推进集体林适度规模经营，培育壮大林业规模经营主体，建立林业经营负面清单制度，加强集体林业管理服务。这为集体林业的深化改革提供了方向。国有林的改革正在全面推进，改革的效益也在逐渐彰显，配套改革不断推进。

本读本通过对集体林和国有林两方面重大改革进行了比较全面的总结梳理，结合地方实践、实地调研和改革案例，系统的介绍了我国林业改革，具有较强的知识性和可读性，旨在为林业改革发展提供借鉴。在读本的撰写中得到了国家林业局、林业干部教材编写领导小组、编委会、各司局和相关单位的支持和帮助，写作的过程凝聚了很多专家学者的心血，刘拓、杨超、安丰杰、孔明、李向阳、戴广翠、陈绍志、宋维明、王月华、刘东黎、陈建成、刘俊昌、邹庆浩、李俊魁、杨长峰、裘烨真为该读本的完成付出了很多努力，黄雪丽、谷振宾、赵冬泉、杨光华参与了本书的编写。由于读本的撰写较为仓促，编写人员水平有限，错误和不足在所难免，请广大读者不吝赐教。

张 蕾

2017 年 3 月

目 录

序
前 言

总 论

第一章 新时期全面深化改革的理论创新 ……………………… 2
   第一节 改革的方向 …………………………………………… 2
   第二节 改革遵循的规律 ……………………………………… 3
   第三节 改革的动力 …………………………………………… 3

第二章 生态文明建设对林业改革的要求 …………………… 5
   第一节 生态文明建设的意义 ………………………………… 5
   第二节 生态文明建设的内涵 ………………………………… 7
   第三节 生态文明建设的指导思想 …………………………… 7
   第四节 生态文明建设的要求 ………………………………… 8

第三章 现代林业发展支撑林业改革 ………………………… 12
   第一节 现代林业发展的内涵 ………………………………… 12
   第二节 发展现代林业的意义 ………………………………… 14
   第三节 现代林业发展目标 …………………………………… 14

第四章 制度变迁理论与林业改革 …………………………… 16
   第一节 制度变迁的含义、特点与类型 ……………………… 16
   第二节 制度变迁的影响因素与路径依赖 …………………… 18
   第三节 林业制度变迁与林权制度改革 ……………………… 19

第五章 产权与林权的基本认识 ……………………………… 23
   第一节 产权与林权的含义 …………………………………… 23
   第二节 产权与林权的特征 …………………………………… 25

第三节 林权的功能、权能和类型 …………………………… 27
第四节 林权的内容 …………………………………………… 29

分 论

分论一 中国集体林权制度改革

第一章 集体林权制度改革的基本认识与意义 ……………… 33
第一节 集体林权制度改革的基本认识 ……………………… 33
第二节 集体林权制度改革的意义 …………………………… 35

第二章 国外林权变革经验与现状 …………………………… 42
第一节 发达国家和东欧国家的林权改革经验及现状 ……… 42
第二节 发展中国家的林权变革经验与现状 ………………… 45

第三章 集体林权制度改革的背景 …………………………… 48
第一节 集体林权制度改革的历程 …………………………… 48
第二节 集体林权制度改革的内在动因 ……………………… 54
第三节 集体林权制度改革的客观要求 ……………………… 57
第四节 集体林权制度改革的时机成熟 ……………………… 59

第四章 集体林权制度改革的内容 …………………………… 61
第一节 集体林权制度改革的指导思想 ……………………… 62
第二节 集体林权制度改革的总体目标和政策 ……………… 62
第三节 集体林权制度改革的基本原则 ……………………… 63
第四节 集体林权制度改革的主要内容 ……………………… 65
第五节 集体林权制度改革的重点要求 ……………………… 72
第六节 集体林权制度改革的鲜明特点 ……………………… 73

第五章 集体林权制度改革的主要措施 ……………………… 74
第一节 坚持高位推动　加强组织体系建设 ………………… 74
第二节 全面摸清历史　因地制宜制定方案 ………………… 75
第三节 坚持试点先行　推广改革先进经验 ………………… 78
第四节 强化舆论宣传　培训优化组织队伍 ………………… 79
第五节 坚持依法依规办事　保障改革有序推进 …………… 80
第六节 相关部门支持配合　有效推进改革 ………………… 80

第六章 深化改革全面推进的主要内容 ……………………… 82

第一节　规范林地林木流转 …………………………………… 82
　　第二节　创新林业融资改革 …………………………………… 83
　　第三节　推进森林保险制度 …………………………………… 84
　　第四节　加快林农社会化服务体系建设 ……………………… 85
　　第五节　加大林下经济发展的政策支持 ……………………… 86
　　第六节　推进林业基础设施建设和技术服务 ………………… 87
　　第七节　完善林业补贴制度 …………………………………… 88

第七章　集体林权制度改革的成效 ………………………………… 90
　　第一节　林业资源有效增长 …………………………………… 90
　　第二节　产业发展活力激发 …………………………………… 92
　　第三节　农民在改革中脱贫致富 ……………………………… 93
　　第四节　林区基层治理走向和谐 ……………………………… 96
　　第五节　中国林改的国际影响 ………………………………… 101

第八章　深化集体林权制度改革面临的新情况、新问题 ………… 104
　　第一节　林权流转亟待规范 …………………………………… 104
　　第二节　林权融资难题亟待破解 ……………………………… 105
　　第三节　组织化亟待建立新机制 ……………………………… 107
　　第四节　基础设施建设亟待加强 ……………………………… 108
　　第五节　林木采伐管理亟待改进 ……………………………… 108
　　第六节　生态公益林管理亟待创新 …………………………… 109

第九章　集体林权制度改革的发展趋势 …………………………… 111
　　第一节　"由分到合"：林业经营的未来之路 ……………… 111
　　第二节　"林下经济"：兴林富民的必经之路 ……………… 113
　　第三节　"林权流转"：规模经营的必然趋势 ……………… 116
　　第四节　"科技兴林"：林业繁荣的必由之路 ……………… 118

分论二　国有林改革

第一章　国有林发展历程 …………………………………………… 121
　　第一节　重点国有林区发展历程 ……………………………… 122
　　第二节　国有林场发展历程 …………………………………… 129

第二章　国有林发展面临的困境 …………………………………… 132

第一节 国有林区"两危"严重 ………………………………………… 133
第二节 国有林区"政企社"不分 ……………………………………… 135
第三节 国有森林资源管理体制不顺 …………………………………… 135
第四节 国有林业经营机制不活 ………………………………………… 136
第五节 国有林区难以融入区域经济社会发展 ………………………… 137
第六节 国有林场举步维艰 ……………………………………………… 138

第三章 国有林业改革实践探索 …………………………………… 140
第一节 森林资源管理体制改革探索 …………………………………… 140
第二节 国有林权制度改革探索 ………………………………………… 144
第三节 国有林业经营体制改革探索 …………………………………… 147

第四章 国有林场改革实践 ………………………………………… 156
第一节 国有林场改革历程艰难 ………………………………………… 156
第二节 探索管理体制改革 ……………………………………………… 158
第三节 新世纪以来开展的改革 ………………………………………… 159

第五章 国有林改革的国际借鉴 …………………………………… 162
第一节 加拿大 …………………………………………………………… 162
第二节 德国 ……………………………………………………………… 163
第三节 日本 ……………………………………………………………… 164
第四节 俄罗斯 …………………………………………………………… 165
第五节 瑞典 ……………………………………………………………… 167
第六节 美国 ……………………………………………………………… 169

第六章 开启国有林全面改革 ……………………………………… 171
第一节 开展新的试点工作 ……………………………………………… 171
第二节 国有林场改革试点进展顺利 …………………………………… 173
第三节 国有林场基础设施建设水平得到提升 ………………………… 175
第四节 资源培育取得成效 ……………………………………………… 175
第五节 国有林场改革政策不断完善 …………………………………… 176

第七章 国有林改革进入快车道 …………………………………… 177
第一节 国有林改革意义重大 …………………………………………… 177
第二节 国有林改革的目标和原则 ……………………………………… 179
第三节 国有林改革的关键 ……………………………………………… 179

第四节　国有林改革的重点 ·· 181
　　第五节　国有林区改革任务 ·· 182
　　第六节　国有林改革措施 ·· 183
　　第七节　实施林场(所)撤并和生态移民政策 ···························· 184

参考文献 ·· 186

附录一　重要文件 ·· 189
　　中共中央　国务院关于加快林业发展的决定 ··························· 189
　　中共中央　国务院关于全面推进集体林权制度改革的意见 ········ 199
　　中共中央　国务院印发《国有林场改革方案》和《国有林区改革指导意见》
　　　··· 204
　　中共中央　国务院关于加快推进生态文明建设的意见 ·············· 214
　　国务院办公厅关于加快林下经济发展的意见 ·························· 227
　　国务院办公厅关于引导农村产权流转交易市场健康发展的意见 ····· 231
　　中国人民银行　财政部　银监会　保监会　林业局关于做好集体林权制度
　　　改革与林业发展金融服务工作的指导意见 ·························· 236
　　中国银监会　国家林业局关于林权抵押贷款的实施意见 ··········· 241
　　国家林业局关于促进农民林业专业合作社发展的指导意见 ········ 246
　　国家林业局关于切实加强集体林权流转管理工作的意见 ··········· 252
　　国家林业局关于进一步加强集体林权流转管理工作的通知 ········ 258
　　国家林业局关于规范集体林权流转市场运行的意见 ················· 261

附录二　改革案例 ·· 265
　　附件一：集体林改革 ·· 265
　　　甘肃省泾川县：积极探索生态脆弱区林改之路 ···················· 265
　　　辽宁本溪：生态富民谱新曲　林下经济展宏图 ···················· 269
　　附件二：国有林改革 ·· 272
　　　原山林场：国有林场改革发展的转型样本 ·························· 272
　　　大力弘扬塞罕坝精神　再谱国有林场建设新篇章 ················· 282

总　论

　　人类的文明史，就是一部改革史，一部全面深化改革的文明史。中国全面深化改革的关键是中国共产党基于人民的利益来推动中国寻找各方利益的最大公约数。回顾历史，改革开放决定了当代中国的命运。邓小平同志强调改革开放的基础性意义，他曾指出："改革的意义，是为下一个十年和下世纪前五十年奠定良好的持续发展的基础。"正是我们党深刻总结改革开放前30年历史经验教训，实现了改革开放这一次伟大觉醒，才让中国人迎来实现中华民族伟大复兴这一中国梦的曙光。改革开放更决定着民族复兴的前途命运。党的十八大以来，新一届党中央全面部署改革开放。习近平总书记强调，"改革开放是决定当代中国命运的关键一招，也是决定实现'两个100年'奋斗目标、实现中华民族伟大复兴的关键一招。"揭示了改革开放在当代中国发展中的决定性、关键性意义。

　　党的十八届三中全会通过的《关于全面深化改革若干重大问题的决定》提出，要加快生态文明制度建设，并明确了生态文明制度体系的构成及其改革方向、重点任务。全面深化林业改革，推进生态文明制度建设，更好地发挥林业在生态文明建设中的重要作用，是历史赋予林业的重大使命。近些年来我国全面推行集体林权制度改革，取得了重要进展，初步实现了"生态受保护，农民得实惠"的目标，开创了我国农村改革的新纪元，成为新时期中国改革的一大亮点。在全面推进集体林权制度改革的同时，我国积极探索国有林场改革和重点国有林区改革，形成了全面推进林业改革的新态势。改革是时代发展的必然要求。中国林业改革遵循了客观规律，顺应了客观实际的要求，取得了显著的成效，为国家深化改革、特别是农村改革、城乡一体化体制机制改革探索了成功的路子，积累了宝贵的经验。

第一章
新时期全面深化改革的理论创新

党的十八届三中全会指出，改革开放只有进行时没有完成时。改革开放是一项长期的、艰巨的、繁重的事业，必须一代又一代人接力干下去。这是从马克思主义认识论的高度，对改革开放持久性的时态规律作出的科学结论，展示了中国共产党人对中国特色社会主义伟大事业的道路自信、理论自信和制度自信，展示了党中央深谋远虑、责任担当和继续坚定不移推进改革开放的坚定信念，勾画出了中华民族、中国特色社会主义和党的事业继往开来、薪火相传、与时俱进的壮阔前景。

第一节　改革的方向

改革必须"保持战略定力，保持政治坚定性，明确政治定位""我们的改革开放是有方向、有立场、有原则的""我们的改革是在中国特色社会主义道路上不断前进的改革，既不走封闭僵化的老路，也不走改旗易帜的邪路"，为我们在纷繁复杂的形势下推进改革指明了政治遵循。

改革就是要建立更完备、更稳定、更管用的制度体系。我国社会主义实践就是建立社会主义基本制度，已经有了很好的基础。今后的主要历史任务是完善和发展中国特色社会主义制度，为党和国家事业发展、为人民幸福安康、为社会和谐稳定、为国家长治久安提供一整套更完备、更稳定、更管用的制度体系，明确提出了制度现代化任务，丰富了现代化的内涵。

改革的目标就是要完善和发展中国特色社会主义制度，推进国家治理体系和治理能力现代化。推进国家治理体系和治理能力现代化，不是简单照搬西方模式，而是要按照完善和发展中国特色社会主义制度这一要求来推进国家治理体系和治理能力现代化；同时，治理体系不是独立体系，而是党的执政体系、国家管理制度体系、现代社会治理体系的有机统一，是中国特色社会主义的治理体系。改革的目标阐明了改革的性质和根本任务，明确了全面深化改革的总抓手和总方向。

改革就是要全面的、系统的改革和改进。习近平总书记强调："全面深化改革，就是要统筹推进各领域改革""这项工程极为宏大，零敲碎打的调整不行，碎片化修补也不行，必须是全面的系统的改革和改进，是各领域改革和改进的联动和集成。"这些重要论述，深刻揭示了全面深化改革的阶段性特征。

第二节 改革遵循的规律

全面深化改革要尊重改革规律。习近平总书记指出："改革开放是前无古人的崭新事业，必须坚持正确的方法论，在不断实践探索中前进。""必须从纷繁复杂的事物表象中把准改革脉搏，把握全面深化改革的内在规律。"在总体方法上注重改革"三性"，即"必须更加注重改革的系统性、整体性、协同性"；强调在思想方法上要处理好"五个关系"，即"处理好思想解放与实事求是的关系、整体推进与重点突破的关系、顶层设计与摸着石头过河的关系、胆子大与步子稳的关系、改革发展稳定的关系"；强调在推进方法上要处理好政策"五大关系"，即把握好"整体政策安排与某一具体政策的关系、系统政策链条与某一政策的关系、政策顶层设计与政策分层对接的关系、政策统一性与政策差异性的关系、长期性政策与阶段性政策的关系"。

全面深化改革要有序推进。习近平总书记强调，全面深化改革，必须树立"五要"新思维，即要正确推进改革，要准确推进改革，要有序推进改革，要协调推进改革，要自觉维护中央大政方针的统一性、严肃性。进一步明确了全面深化改革的根本方向、优先顺序、推进时机等基本原则，对于确保正确、准确、有序、稳妥推进改革，具有重要指导意义。明确了改革推进的方向性、稳妥性、有序性、耦合性、严肃性。改革不仅要注重思想方法、设计方法、操作方法，还要注重推进方法。

第三节 改革的动力

全面深化改革要使党的领导与改革合力。习近平总书记强调："改革开放是亿万人民自己的事业,必须坚持尊重人民首创精神,坚持在党的领导下推进。必须坚持人民主体地位和党的领导的统一,紧紧依靠人民推进改革开放。"只有在加强党的领导和紧紧依靠人民相结合的情况下,才能形成强大的改革动力,打赢全面深化改革这场攻坚战。当今,中国正在加速转型,在经济多元、利益多样的前提下,党的执政环境已发生了深刻变化。全面深化改革要最大限度集中群众智慧,把党内外一切可以团结的力量广泛团结起来,把国内外一切可以调动的积极因素充分调动起来,汇合成推进改革开放的强大力量。紧紧依靠人民推动改革,以最大公约数的思想方法研究问题、解决问题,聚合众力、融合众智,形成强大的改革合力和持久的改革动力。

改革要有担当精神。习近平总书记强调:"改革面临的矛盾越多、难度越大,越要坚定与时俱进、攻坚克难的信心,越要有进取意识、进取精神、进取毅力,越要有'明知山有虎,偏向虎山行'的勇气。改革既不可能一蹴而就,也不可能一劳永逸。全面深化改革,啃硬骨头、涉险滩,更需要领导干部敢于担当,尤其要牢固树立进取意识、机遇意识、责任意识。"国家全面深化改革的战略举措,为林业改革指明了方向,提供了极为重要的理论支撑。

第二章

生态文明建设对林业改革的要求

党的十八大报告将生态文明建设提到前所未有的战略高度，不仅在全面建成小康社会的目标中对生态文明建设提出明确要求，而且将其与经济建设、政治建设、文化建设、社会建设一道，纳入社会主义现代化建设"五位一体"的总体战略布局，这标志着我们党对社会发展规律和生态文明建设重要性的认识达到了新的高度。深刻认识党的十八大报告关于生态文明建设的论述，指导林业改革发展，对于建设美丽中国，实现中华民族永续发展具有重大意义。

第一节 生态文明建设的意义

"生态兴则文明兴，生态衰则文明衰"，十八大以来，习近平总书记在各类场合有关生态文明的讲话、论述、批示达100多次。2013年11月，习近平总书记在党的十八届三中全会上作关于《中共中央关于全面深化改革若干重大问题的决定》的说明时指出："我们要认识到，山水林田湖是一个生命共同体，人的命脉在田，田的命脉在水，水的命脉在山，山的命脉在土，土的命脉在树。"2015年4月25日，中共中央、国务院出台了《关于加强生态文明建设的决定》，生态文明建设受到了前所未有的重视，与此同时"一带一路"的建设对我国西部、北部、东北部地区的林业建设也提出了更高的要求。

一、建设生态文明关乎人民福祉和民族未来

随着人类社会对自然的不断改造和利用，自然界深受人类活动的影响，并成为人类社会活动不可或缺的前提和条件。马克思在《资本论》中阐释过自然力是劳动生产力的自然基础，因此人类的实践活动必须遵循自然

规律,做到人与自然和谐相处。人类文明发展历程告诫人们,人类的经济社会活动不可超越自然生态系统的承载阈值。这是人类社会发展的一条铁的定律,古今中外概莫能外。把握住了这一重要的人类社会发展的规律,将生态文明建设与经济建设、政治建设、文化建设、社会建设并列,作为社会主义现代化建设的有机组成部分,遵循客观规律,实现人与自然和谐共生,为民族生存发展提供长远保障。

二、生态文明建设是破解我国经济社会发展难题的必由之路

改革开放30多年来,我国年均经济增长率达到9.8%,几乎是同期世界发达国家的3倍,但由于我们实行的是粗放式的增长方式,靠的是高消耗、高投入,是以付出巨大环境资源代价换取的高增长。因此,发达国家上百年工业化过程中分阶段出现的环境问题,在我国改革开放以来的30多年里集中出现。

在这个阶段,我国面临日益严峻的资源瓶颈和环境污染。从资源瓶颈的情况来看,我国资源总量小,人均耕地、林地、草地面积和淡水资源分别仅相当于世界平均水平的43%、14%、33%和25%,主要矿产资源人均占有量占世界平均水平的比例分别是煤67%、石油6%、铁矿石50%、铜25%。2015年,我国石油对外依存度59.5%、铁矿石对外依存度突破80%大关、铜等资源的对外依存度均超过50%,潜在风险日益加大。整体资源利用率不高,资源浪费现象突出。由于我国仍处于高速发展过程中,对耕地、石油、天然气、淡水、铁矿石、有色金属等自然资源的需求量日益增加,加上经济增长方式尚未实现根本性的转变,投入产出的效率不高,我国经济社会发展与资源紧缺之间的矛盾也越来越严重。

生态恶化开始引发社会稳定问题。因环境问题引发的群体性事件每年都在不断发生。如四川省什邡市的百亿元钼铜项目、江苏省南通启东的王子制纸排海工程项目、浙江省宁波市镇海的PX项目,因公众环境诉求得不到妥善解决,纷纷遭到群众抗议。这些典型事件的发生,对政府的公信力造成很大的损害。

综上,如果任由目前的生态危机继续下去,不但我国经济建设的成果会大打折扣,而且将增加不稳定因素,激化社会矛盾;不但会殃及子孙后代,而且将直接威胁到当代人的生存。生态文明建设已经成为我国现代化进程中不得不解决的一个重大问题。

第二节 生态文明建设的内涵

生态文明指的是人们在利用和改造自然界过程中，以高度发展的生产力做物质基础，以遵循人与自然和谐发展规律为核心理念，以积极改善和优化人与自然关系为根本途径，以实现人与自然和谐发展的资源节约型和环境友好型社会为根本目标，进行实践探索所取得的全部成果。

生态文明内涵包含以下方面：第一，高度发达的物质生产力是生态文明存在的物质前提。生态文明是现代工业文明高度发展阶段的产物，是一种崭新的文明形态。其产生和发展具有必然的历史演进轨迹，即人类原始文明—农耕文明—工业文明—生态文明。在工业文明高度发达的基础上才可能产生生态文明。第二，人与自然和谐发展是生态文明遵循的核心理念。生态文明坚持以大自然生态圈整体运行规律的宏观视角来审视人类社会的发展问题，将人类活动放在自然界的大格局中考量，要求人们按自然生态规律行事。人和自然都是社会发展中不可缺少的重要因素，都有重要的价值，无视自然环境的价值，人的价值就不可能实现。这就要求我们在推进现代化建设时，无论经济建设还是社会建设，都既要考虑人类生存与繁衍的需要，又必须顾及生态、资源、环境的承载力。第三，积极改善和优化人与自然关系是实现生态文明的根本途径。一切经济社会发展都要依托生态环境这个基础，从环境承载力的实际出发，坚持"自然生态优先原则"，积极改善和优化人与自然关系。在改造和利用自然的同时，应该力求人与自然共生。做到社会发展与环境保护双赢，人类与自然协同发展。第四，实现人与自然的永续发展是建设生态文明的根本目标。资源节约型、环境友好型社会建设，就是要达到生态系统稳定性增强、人居环境明显改善的目标，实现人与自然和谐相处，生生不息，永续发展。

第三节 生态文明建设的指导思想

生态文明建设，就是指人们为实现生态文明而努力的社会实践过程。在我国生产力尚不发达的情况下所讲的生态文明建设，是现代化进程中的生态文明建设。这就要求我们既要站在生态文明这一人类文明最高形态的高度，又要从当前我国的实际出发，按照生态文明的要求积极创造条件，改善和优化人与自然、人与人、人与社会之间的关系。这就决定了必须建设以资源环境承载力为基础、以自然规律为准则、以可持续发展为目标的资源节约型、环境友好型社会。这也决定了我国的生态文明建设既不能以牺牲生态文明为代价来获取现代化,也不能以牺牲现代化为代价去实现人与自然的"和谐"。实践表明,发达工业国家曾经走过的"先污染、后治理,先破坏、后建设"的道路在中国走不通。如果我们勉强按照这样的路子走下去,我们很可能在没有完全享受到现代化成果之前,就被沉重的生态环境代价压垮。这就要求我们在推进生态文明建设时,立足于发展的理念和发展方式的转变。发达国家在几百年现代化的过程中,采取多种形式把原本应当由自己承担的环境代价转嫁给发展中国家。我国的国家性质和时代条件决定了,以转嫁方式实现"生态文明建设"的目标是根本不可行的。

第四节 生态文明建设的要求

党的十八大报告指出,"大力推进生态文明建设",要"坚持节约资源和保护环境的基本国策,坚持节约优先、保护优先、自然恢复为主的方针,着力推进绿色发展、循环发展、低碳发展,形成节约资源和保护环境的空间格局、产业结构、生产方式、生活方式,从源头上扭转生态环境恶化趋势,为人民创造良好生产生活环境,为全球生态安全作出贡献"。为此,当代中国生态文明建设必须从以下方面入手:

一、加强引导,培育生态文明理念和意识

党的十八大报告指出,"必须树立尊重自然、顺应自然、保护自然的生态文明理念"。目前仍有相当多的人思想观念仍然停留在传统工业文明时代,在对待人类和自然的关系上,把自然作为人类认识、作用、改造甚至征服的对象,人类以征服者的姿态自居,人类中心主义观念不断强化。这反映在实践中就是重经济轻环境、重速度轻效益、重局部轻整体、重当前轻长远、重利益轻民生。一些地方和单位不惜以牺牲生态、环境为代价,追求经济的高速增长,导致人与自然关系的不断冲突和紧张。若不破除种种陈旧的思想观念和意识,代之以可持续发展的理念和思路并见诸行动,生态文明建设就很难迈出大的步伐。建设生态文明必须确立人与自然和谐相处的理念,树立人和自然平等的生态文明意识。有了生态文明意识,才会有符合生态要求的生活和生产行为。当前应加强生态意识教育和宣传,全面提高公众生态意识,在全社会树立生态文明观念。

二、营造氛围，推动公众参与生态文明建设

倡导人们追求一种既满足自身需要又不损害自然生态的生活，注重生活质量而不是简单需求的满足，使人们认识到人类个体生活既不能损害群体生存的自然环境，也不应损害其他物种的繁衍生存。在全社会弘扬生态文化，创立人人关爱环境的社会风尚和文化氛围。在消费领域，大力倡导适度消费、公平消费和绿色消费，反对过度消费、奢侈消费。通过倡导公众进行环境友好的消费向生产领域发出价格和需求的激励信号，刺激生产领域清洁技术与工艺的研发和应用，带动环境友好型产品的生产和服务。同时，通过生产技术与工艺的改进，不断降低环境友好型产品的成本，促进绿色消费，最终形成绿色消费与绿色生产之间的良性互动，为构建资源节约型、环境友好型社会打下良好基础。

此外，在公众参与生态文明建设的过程中，不仅要将生态文明的宣传教育落实到位，还应推动信息公开与公众参与，完善多元化的环境监督体制。国际经验表明，除了政府"自上而下"的推动和引导外，公众"自下而上"的参与不可或缺。公众监督不仅可以强化对污染企业的环境监督，弥补政府监管力量的不足，还可以监督政府。

三、强化措施，落实生态文明建设战略部署

党的十八大报告提出了今后一个时期推进生态文明建设的重点任务，这要求我们必须强化措施，落实生态文明建设的战略部署。要优化国土空间开发格局，加快实施主体功能区战略。要根据《全国主体功能区规划》，推动各地区严格按照主体功能定位发展，构建科学合理的城市化格局、农业发展格局、生态安全格局。要节约、集约利用资源，推动资源利用方式根本转变。加强全过程节约管理，大幅降低能源、水、土地消耗强度，提高利用效率和效益。大力发展循环经济，促进生产、流通、消费过程的减量化、再利用、资源化。要加大自然生态系统和环境保护力度，实施重大生态修复工程，增强生态产品生产能力；推进荒漠化、石漠化、水土流失综合治理，扩大森林、湖泊、湿地面积，保护生物多样性。加快水利建设，增强城乡防洪抗旱排涝能力。加强防灾减灾体系建设，提高气象、地质、地震灾害防御能力。坚持预防为主、综合治理，以解决损害群众健康的突出环境问题为重点，强化水、大气、土壤等污染防治。

四、完善制度，构建生态文明建设保障机制

保护生态环境必须依靠制度。党的十八大报告提出"健全国土空间开发、资源节约、生态环境保护的体制机制，推动形成人与自然和谐发展现代化建设新格局"。为实现上述目标，必须抓好以下工作：

一是要把资源消耗、环境损害、生态效益纳入经济社会发展评价体系，建立体现生态文明要求的目标体系、考核办法、奖惩机制。长期以来，对干部的考核过分突出经济增长指标，以GDP为经济社会发展的主要考核标准，这对促进经济快速发展起到了重要作用，但这种不顾及资源、环境成本的政绩考评标准和制度，加上"违法成本低，守法成本高"的事实长期存在，助长了种种非理性的发展理念和行为。因而，政绩考核机制的改变显得十分必要和紧迫。

二是通过一系列法律法规制度的完善，建立国土空间开发保护制度，完善最严格的耕地保护制度、水资源管理制度、环境保护制度。环境问题是随着经济发展而产生的，根本解决环境问题离不开经济的发展，同时也离不开法律制度的规范。因此，必须强化政府责任，健全约束和规范环境行为的法律制度。强化一些制度的实施，重点做好战略环评、规划环评、主体功能区及环境功能区划、环境标准、区域限批与行业限批等工作。从源头上加强防范，杜绝对国土资源恶性开发和破坏环境的事件发生。

三是充分运用市场手段，深化资源性产品价格和税费改革，建立反映市场供求和资源稀缺程度、体现生态价值和代际补偿的资源有偿使用制度和生态补偿制度。这些制度的建立能够纠正在资源环境价格方面的错误市场信号，促进资源环境成本真正内部化，避免排污者将污染成本转嫁给社会。继续完善环境经济政策，推动财政政策的生态化调整，改革环保收费与环境价格政策，完善绿色金融、绿色贸易政策，建立健全生态补偿机制。

四是加强环境监管，健全生态环境保护责任追究制度和环境损害赔偿制度。严格追究污染者责任是解决"违法成本低，守法成本高"难题的关键。强化环境损害赔偿制度，健全环境民事责任，既是保护公民环境权益、维护社会公平和正义的重要措施，又是解决"违法成本低"问题的根本出路。为此，应该建立环境责任终身追究制度，让污染者为其违法行为付出高昂代价；我们还应借鉴发达国家经验，加大对污染企业的行政处罚、行政强制、民事赔偿和刑事处罚力度，建立健全行政裁决、公益诉讼等环

境损害救济途径,切实落实企业环境责任。

中国特色社会主义生态文明建设和美丽中国的愿景可以成为凝聚民心的力量,生态文明建设还是一个促使中国产业转型、开发新的经济增长点的契机。通过生态文明建设,我们不仅可以开辟中国特色的环境保护新道路,从源头上扭转生态环境恶化趋势,为人民创造良好生产生活环境,还可以为全球生态安全作出贡献。生态文明建设将向世界展现中国特色社会主义道路的优越性,为人类探索出一条可持续发展道路作出贡献。

第三章
现代林业发展支撑林业改革

现代林业是历史发展和社会经济进步的必然产物。资本主义国家经历了工业化的洗礼之后走向了现代化，随之带来了农业上的"绿色革命"。原始森林被大量毁灭以及天然林更新较慢，使林业的发展难以满足人们日益增长的生产生活需要。大面积的人工造林实践从德国起步，但最初的造林忽略自然生态的适应性，使林业建设频遭损失。伴随着不断的实践，人们在尊重自然的基础之上，德国的"近自然林业"理论和美国的"新林业"理论应运而生，为当前的林业现代化提供了理论上的前提。实现绿色增长和可持续发展，是发展现代林业的重大使命。2008年，中共中央、国务院颁布了《关于全面推进集体林权制度改革的意见》，召开了首次中央林业工作会议，明确了林业的"四个地位，四大使命"[1]，并作出了发展现代林业的重要部署。2009年9月，胡锦涛同志在首届亚太经合组织林业部长级会议上，提出了加强林业建设，发挥森林多种功能，深化区域合作三点建议，明确指出要重视林业发展，推动绿色增长。中共中央、国务院的一系列重大举措，赋予了现代林业在推动绿色增长中的重大使命，有力地支撑了林业改革。

第一节 现代林业发展的内涵

现代林业指的是坚持以人为本，全面协调可持续发展的林业，其核心

---

[1] 2009年6月22~23日，在北京召开了首次中央林业工作会议，首次提出了林业的"四个地位，四大使命"。会议明确提出，在贯彻可持续发展战略中林业具有重要地位，在生态建设中林业具有首要地位，在西部大开发中林业具有基础地位，在应对气候变化中林业具有特殊地位。会议明确要求，实现科学发展必须把发展林业作为重大举措，建设生态文明必须把发展林业作为首要任务，应对气候变化必须把发展林业作为战略选择，解决"三农"问题必须把发展林业作为重要途径。

是用现代科学技术构建完备的林业生态体系、发达的林业产业体系和繁荣的生态文化体系,全面开发和不断提升林业的多种功能,努力提高林业的生态、经济、社会效益,满足经济社会日益增长对林业的多样化需求。

现代林业的基本内涵包含以下方面:

一是现代林业以科学理念为指导思想。指导林业发展的理念应是现代化的、科学的,是辨证的、运动的,不是形而上学的。生态建设要产业化,产业建设要生态化,生态里有产业,产业里有生态。只种树和伐木而忽略了科学经营和抚育则难以有效满足现代社会发展的需求。

二是现代林业以人与自然和谐发展为宗旨。党的十八大以来习近平总书记100多次谈生态文明,他反复提到:"绿水青山就是金山银山。"这为现代林业的发展指明了方向,在保护生态的基础上发展林业产业,实现经济效益和生态效益的双赢,实现人与自然的和谐共存、共生。整体而言,现代林业更加注重各种林业经营活动的生态合理性,强调在追求经济效益的同时,协调生态与环境、发展与资源之间的关系;对林业的评价必须以社会、经济、文化、生态、环境、人类生存条件、生活质量以及人的全面发展等方面的标准来衡量。

三是现代林业以科学技术为支撑。现代林业以集约化和精细化为方向,要求在林木选种、培育、造林、经营加工等方面需实行规范化、标准化的管理模式。与此同时做到适地种树、适林抚育、发展自然林,实现良好的生态效益。而这一切需要现代科学技术的支持,通过数字化管理、技术性培育,达到林业生态效益、经济效益和社会效益的最大化。

四是现代林业以社会广泛参与为发展模式。传统林业依靠大自然的馈赠来获取资源,后来发展到政府推动,但是伴随着人口增长,资源枯竭,政府的力量有限。要发展现代林业需依托市场机制,在创新制度的基础之上建立起利益激励机制,引导社会力量参与林业发展,动员社会各阶层参与林业建设,促进森林资源的持续增长和森林生态系统的持续改善。

五是现代林业以现代素质的人力资源为主导力量。现代林业的存在与发展必须有高素质的人力资源来推进,没有林业人力资源自身素质的现代化,实现林业现代化发展目标是不可能的,因为现代林业不仅要依靠现代的工业装备及先进的科学技术,更要依靠先进的管理手段在林业上的应用,通过现代林业人力资源来实现。

第二节　发展现代林业的意义

发展现代林业是建设美丽中国的本质要求。党的十八大首次提出了努力建设美丽中国的宏伟蓝图,这对发展林业提出了更高的要求,建设美丽中国必须实现生态优美、山川秀美,发展现代林业是加快绿色美化的步伐和保证林业产品供给的重要手段,是增加民众福祉的有力措施,是实现"天蓝,地绿,水净"的本质要求。通过发展现代林业不仅能增加国民的福祉,同时也能提高我国在国际上的影响力,美丽中国也是美丽世界。

发展现代林业是维护生态安全的必由之路。生态安全涉及国家的安全和人民的安全。安全友好的生态环境是人类赖以生存发展的前提和基础。十八大首次单篇对"生态文明"予以全面论述。2015年4月25日,中共中央、国务院出台了《关于加快推进生态文明建设的意见》,这是中央就生态文明建设作出专题部署的第一个文件,充分体现了以习近平同志为总书记的党中央对生态文明建设的高度重视,该意见明确提出"坚持绿水青山就是金山银山"。发展现代林业是实现绿色发展、循环发展、低碳发展,坚持绿水青山的重要途径和手段,也是生态文明建设的必由之路。

发展现代林业是解决"三农"问题的重要途径。"三农"问题是全党工作的重中之重,我国国土面积中69%是山区,山区人口占到全国总人口的56%,山区农村往往是贫困落后的代名词。山区的发展希望在林、潜力在林。林业是基础产业,也是劳动密集型产业。发展现代林业能有效解决山区农民就业增收的问题,与此同时,森林产品无公害、无污染的特点,已经越来越被消费者信赖。发展现代林业对农民的脱贫致富意义重大。现代林业就是要充分利用现代科学技术和手段,全社会广泛参与,高效发挥森林的多种功能和多重价值,以满足人类日益增长的生态、经济和社会需求的林业。核心是按照人与自然和谐的要求,实现经济和生态在"协调"的基础上获得"高效"。

第三节　现代林业发展目标

发展现代林业的目的,就是要为我国的现代化建设提供重要支撑。发展现代林业有三大目标:

一是构建完备的林业生态体系。森林作为陆地生态系统的主体,在维护国土安全与和谐发展具有重要意义。作为生态建设的主体，林业承担着建设"三个系统和一个多样性"的重要职能，建设保护森林生态系统、管理恢复湿地生态系统、改善治理荒漠生态系统、维护发展生态多样性。生态产品如今已成为我国最短缺的产品之一，发展和保护好"三个系统和一个多样性"是实现绿色增长，应对生态危机的重要举措。

二是构建发达的林业产业体系。林业是重要的基础产业和绿色经济体，直接关系到国富民安。林业产业作为新兴产业，具备四大特性：资源的可再生性、产品的可降解性、三大效益的统一性、三大产业的同体性。这四大特性决定了，发展林业产业对满足人们的生态需求，实现社会可持续发展的重大意义与价值，尤其对于解决当前宏观经济发展内需不足具有重大的带动作用。

三是构建繁荣的生态文化体系。生态文化是反映人和自然和谐相处的生态价值观的文化，建设生态文化是全社会牢固树立生态文明观念的基本途径。构建繁荣的生态文化体系是建设林业产业和林业生态体系的基本保障。森林孕育着人类文明，森林文化、竹文化、茶文化源远流长，体现了人类热爱自然的价值理念。但是这种理念在农业、工业现代化的进程中被忽视，如何构建起生态文化理念，弘扬生态文化，对绿色发展至关重要。

第四章
制度变迁理论与林业改革

制度不是人类与生俱来的社会属性,而是伴随着人与人之间的生产、交换等经济活动日益增多和呈现复杂化的趋势而出现的。制度对经济绩效的影响是无可争议的,必须随着环境的变化而变化。制度变迁决定人类历史中的社会演化方式,影响人类社会的经济绩效,是理解历史变迁的关键。

第一节 制度变迁的含义、特点与类型

制度变迁又可称为制度创新,指新制度产生、替代或改变旧制度的动态过程[①]。道格拉斯·C·诺思指出,制度变迁可能是一系列规则、非正式约束、实施的形式及有效性变迁的结果。制度变迁的过程,实际上就是实施制度的各个组织在相对价格或偏好变化的情况下,为谋取自身的利益最大化而重新谈判,达成更高层次的合约,改变旧的规则,最终建立新的规则的全部过程。罗必良认为,制度变迁是制度的替代、转换与交易过程。它既可理解为一种效益更高的制度对另一种制度的替代过程,也可理解为对一种更有效益制度的生产过程,还可理解为人与人之间交易活动的制度结构的改善过程。制度变迁过程的核心是权利重新界定和相应的私人利益调整,这一过程也是一个包含着具有不同利益和不同相对力量的行为主体之间相互作用的政治过程。行为主体之间的利益一致程度与力量对比关系,决定着制度变迁的方向、速度、形式及其绩效。制度创新与技术创新

---

① 埃莉诺·奥斯特罗姆认为,制度起源的制度变迁常常被认为与一般的制度变迁不同。制度起源即人们从没有规则的情形转变到有一组规则的情形。制度起源是一种重大的、一步完成的转变,而一般的制度变迁则包括了现有规则的渐进变化。见:埃莉诺·奥斯特罗姆. 公共事务治理之道—集体行动制度的演进[M]. 余逊达,等译. 上海三联书店,2000:215.

有区别。制度创新是人类为降低生产的交易成本所作的努力，而技术创新是人类为降低生产的直接成本所作的努力。也就是说，凡是涉及"人与人关系"的就是制度创新（改变生产的交易成本），涉及"人与自然关系"的就是技术创新（改变生产性成本或直接成本）。

制度变迁一般是渐进的，其成本包括制度的转换成本，也包括新制度的实施成本等。主要包括：①制度变迁的规划、设计、组织实施费用。②消除旧制度的费用。③消除变革阻力的费用。④制度变迁造成的损失及其他一些随机成本，等等。新制度供给被认为是非渐进的、成本昂贵的，而现有制度的变迁则被认为是渐进的、成本不那么昂贵的。制度通常是公共品，"搭便车"是制度变迁所固有的问题。林毅夫认为，改变一种正式的制度变迁会碰到外部性和"搭便车"问题，因为创新者的报酬将少于作为整体的社会报酬。因此，正式制度安排创新的密度和频率，将少于作为整体的社会最佳量。在这种情况下，制度变迁往往需要由国家或政府等公共机构主导，并承担制度变迁的相应成本。

根据不同的划分标准，制度变迁可以分为不同的类型。按照制度变迁的主导力量划分，制度变迁可分为诱致性制度变迁和强制性制度变迁。诱致性制度变迁指的是一个（群）人在响应由制度不均衡引致的获利机会时所进行的自发性变迁。其特点可概括为：①赢利性。即只有当制度变迁的预期收益大于预期成本时，有关创新群体才会推进制度变迁。②自发性。诱致性制度变迁是一种自下而上、从局部到整体的制度变迁过程，因而制度的转换、替代、扩散都需要时间，是一个缓慢的过程。而强制性制度变迁指的是由政府法令引起的变迁，其发起主体常常是国家（或政府）。国家之所以采取强制方式变革制度，一是因为它是垄断者，它通过权力垄断与其他资源的垄断，可以比竞争性组织以低得多的费用提供制度性服务；二是国家在制度供给的生产上，具有规模经济优势。

按照制度变迁的速度划分，制度变迁可分为渐进连续性制度变迁和突进不连续性制度变迁。渐进式的尤其是自发进行的制度变迁，往往具有较好的经济绩效，也容易实施和成功。而突进式变迁也可称为激进式或革命式变迁，突进的尤其是强制进行的制度变迁，经济效率难以保证，而且实施阻力相对较大。战争、革命、征服以及自然灾害都可能导致突进不连续性的制度变迁。

制度分为正式制度与非正式制度。所以，制度变迁可分为正式制度变迁和非正式制度变迁。一般来说，正式制度的变迁可以是突变式也可以是渐进式的，而非正式制度的改变往往是渐进性的，是一个长期的过程；一些具有国际惯例性质的正式制度可以从一个国家移植到另一个国家，而非正式制度由于内在的传统性、民族习性和历史积淀，其可移植性就差得多。

此外，如果按照制度变迁主体的态度划分，制度变迁也可以分为主动性制度变迁与被动性制度变迁。如果按照制度变迁的范围划分，制度变迁还可分为局部变迁与整体变迁。

不过，在现实中，制度变迁往往是多种因素共同作用形成"混合型"制度变迁。例如，一项制度变迁既是国家或政府通过法律或命令引入而强制性发生，又受诱致性因素的影响作用。

第二节 制度变迁的影响因素与路径依赖

新制度经济学认为，在影响制度变迁的若干因素中，下列因素显得尤为重要，这些因素主要包括：相对产品和要素价格、宪法秩序、市场规模、制度变迁成本、现有知识积累、意识形态、上层决策者的利益和偏好等。其中，相对价格的变化是制度变迁的最重要来源，它改变了个人在人类互动中的激励。要素价格比率的变化（即土地—劳动、劳动—资本或资本—土地等比率的变化）、信息成本的改变、技术的变化等，皆属于相对价格的变化。不过，相对价格的变化并不意味着制度变迁必然发生。相对价格的变化会改变制度变迁的成本和预期成本，如果这种变化程度还不足以打破现在制度均衡，制度变迁就不会发生。

国家是制度变迁的主体之一，可以从制度需求和制度供给的角度来考察国家在制度变迁中发挥的作用。从制度变迁的需求上来看，国家的作用表现为：国家可以通过改变产品和要素的相对价格比例来促进制度变迁；国家可以通过修改宪法促进制度变迁；国家可以通过引进或集中开发新技术推动制度变迁；国家可以通过扩大市场规模引导制度变迁，等等。从制度变迁的供给上看，国家可以凭借自己的优势，降低制度供给的成本，拓宽可供选择的制度范围，以增加制度的供给。具体表现为：国家可以通过改变宪政秩序促进制度变迁；国家可以通过加强知识存量的积累增加制度的供给能力；国家可以利用其强制性和规模经济的优势降低制度变迁的供给成本；国家干预有利于解决制度供给的持续性不足，等等。

制度变迁存在"路径依赖"，现存制度决定未来制度的发展。制度变迁往往都要以先前的制度为基础，而每一次制度变迁又成为下一次制度变迁的基础。正如道格拉斯·C·诺思所指出，各种社会制度的连续性把现在、未来与过去连结在了一起。现在和未来的选择是由过去所型塑的，并且只有在制度演化的历史话语中，才能理解过去。

制度变迁路径，一是取决于由制度和从制度的激励结构中演化出来的组织之间的共生关系而产生的锁入效应；二是由人类对机会集合变化的感知和反应所组成的回馈过程。尽管正式制度的"一揽子"变迁是有可能发生的，但与此同时，许多非正式制度仍然保持着强劲的生存韧性，发挥着作用，这使得它往往成为阻碍制度变迁与创新的因素，延长制度变迁的时滞，强化制度创新的路径依赖。制度变迁一般是从制度的非正式规则的演变开始的，因为其变迁成本较低，然后向制度变迁成本较高的正式规则扩散，由制度安排的局部均衡达到制度结构的全面均衡。

道格拉斯·C·诺思提出了制度变迁的五个阶段：一是形成制度变迁的初始行动集团，即第一行动集团；二是制定有关制度变迁的方案；三是根据制度变迁的原则对方案进行评估和选择；四是形成制度变迁的次级行动集团，即第二行动集团；五是两个集团共同努力实现制度变迁。这两个集团都是制度变迁的决策单位，但初级行动集团是制度变迁的创新者、策划者和推动者，而次级行动集团是制度变迁的实施者。

罗必良等提出了制度变迁的"精英理论"。具体来说，精英人物的作用表现在两个方面：第一，表现为主动创立、倡导或传播某种思想观念，因而影响到社会的主流思想观念的形成与演变；第二，主动将某种思想观念应用于社会实践，因而影响到社会制度的变迁。因此，从思想观念到制度安排，其背后的推动力量是精英人物的积极活动与社会大众的追随和响应。这是制度变迁的"精英理论"的基本逻辑。将这一逻辑展开，则有三个主要环节：第一，社会主流思想观念的形成与演变；第二，从主流思想观念到社会的制度安排之内的逻辑；第三，在环境因素或社会的主流思想观念变化之后，制度安排如何演变。

第三节 林业制度变迁与林权制度改革

一、林业制度变迁的含义、特点与类型

根据制度变迁的含义、特点与类型，经过演绎推理可以得出林业的制

度变迁的含义、特点与类型。

林业制度变迁又可称为林业制度创新，指新的林业制度产生、替代或改变旧制度的动态过程。林业制度变迁一般是渐进的，其成本包括林业制度的转换成本，也包括新制度的实施成本等。由于制度通常是公共品，而且林业又具有公共品性和正外部性，所以林业制度变迁往往需要由国家或政府等公共机构主导，并承担制度变迁的相应成本。

根据不同的划分标准，林业制度变迁也可以分为不同的类型。按照制度变迁的主导力量划分，林业制度变迁可分为诱致性的林业制度变迁和强制性的林业制度变迁。按照制度变迁的速度划分，林业制度变迁可分为渐进连续性的林业制度变迁和突进不连续性的林业制度变迁。制度分为正式制度与非正式制度。林业制度变迁可分为正式林业制度变迁和非正式林业制度变迁。如果按照制度变迁主体的态度划分，林业制度变迁也可以分为主动性林业制度变迁与被动性林业制度变迁。如果按照制度变迁的范围划分，林业制度变迁还可分为局部的林业制度变迁与整体的林业制度变迁。

在现实中，林业制度变迁往往是多种因素共同作用形成"混合型"林业制度变迁。一项林业制度变迁既是国家或政府通过法律或命令引入而强制性发生，又受诱致性因素的影响作用。

二、林业制度变迁与林权制度改革

林权制度是林业制度中的重要制度，林权制度改革是促进林业制度变迁的重要的基础性的改革。熟悉林业制度变迁的含义、特点与类型，理解林业制度变迁与林权制度改革的影响因素及路径依赖是很有必要的。

（一）林业制度变迁与林权制度改革的影响因素

根据制度变迁的影响因素，林业制度变迁与林权制度改革的影响因素主要包括：宪法秩序、市场规模、现有知识积累、意识形态、上层决策者的利益和偏好、林业制度变迁与林权制度改革的成本等。其中，林产品与要素的相对价格变化是林业制度变迁和林权制度改革的重要来源，如木材—土地、木材—劳动的相对价格变化等。

国家是林业制度变迁和林权制度改革的主体之一，可以从林业、林权制度需求和制度供给的角度来考察国家在林业制度变迁和林权制度改革中发挥的作用。从林业、林权制度的需求上来看，国家的作用表现为：国家可以通过改变林产品与要素的相对价格比例来促进林业制度变迁和林权制度改革；国家可以通过修改宪法促进林业制度变迁和林权制度改革；国家可以通过引进或集中开发新技术推动林业制度变迁和林权制度改革；国家可以通过扩大市场规模引导林业制度变迁和林权制度改革，等等。

从林业、林权制度的供给上看，国家可以采取相应的手段降低林业、林权制度供给的成本，拓宽可供选择的制度范围，以增加林业、林权制度的供给。具体表现为：国家可以通过改变宪政秩序促进林业制度变迁和林权制度改革；国家可以通过加强知识存量的积累增加林业、林权制度的供给能力；国家可以利用其强制性和规模经济的优势降低林业、林权制度的供给成本；国家干预有利于解决林业、林权制度供给的持续性不足，等等。从中国的实践来看，2003 年以来，中共中央、国务院相继出台了《关于加快林业发展的决定》《关于全面推进集体林权制度改革的意见》，并印发了《国有林区改革指导意见》《国有林场改革方案》。党的十八大以来，国家在林业制度体系建设方面进一步加大了推进力度。2015 年 4 月 25 日中共中央国务院出台了《关于加快推进生态文明建设的意见》，2015 年 8 月 18 日中共中央办公厅、国务院办公厅印发了《党政领导干部生态环境损害责任追究办法（试行）》、2016 年 5 月 13 日国务院办公厅出台了《关于健全生态保护补偿机制的意见》，这些重要文件分别对林业资源保护与管理，林业行政执法、许可、审批，生态补偿机制等方面作出了重要的顶层设计。林业制度的不断完善，无疑将为全面建成小康社会、实现中华民族伟大复兴的中国梦不断创造更好的生态条件。

（二）林业制度变迁与林权制度改革的路径依赖

林业制度变迁与林权制度改革也体现了"路径依赖"，现存的林业、林权制度决定未来林业、林权制度的发展。

林业制度变迁与林权制度改革的路径，一是取决于由林业、林权制度演化出来的组织之间的共生关系而产生的锁入效应；二是由人类对机会集合变化的感知和反应所形成的回馈过程。尽管林业、林权制度的"一揽子"变迁或改革是有可能发生的，但与此同时，许多非正式的林业、林权制度仍然保持着强劲的生存韧性，发挥着作用，这使得它往往成为阻碍林业制度变迁与林权制度改革的因素，延长林业制度变迁与林权制度改革的时滞，强化林业、林权制度创新的路径依赖。林业制度变迁与林权制度改革一般是从制度的非正式规则的演变开始的，因为其变迁或改革的成本较低，然后向成本较高的正式规则扩散，由林业、林权制度安排的局部均衡，达到林业、林权制度结构的全面均衡。

不同时期的林业、林权制度具有不同的特征。新中国成立至今，集体林权制度改革大体经历了五个阶段：一是土地改革时期，分山分林到户阶段；二是农业合作化时期，山林入社阶段；三是人民公社时期，山林集体所有阶段；四是改革开放时期，林业"三定"阶段；五是在新世纪，集体林权制度改革进入全面推进和深化阶段。从总体上看，集体林权制度改革呈现出"分—统—分"到市场优化组合的统一的变迁逻辑。

国有林场的发展大致经历了六个阶段：一是初建试办阶段（1949—1957年）；二是快速发展阶段（1958—1965年）；三是停滞萎缩阶段（1966—1976年）；四是恢复稳定阶段（1976—1997年）；五是困难加剧阶段（1997—2003年）；六是改革推进阶段（2003年至今）。国有林区发展与国有林场发展大致相同。

本书在分论中重点介绍了我国的林业改革实践，包括集体林改革实践和国有林改革实践。在集体林权制度改革部分，先后介绍了集体林权制度改革的基本认识与意义、背景、内容、主要措施、推进情况和改革成效。在国有林改革部分，分别介绍了国有林区和国有林场改革的实践探索。

另外，本书还介绍了欧美等发达国家和非洲、拉丁美洲等发展中国家的林业改革。在集体林权制度改革部分，先后介绍了瑞典、日本、芬兰、东欧国家、非洲、拉丁美洲等的集体林或私有林经营管理和改革。在国有林改革部分，先后介绍了德国、美国、日本、瑞典、加拿大和俄罗斯的国有林经营管理和改革。

最后，本书还阐述了集体林权制度改革与国有林改革的新情况、新问题及发展趋势等。

第五章

产权与林权的基本认识

了解林业改革,首先需要了解产权和林权的基本知识。产权制度是市场经济最基本的制度,是社会改革和制度变迁的核心内容。林权是林业和林权制度改革的核心内容。

第一节 产权与林权的含义

博登海默曾说过"概念乃是解决问题所必须的,必不可少的工具"。了解产权与林权的含义是我们了解林业改革的前提和基础。

一、产权

对于产权概念的把握需要从两方面来认识:

一是从经济学的角度来认识产权。制度经济学将产权(property rights)认为是"财产权利"一词的缩写,以著名的经济学家科斯在1960年发表的论文《社会费用问题》为标志。科斯认为只要财产权利明确,并且交易成本为零或者很小,那么,无论在开始时将财产权赋予谁,市场均衡的最终结果都是有效率的,都可以实现资源配置的帕雷托最优。科斯所指的财产权利明显指的是权利所有者拥有完整的、不受任何限制和约束的产权。简言之,产权就是建立在财富基础上的、人们之间的经济利益关系。具体可从以下几个方面来理解:第一,产权是经济行为主体对财产的一系列行为权利的统称,包括对财产的所有权、使用权、处置权以及源于上述权利的收益权等一组权利,债权作为所有权的动态形式,也是产权的一个重要内容。这里的前提是产权的一组权利是可分的,即可以分属于不同的主体。第二,与产权相联系的是财富,它不仅包括有形财产,而且还包括像专利权、著作权、名誉权一类的无形财产。第三,产权是一个动态层面的认识,其核心反映的是人与物关系基础上的人与人的关系,是经济主体之间相互认可的行为权利,它规定着人们是否有权对特定财产采取某种方式加以利用。第四,经济学范畴的产权不仅受制于法律规范,而且受制于具体的市场发展、经济理论的创新、社会风俗习惯和道德观念的影响等因素。正如德姆塞茨认为:"产权是一种社会工具,其重要性就在于事实上它们能帮助一个人形成他与其他人进行交易时的合理预期。这些预期通过社会的法律、习俗和道德得到表达。"

二是从法学的角度来认识产权。法学意义上的产权含义非常明确,既是一个范畴性的概念,也是一个多种层次的概念,具体而言,法学层面的产权包含两方面的理解:一是产权包含自物权,也是所有权,是一切产权的基础和核心,具有排他性特征,是所有者独享的权利,包括"占有""使用""受益""处置"四项权能,它们从不同角度体现着所有权。二是产权包括"他物权",则是在他人所有物上设定的权利,包括为使用和收益目的而设定的"用益权"(即财产的使用权,包括经营权、承包权、租赁权等)和为保证债权的行使而设定的"担保物权"。由此可见,法律意义上的产权是人对物的权利,是相对于某一客体的静态的权利体系。产权的权能是指完整产权中所包括的各种具体的权项及其功能。完整的产权权能通常包括所有权、占有权、使用权、支配权、经营权、收益权、继承权等一系列权利。

二、林权

根据《中华人民共和国森林法》《中华人民共和国森林法实施条例》《林木和林地权属登记管理办法》等林业规范性法律文件的规定,林权是指森林、林木和林地的所有权或者使用权。林权即森林资源产权,是林地、林木的合法所有者和使用者在法律规定的范围内支配林地和林木的财产权利。随着《中华人民共和国物权法》的颁布实施,林权被进一步规范为林业物权。《中华人民共和国物权法》意义上的林权,是指权利人依法对林权证上记载的林地、林木享有直接支配和相应的排他权利,包括林地所有权、林地使用权、林木所有权、林木使用权,也包括在林地和林木上设立的其他物权形式,如在承包的林地上设立的地役权、在林地林木上设立的抵押权等。林地承包经营权属于用益物权的范畴,是一种有限物权,不包括林地所有权。

根据现行林业规范性法律文件的规定,林权作为一种财产性权利,其权利主体具有广泛性,既可以是国家、集体,也可以是自然人、法人或者其他组织。林权的客体即林权所指向的对象，是森林、林木和林地。根据《中华人民共和国森林法实施条例》，森林，包括乔木林和竹林；林木，包括树木和竹子；林地，包括郁闭度 0.2 以上的乔木林地以及竹林地灌木林地、疏林地、采伐迹地、火烧迹地、未成林造林地、苗圃地和县级以上人民政府规划的宜林地。

第二节　产权与林权的特征

一、产权的特征

一般来说，产权具有以下特征：①产权是一种权利，并且是一种排他性的权利。②产权以某种经济物品为载体，表现为人与物之间的权益关系。③产权总是以复数形式出现的，是一束或一组权利而不是一种权利。④产权的权能设置并不是一成不变的，随着社会的发展和改变，可能派生出其他权能，这些派生的权能在产权主体之间再分离，进行重新组织，从而形成复杂的产权体系。⑤产权是通过社会"强制实施"的，社会的强制表现为国家的法律、法令、法规、政策以及社会习俗公德。产权的本质在于界定人们的行为权利，以及人们在交易活动中如何受益以及如何进行补偿等问题。

二、林权的特征

(一) 林权的一般特征

我国的林权具有如下一般特点：①林权是从集体林地所有权和国有林地所有权产生的一组权利，具有物权性，林地的所有权主体只能是国家或集体。②林权是一种特殊的物权，具有自物权和他物权的属性，林权包括林地所有权、使用权、森林林木所有权、森林林木使用权和林地使用权。③林权可以形成用益物权和担保物权，其设定目的是最大限度地发挥林地的效用。④林权是一种不动产物权，其中集体林地使用权和林木所有权可以通过家庭承包、均股或均利等方式取得，其公示方法为登记。

(二) 林权的独特属性

林权作为一种特殊的产权，具备独特的属性。

1. 外部性

外部性是从事经济活动的当事人或社会带来的无法由市场价格体现的

利益或损失。它分为正外部性和负外部性，正外部性是某个经济行为个体的活动使他人或社会受益，而受益者无须花费代价；负外部性是某个经济行为个体的活动使他人或社会受损，而造成负外部性的人却没有为此承担成本。外部性广泛地存在于经济生活当中，林权的外部性更为明显，包括经济、社会和生态效益的外部性。通常情况下，林权主体的消费性活动导致生态系统的功能性和稳定性降低，产生负外部性。政府通常采取法令等方式，将森林资源消费活动外部成本内部化。但是在现实情况当中，林权主体的生产性活动产生的大量正外部效应是无法"内部化"的，尤其是在当前的生态补偿机制中，森林经营主体所产生的大量正外部效应因为制度约束而无法实现"内部化"。

2. 公益性

林权的权利内容与一般的民事物权有区别。一般民事物权包括占有、使用、收益和处置四大权能，体现了私法自治和物的经济属性。林权如果只具有这四项权能，显然无法与其公共品性[①]和生态属性[②]相吻合。为了体现森林资源的公共物品性质和生态属性，林权的权能还应该包括开发、保护、改善和管理的权能。权利人在享有森林资源经济利益的同时，应当担负起保护生态环境的义务。因此，林权与一般的物权相比，具有更强的公益性特点。林权人在行使权利时，要受到生态公益属性的诸多限制。例如，林木所有权人对其所有的林木行使处置权时，受到木材采伐限额、植物检疫等方面的限制等。

3. 权属界定与交易复杂性

我国的山地面积占国土面积的69%，森林资源绝大部分分布在高山峡谷，地形复杂。较多的农业人口与广阔的山区，加大了技术确认的难度和边界划分的成本。而山区又多是老少边穷的地方，使得林权界定与保护的成本往往高于收益。权属界定需要人力、技术的有效支持，但现实的操作较难。与此同时林权交易复杂：一是交易客体多样。涉及所有权交易、经营权交易等。二是交易评估难。林业经营周期长，风险大，收益慢，加大了评估的难度，制约着产权交易的市场效率。三是交易形式多样。林权的

---

① 公共品指由公共部门提供用来满足社会公共需要的商品和服务。公共品具有不可分割性、非竞争性和非排他性。

② "生态"常常用来表示美好的意思，如健康的、美的、和谐的等。这里的生态属性指森林资源具有美好、健康、和谐的特点。

交易方式包括出租、转让、互换、承包、拍卖等，增加了交易规范的难度。

4. 林权收益不确定性

德姆塞茨说过："产权是一种社会工具，其重要性就在于事实上它们能帮助一个人形成与其他人进行交易时的合理预期。这些预期通过社会的法律、习俗和道德得到表达。"也就是说，明确的产权归属是产权收益预期的必要条件。对于林权而言，产权主体具有基本的财产安全和收益权利，但是不意味必然产生好的收益。森林资源的形成需要自然和人工的投入，人工的抚育、技术的投入需要大量的资金注入，与此同时还要经受自然灾害的威胁和远期市场供求的影响，不确定的因素很多，这在一定程度上影响了权利人的投资与付出。正如一位林农所说："养的娃娃都大学毕业了，可林子还没有成材，要是哪天发生火灾、冰雹啥的，我就血本无归了。"林农的表达无疑反映出林业生长周期长、见效慢、收益不确定性和风险高的特点。

第三节 林权的功能、权能和类型

一、林权的功能

林权作为一种森林资源产权，在影响人的行为决定、资源配置和经济绩效的制度变量中具有重要的作用。有什么样的林权安排，就会有相应的激励效果、行为方式和资源配置效率。具体来说，林权主要具有以下功能：①帮助一个人形成与他人进行交易的合理预期，减少不确定性。②引导并激励人们将森林资源的外部性大幅度地内部化。③能有效地配置和利用稀缺的森林资源。

另外，正如合理的产权界定可以有效降低经济交易的成本一样，合理的林权界定也可以有效地降低交易成本。

二、林权的权能

林权的权能是指完整林权中所包括的各种具体的权项及其功能。完整的林权权能通常包括森林资源的所有权、占有权、使用权、处置权、收益权等一系列权利，其中收益权是林权的最重要的权利。

1. 森林资源的所有权

森林资源的所有权是所有者把林地和林木归属于自己并且排斥他人的林权权项,它是一元的,即依法确立的林地和林木只能归属于某一特定的主体,而不能同时又归属其他主体。它构成林权的基础和核心内容,通常将其看作狭义的林权。

2. 森林资源的占有权

森林资源的占有权是主体对林地和林木的实际占领、控制和支配,并通过占领、控制和支配来体现占有者的意志和获得经济利益。林地和林木的所有人和占有人既可以是同一主体,也可以是不同的主体。

3. 森林资源的使用权

森林资源的使用权是使用者按照林地和林木的性能用途对其加以利用的权利。通过对林地和林木的使用给使用者带来实际经济利益,而不毁损森林资源或变更其性质。

4. 森林资源的处置权

森林资源的处置权是指实际营运林地和林木而进行生产或市场交易活动的产权的权项。

5. 森林资源的收益权

森林资源的收益权是要求获得林地和林木,在运营中所带来的剩余或收益的一定份额的产权权项。

森林资源的所有权、使用权、处置权和收益权是最基础的四项权能,同时这四项权能又是紧密关联的,既可彼此分离,又可互相组合。通常,拥有了森林资源的所有权也就有了相应的收益权和最终处置权,而拥有了使用权也会有相应的收益权和部分处置权。

三、林权的类型

根据归属主体不同,产权划分为国有产权、共有产权、民有产权。国有产权,即是指产权归国家所有,根据法律规定谁可以使用或不能使用这些权利。共有产权,在我国农村主要是集体产权,即是共同体内的每一个成员都能分享这些权利。民有产权,即是把资源的使用、转让和收益的享用权界定给一个特定的自然人或民营主体。

在我国,林地和林木的权属性质是有差异的。林木所有权与一般财物的产权相同,包括国有、集体和民有三种基本类型,权利主体多元化,并且林木权利在不同主体之间可以依法转让。但林地所有权在我国只有集体所有和国家所有，这两种所有权都属于公有制形式，使用权可以多元化。

第四节　林权的内容

　　林权是一个包括了所有权、用益物权和担保物权的涉林物权体系。适用于林权的法律有《中华人民共和国物权法》《中华人民共和国农村土地承包法》《中华人民共和国森林法》。《中华人民共和国物权法》意义上的林权，是指权利人依法对林权证上记载的林地、林木享有直接支配和排他的权利，包括林地所有权、林地使用权、林木所有权、林木使用权，也包括在林地和林木上设立的其他物权形式，如在承包的林地上设立的承包经营权、在林地林木上设立的抵押权等。林权的具体内容包括：

　　林地所有权。林地是发展林业的基础。根据《中华人民共和国森林法实施条例》第二条第四款的规定，林地包括郁闭度0.2以上的乔木林地、竹林地、灌木林地、疏林地、采伐迹地、火烧迹地、未成林造林地、苗圃地和县级以上人民政府规划的宜林地。在林地物权体系中，林地所有权是权能最完全的物权，根据《中华人民共和国物权法》第三十九条，所有权人可以对自己的不动产或动产，依法享有占有、使用、收益和处置的权能。根据我国《中华人民共和国宪法》《中华人民共和国土地管理法》《中华人民共和国森林法》等法律规定，土（林）地所有权只有国家所有（全民所有）和集体所有两种形式。因此，我国的林地也只有国家所有和农村集体所有两种形式，不存在林地的私人所有权。我国农村实行林地集体所有制。经过集体林权制度改革以后，林地仍然归集体所有，而林地上的林木则随着林地承包经营权发生转移，也就是说，承包林地上的林木的所有权按照合同约定，可以属于林地承包经营权个人所有。

　　林地使用权。我国实行土地公有制。国家和集体所有林地由国家或者集体直接经营。实行有中国特色的社会主义市场经济体制改革后，林地权属关系进行改革，明晰产权，激活生产活力便是林权制度改革的意义所在。林地使用权是一种特殊的用益物权。林地使用权的权能表现为占有、使用、收益和一定条件下处置四种权能。《中华人民共和国农村土地承包法》第三十二条明确规定土地承包经营权的合法流转："通过家庭承包取得的土地承包经营权可以依法采取转包、出租、互换、转让或者其他方式流转。"林地承包经营权是林地使用权的一种表现形式，林地使用权的表现形式不仅仅局限于林地承包经营权。承包权不可流转，经营权可以流转。以林地使用权作价入股而表现出来的股权便是林地使用权的另一种形态。

林木所有权和使用权。林木所有权是指对林木占有、使用、收益和处置的权利。林木所有权的主体，可以是国家、集体和个人。根据《中华人民共和国森林法》规定，森林资源属于国家所有，由法律规定属于集体所有的除外。国家所有的和集体所有的森林、林木和林地，个人所有的林木和使用的林地，由县级地方人民政府登记造册，发放证书，确认所有权或者使用权。国务院可以授权国务院林业主管部门，对国务院确定的国家所有的重点林区的森林、林木和林地登记造册，发放证书，并通知有关地方人民政府。其中，除明确森林和林地归国家或集体所有外，允许个人对林木享有所有权。根据《中华人民共和国森林法》的规定，个人只对以下几种类型的林木享有所有权：一是农村居民在房前屋后、自留地、自留山种植的林木；二是个人承包国家所有和集体所有的宜林荒山荒地造林的，承包后种植的林木(承包合同另有规定的按照合同规定执行)；三是个人与集体经济组织或其他单位合作投资造林，按合同约定分成的林木。

林木使用权一般随林木所有权的变化而变化，也就是有了林木所有权就拥有了林木使用权。但也有林木所有权和林木使用权相分离的情况，比如，林木所有权权利人通过某种形式把林木使用权转让给他人。

林地林木抵押权。担保物权包括抵押权、质权和留置权。林权制度改革涉及的担保物权主要是抵押权。抵押权是指债务人或者第三人不转移财产的占有，将该财产作为债权的担保，债务人未履行债务时，债权人依照法律规定的程序就该财产优先受偿的权利。《中华人民共和国物权法》第一百七十九条规定，为担保债务的履行，债务人或者第三人不转移财产的占有，将该财产抵押给债权人的，债务人不履行到期债务或者发生当事人约定的实现抵押权的情形，债权人有权就该财产优先受偿。债务人或者第三人为抵押人，债权人为抵押权人，提供担保的财产为抵押财产。按照现行法律规定，林木抵押权，对于商品林，不管是所有权人在自己的林地上种植的林木，还是林地承包经营权人在承包经营他人的林地上种植的林木，均可以按相关法律的规定设立抵押权。根据《中共中央 国务院关于全面推进集体林权制度改革的意见》，在不改变林地用途的前提下，林地承包经营权人可依法对拥有的林地承包经营权和林木所有权进行转包、出租、转让、入股、抵押或作为出资、合作条件，但是公益林法律上不允许抵押。随着市场经济的逐步发展和改革的不断深化，公益林市场也在逐步放开，目前在辽宁省和浙江省的部分地区已经开始了公益林做抵押贷款的试点。

分 论

分论一
中国集体林权制度改革

根据第八次森林资源清查，我国现有林地3.1亿公顷，集体林地面积1.86亿公顷；国有林场林地面积0.58亿公顷，目前由省、市、县分级管理；国有林区林地面积0.66亿公顷，目前主要由国有森工企业经营管理。集体林地占现有林地面积的60%。林地多在山区，山区又是贫困人口的聚集区。据统计，山区人口占全国总人口的56%，而我国90%以上的森林资源分布在山区。可以说，解决集体林区人民脱贫致富的问题对我国在2020年实现全面小康社会建设具有重要的现实意义。

新中国成立后，我国集体林权制度经历了四次变动：一是土改时期的"分山到户"；二是农业合作化时期的"山林入社"；三是人民公社时期的"集体经营"；四是改革开放之初的"林业三定"。这四次变动，都适应了当时的历史条件，也在一定程度上推动了集体林业发展。但是，随着社会主义市场经济体制的不断完善，集体林产权不明晰、经营主体不落实、经营机制不灵活、利益分配不合理等问题日益突出，严重制约了林业生产力的发展。2003年，《中共中央 国务院关于加快林业发展的决定》对林业产权制度改革提出了总体要求，福建、江西、辽宁等省率先开展了新一轮集体林权制度改革。改革的主要内容是明晰产权、放活经营、规范流转、减轻税费，即在保持集体林地所有权不变的前提下，将林地经营权交给农民，确立农民的经营主体地位，并享有林木的所有权、处置权、收益权和林地的承包经营权，做到"山有其主，主有其权，权有其责，责有其利"，实现"山定权、树定根、人定心"，充分调动广大农民发展林业的积极性，充分挖掘林业发展的潜力。2008年6月，随着试点改革取得了喜人的成效，中共中央、国务院适时出台了《关于全面推进集体林权制度改革的意见》，集体林改在全国铺开。集体林权制度改革的核心内容是明晰产权，放活经营权，落实处置权，保障收益权。改革的目标是从2008年起，用5年左右时间，基本完成明晰产权、承包到户的改革任务。截至2012年年底，集体林权制度改革的确权发证任务已经基本完成。在此基础上，国务院、国家林业局联合其他相关部门相继出台了涉及林下经济、融资贷款等一系列配套改革制度文件，通过深化改革，完善政策，健全服务，规范管理，逐步形成充满活力的集体林业发展机制。截至2015年，集体林权制度改革已经取得了显著的成效：资源增长、农民增收、林区稳定、林区治理走向和谐，为国家探索自然资源产权制度改革作出了贡献，并为发展中国家林权制度改革作出了典范和榜样。

第一章

集体林权制度改革的基本认识与意义

第一节 集体林权制度改革的基本认识

一、集体林权

集体林权除了具备林权的含义、特征和内容之外，还具备自己独特的性质。集体林权是指森林、林木、林地属于集体的所有权和使用权，集体林权的主体享有对森林、林木或者林地的占有、使用、收益和处分的权利，客体为森林、林地、林木以及依附于林地、林木和森林的各项权利。

二、林权权利人

林权权利人是指森林、林木和林地所有权或使用权的拥有者。包括：林地所有权权利人、林地使用权权利人、森林或林木所有权权利人、森林或林木使用权权利人。林权权利人享有的权利主要有以下几个方面：①依法享有林木采伐利用权。对用材林，林权权利人在采伐限额内享有采伐权；对生态公益林，按林业主管部门批准的更新、抚育面积和强度拥有采伐利用权；对于农村居民自留地和房前屋后个人所有的零星林木，拥有完全自主的采伐利用权。②林果、林脂的采集利用权和林中、林下资源开发利用权。除法律、法规禁止性、限制性规定外，林权权利人享有采集利用权。③补偿权。依照《中华人民共和国森林法》，林权权利人依法拥有生态公益林的生态效益补偿权，林地、林木被征占用应获取的补偿权，以及依照《中华人民共和国防沙治沙法》和《中华人民共和国野生动物保护法》，因林权权利人利益受损害而获取的补偿权。④继承权、流转权、担保抵押权。主要是指按照《中华人民共和国森林法》《中华人民共和国农村土地承包法》以及相关法律、法规所规定的森林资源处置权。

三、林权证

县级以上地方人民政府或国务院林业主管部门依据《中华人民共和国森林法》或《中华人民共和国农村土地承包法》的有关规定，按照有关程序，对国家和集体所有的森林、林木和林地，个人所有的林木和使用的林地，确认所有权或使用权，并登记造册后发放的证书。林权证是确认森林、林木、林地所有权或使用权的法律凭证，具有继承权，贷款担保、抵押权，流转权，入股权，以及法律、法规规定的其他权利。

四、集体林权的产权形式

中国集体林权的产权形式具有多样性，与我国有中国特色社会主义制度相适应。包括自留山、责任山、集体统一经营林地以及其他方式承包林地。

自留山：指林业"三定"时划给农户使用的自留山，林地所有权属集体，但农户享有无偿使用权，且长期不变，并对种植的林木享有所有权。

责任山：指林业"三定"时分包到户的责任山，其林地所有权属集体，农户只享有承包经营管理权，双方的责权以合同的形式确定。

集体统一经营林地：指林业"三定"时未划分，仍由集体经济组织管护经营的林地。

其他方式承包林地：指由集体经济组织通过招标、拍卖、协商等方式发包，由个人、联户或经济组织承包的林地。"均山"形式，指本次林改中将集体统一经营的林地按本村组人口平均分配，以家庭为单位承包的林地。"分股""分利"形式，指本次林改中将集体林地林木折股（按利）分配给集体内部成员平均持有，改进集体统一经营模式，明确经营主体，财务独立，实行"分股不分山，分利不分林"的形式。

五、林权流转

林权流转即森林、林木、林地流转，包括林地承包经营权人的林地承包经营权、林木所有权流转和集体经济组织的林地经营权、林木所有权的流转。林权流转源于对森林资源使用和收益的现实需求。林权流转方式包括转包、出租、转让、互换、入股、抵押等。根据现行森林法的相关规定，下列森林、林木和林地可以依法流转：①用材林、经济林、薪炭林、

②用材林、经济林、薪炭林的林地使用权。③用材林、经济林、薪炭林采伐迹地、火烧迹地的林地使用权。④县级以上人民政府确定的宜林地的林地使用权。下列森林、林木和林地不得流转：①防护林、特种用途林。②纳入国家建设规划拟征用、占用的。③山林权属不清或者有争议的。④未申请办理林权证的森林、林木和林地。⑤国有林。

第二节 集体林权制度改革的意义

改革是推进经济社会发展的动力之源，制度创新是激发经济利益主体积极性和创造性的法宝。针对集体山林归属不清、权责不明、经营机制不活、产权流转不规范等制约林业发展的深层次矛盾和问题，中共中央、国务院不断出台集体林业改革的政策，推动了集体林权制度改革。著名经济学家厉以宁曾经说过：集体林权制度改革是新世纪以后中国"改革的一声春雷"，具有重大的意义。国外的研究专家认为：林权改革是全球势不可挡的趋势，它不仅提高了我们对于人权的认识，同时也彰显了两个关键的价值——保护林区居民的利益和森林环境。

一、集体林改是农村土地经营制度的再度完善

我国的改革从农村发端，农村的改革从"大包干"开始，"大包干"从调整土地政策入手。实践证明，实行以家庭承包经营为基础、统分结合的双层经营制度，是改革开放以来我国农村所进行的最重大的改革，是农村经济社会发展最强大的动力。这是农村的基本经营制度，也是党在农村政策的基石。林地与耕地一样，是国家重要的土地资源，是林业重要的生产要素，是农民重要的生活保障。推进集体林权制度改革，是在保持林地集体所有制不变的前提下，把林地的使用权交给农民，让农民依法享有对林地、林木的经营权、处置权、收益权，实现"山有其主，主有其权，权有其责，责有其利"，使林业生产关系适应林业生产力的发展，进一步解放和发展农村生产力。这是农村土地制度改革在林地上的拓展和发展，是家庭承包责任制在林业上的丰富和完善，是把家庭承包责任制从耕地延伸到林地。随着实践探索的深入，集体林权制度改革的制度设计走到了耕地改革之前，允许林权入市，允许林权融资，激活沉睡资产的同时，实现资源向资产、资产向资本的转换，实现了有能力并且愿意投资林业的人进入林业经营的同时，让一部分已经在城市安家落户、不愿经营的人退出林地的

占用。实现了资本、劳动力和土地的有效组合，有效的劳动分工。当前，推进农村体制机制创新、活化农村各种生产要素、活跃农业农村经济方面要做的工作很多，集体林权制度改革无疑仍然是一项重要的内容。

二、集体林改是农业生产发展空间的有效扩展

大农业包括林业这个重要的产业门类。但长期以来，各地更多的是在耕地上做文章，现在全国耕地平均复种指数已达128%，许多地方高达200%以上，个别地方甚至超过300%，这就说明我们对耕地精耕细作的程度已达到了相当高的水平。今后，耕地的潜力还要继续挖掘，但同时也必须做好耕地之外的其他广大国土资源的文章。根据有关资料测算，2008年我国1.2亿公顷耕地的亩①均产出水平（增加值）约为686元，但4亿公顷草原亩均产出只有20元，2.8亿公顷大陆架渔场亩均产出24元，而2.85亿公顷宝贵的林地资源亩均产出也只有22元。差距是问题所在，也是潜力所在，进一步挖掘林地生产潜力，大有可为。推进集体林权制度改革，有利于把资金、技术、劳动力等各种生产要素，引向林业、引向林区、引向林地，不断开发林业的生态、经济、文化等多种价值，增加生态产品和林产品产出，丰富食品和工业原料供给，从深度和广度两方面延展林业生产经营的范围和领域，拓展林业的多样性和多功能性。

三、集体林改是维护国家生态安全的重要举措

恩格斯在《自然辩证法》中曾说过，美索不达米亚、希腊、小亚细亚以及其他各地的居民，为了想得到耕地，把森林都砍完了，但是他们梦想不到，这些地方今天竟因此成为荒芜不毛之地。恩格斯对历史反思的阐述，照亮了人类发展的未来之路。我国已进入工业化、城镇化加快发展的阶段，对自然的索取及其造成的生态危机，导致人与自然不和谐发展，直接关系到人民群众的生活质量和身心健康，严重影响社会和谐发展。良好的森林和湿地生态系统可以为经济社会发展提供重要的资源支持系统，也可以为人类提供重要的生命支持系统，是促进人与自然和谐的根本。因此，必须把发展现代林业、改善生态环境这件事关人民群众切身利益的大事抓紧做好，发挥林业在提供资源支持和生命支持等方面的重要作用，为实现人与自然和谐，构建社会主义和谐社会作出贡献。从发达国家、历史经验

---

① 1亩≈0.067公顷，下同。

和林改地区的实践看,要保护好森林生态,光靠堵和禁是不行的,应当用更积极的办法,在加强必要管理和调控的前提下,在开发中保护,在发展中保护,实现用和育的良性互动。产权越是清晰,责任越是明确,培育才越能有效,管护才越能到位。过去林权不清,用育关系处理不好,林木资源蓄积量增长就很缓慢。占全国林地 60% 的集体林地,目前森林蓄积量每公顷平均只有 50 多立方米,而全国平均水平是 85 立方米,世界平均水平超过 100 立方米,德国、法国等林业发达国家则高达 200~300 立方米。通过集体林权制度改革,重塑林业微观经营主体,让农民吃下"定心丸",有利于鼓励农民多栽树、栽好树,从根本上调动农民植绿、爱绿、护绿的积极性。

四、集体林改是民心所向历史发展的必然

2009 年中央召开的林业工作会议提出:林业正在进行一场史无前例的改革,这场改革是农民的创造,是基层的经验,它的意义同土地家庭联产承包责任制一样具有重要的历史意义。

集体林权制度发端于农民群众,是自下而上推动的,然后再自上而下向全国推广。最初林改的动力是源于人民群众对脱贫致富的渴望,农民对林业"三定"完善的要求;繁重的木材税费和较多的制约等一系列原因导致山区的林业资源被浪费,出现了"人在家里穷,树在山上烂"的现状。既有的政策束缚了群众的手脚,严重制约了群众生产的积极性。山区的长期贫困以及市场化改革的推进,激发了人民群众改革基层制度体系的智慧。20 世纪 80 年代,以山区为主的安徽革命老区贫困县岳西,稀薄的耕地已经无法满足人民群众的基本生活所需,"以林为主"的现实催生基层组织和人民群众进行林地改革:"两山并一山,同作经营山"的决定,改革探索出了一条林业改革与发展的路子。但因种种原因,改革未能进行下去。到 20 世纪 90 年代,改革的浪潮再次推进,1998 年福建省永安县的洪田村打响了"均权均山到户"的第一枪,洪田村也因此被称为林改中的"小岗村"。与此同时,福建省武平县的捷文村发了全国第一本新的林权证,2002 年,福建省武平县委、县政府出台了第一个林改文件。早在 2001 年,习近平同志在福建省工作时就对武平的林改作出了重要批示,给予了肯定和支持。武平县落实"四权"的做法:明晰产权,放活经营权,落实处置权,确保收益权,成为全国林改的准则。

如果说家庭联产承包责任制的创举是小岗村的农民"饿出来"的结果,

是生产力与生产关系不相符合,矛盾激化的产物,那么集体林权制度改革则是在社会主义市场经济体系背景下,人们对于改变山区贫困面貌的愿望的产物。林改的本质就是"还权于民,还利于民"的过程,林权是集体的,但是本质还是农民的。家庭联产承包责任制理顺了农村的生产关系,林改则让农民作为一个市场的主体,拥有了林地、林木等市场要素的支配权,比家庭联产承包责任制更深化一步,又一次使生产力得到极大的解放。

案例一

洪田村:中国林改第一村

洪田村位于永安市洪田镇集镇所在地,是福建省中部山区的一个普普通通的村庄。全村土地总面积232.18公顷,林业用地面积189.08公顷,森林覆盖率81.4%。1998年5月,洪田村干部群众敢为人先,大胆探索,勇闯"禁区",率先把土地承包责任制引向林地,成功推行了集体林权制度改革,被称为中国林改的"小岗村"。

逼出来的改革

1984年,洪田村曾经进行林业股份制合作改革,把集体山林按人口折股到户,由于没有按照股份合作制要求规范管理,作为股东的林农,既没有处置权也没有收益权,经营权被少数人所垄断,与此同时,过重的税费负担,林农们根本"无红可分"。一些农民不满现状进山砍树,到市场上卖钱。到了90年代,乱砍滥伐盛行,胆大的白天砍,胆小的晚上伐,甚至雇人成立专业队上山砍。"想致富,要偷树"是当时的村风民风。很快,盗伐就蔓延到全村山林,村党支部委员会、村委会昼夜巡查也挡不住。

眼看着一座座山头就要被砍光,再这么下去林子很快就会毁掉,村干部多次召集村民代表解决此事。大家说,山上的林木人人有份,但不知道自己的那份究竟在哪里,不法分子偷了谁的也说不清楚,如果把山林分到户就不会出现这样的情况了。于是在1998年5~9月,在没有任何经验可供借鉴的情况下,村支书邓文山带领全村干部群众大胆探索,围绕"要不要改、改什么、怎么改"等问题,先后组织召开20多次会议,与全村农民进行了反复深入的讨论。1998年9月29日晚上,邓文山坚决地说:"今晚不讨论出个名堂,谁也别回家!"此时,争论进入白热化,有人赞成,也有人反对。最后经无记名投票表决,80%以上的村民赞成把山林分到户。就这样,洪田村开展了商品林"分山到户"工作,并把公益林管护责任捆绑落实到户,在全国迈出了第一步,打开了"山定权、树定根、人定心"的局面,因此被誉为"中国林改小岗村"。

人民群众的首创

没有上级的红头文件，也没有可借鉴的改革经验。洪田村充分发挥全体村民的聪明才智，创造出了一套分山到户的好办法。第一步，将集体山林全部收回。根据质量好坏予以一次性补偿，原有承包林子的村干部无条件退出。第二步，对集体山林评估调查，组成评估小组估价，摸清家底91.09公顷。第三步，按照在册法定人口分山到户，经过全体村民的讨论，只要是本村籍的人员，每人可分0.062公顷。为了利于经营管护，最后确定为联户经营。把参与分山的人口均分为三大片区，每个片区两队，每个队分为两个组，有的组再细分，最后分了16个经营小组，成员自由组合。将山林好坏搭配，抓阄确定承包山林，签订为期30年的承包合同。洪田村集群众智慧，大胆探索，解决了一道道难题：如率先成立了护林联防协会，率先组建了家庭林场，率先提出了用林权证进行抵押……这一系列的尝试，为后来的集体林权制度改革提供了可贵的经验。

翻天覆地的变化

通过改革，调整了生产关系，解放了生产力。促进了新农村建设，洪田村呈现出风正气顺、人和业兴的喜人景象。一是森林资源增加了。农民造林护林积极性高涨，1998年以来新增造林面积达29.79公顷，森林资源得到有效保护，改革后没有发生一起森林火灾、盗伐案件。二是农民富裕了。全村农民人均收入在2008年的时候达到了6657元。三是乡风文明了。林改化解了一系列社会矛盾和问题，村集体利用林改增加的收入，制定了完善的群众补助办法，实现村民均衡发展。四是村容村貌整洁了。全村的公路全部换为水泥路面，路网工程建设完毕，新建5个住宅示范小区，202座独栋新房。五是村务管理民主了。村里建立林地使用费收支台账，订立村民公约，对林地使用费的分配民主决策，干群关系更加和谐，基层组织更加稳固。

五、集体林权改革是增强林业竞争力的重要支撑

一个产业的壮大和发展，市场机制发挥着决定性作用。只有面向市场调整林业结构，才能不断提高林业的素质和效益；只有充分调动市场主体的经营积极性，才能不断提高林业的综合生产能力和经营水平。推进集体林权制度改革，从本质上说，是要把市场机制充分引入林业经济，明晰产权关系，明确市场主体，培育市场体系，规范市场交易，使林业具备内在的发展活力，建立起良性的发展机制。从集体林权制度改革的实践看，推

进集体林权制度改革后,农民普遍大幅度增加了对林地的投入,优化了林种结构,提高了林产品产量和效益。林权明确了,还有利于促进林地使用权和林木所有权的流转,进一步优化配置林业生产要素,全面盘活林业资源,充分释放林地、物种、劳动力等生产要素的巨大潜能。同时,集体林权制度改革也吸引了很多工商企业进入林业,通过发展林业的产业化经营,健全和壮大了林业产业体系。围绕集体林权制度改革,适应林业发展的需要,林业部门普遍转变了职能,强化了服务,增强了对林业的管理能力和对市场的调控能力。

六、集体林改是推动山区林区脱贫致富的根本途径

经济社会发展成果惠及贫困落后地区是推进社会主义新农村建设的关键。改革开放以来,我国农村贫困人口比例大幅度下降,扶贫开发取得了举世瞩目的伟大成就。但是"林区发展落后,林业生产力低,林农收入低"的问题日益凸显,已经成为我国破解"三农"问题,建设新农村的"瓶颈"。

我国山区面积占国土面积的69%,在全国2000多个行政县(市)中,有1500多个是山区县,山区人口占全国总人口的56%。在592个国家级贫困县中,有496个分布在山区。山区是贫困人口的聚集区,也是新农村建设的重点和难点。我国90%以上的森林资源分布在山区,森林可以提供多种经济资源,为农民就业增收提供物质基础和环境基础,山区林业发展潜力巨大。但是由于改革滞后,抑制了林业潜能的释放,阻碍了林区经济发展,影响了林农收入提高,使林农失去充分发挥聪明才智的潜在发展机遇,成为长期影响林业发展的制度性障碍。

根据诺贝尔经济学奖获得者阿马蒂亚·森的发展理论,人的贫困与他占有的资源禀赋、能力禀赋有关,更与制度约束有关。推进集体林权改革,消除制度性贫困是解决"三农"问题的重要途径。只有化解旧体制的矛盾,充分调动广大林农群众的积极性,才能释放林业蕴藏的巨大潜力,做到像群众所讲的那样"把山当田耕,把树当菜种",才能有效解决我国1500多个山区县的发展问题,才能解决占全国总人口56%的山区人民特别是贫困人口的致富问题,使广大林农和其他农民一样享受改革的成果,走上富裕之路,为实现广大农村地区生态、经济和社会的可持续发展奠定基础。2009年,温家宝同志在会见中央林业工作会议代表时指出:集体林权制度改革后,农民增收渠道除了农业以外,又增加了林业,实行多种经营,能够比较快地脱贫致富,这也是扶贫工作的一项重要措施。作为劳动密集型

产业，发展林业生产，可以吸纳大量劳动力，这是解决我国农民就业最重要、最稳定的保障，对于解决我国 1.2 亿剩余劳动力的就业问题具有重要意义。

第二章

国外林权变革经验与现状

林业产权制度安排是林业经营活动中影响人们经济行为的重要工具，产权制度的分配决定了资源和利益的导向，对林业的发展和生态林业的建设具有重要作用。借鉴国外林权制度改革和管理的经验对深化我国林业发展意义重大。从国外既有的研究来看，单一的产权制度安排不能解决林业经营面临的种种问题，林业经营的权力下移已经成为势不可挡的趋势。国外目前的产权安排实行的是多样化的产权模式，如欧洲、美国、日本等实行的私有林为主，国有林发挥重要的生态保障和市场调控指导作用的制度。而印度等许多发展中国家大部分森林资源归国家所有，同时允许私有林的存在。

第一节 发达国家和东欧国家的林权改革经验及现状

一、瑞典

瑞典位于北欧斯堪的纳维亚半岛东部，是欧洲的第四大国，森林是瑞典最重要的自然资源。根据国际标准，瑞典森林总面积超过2800万公顷，森林覆盖率为69%，人均占有森林量为世界平均数的3倍。瑞典将其中2290万公顷划为生产性林地，即森林法规定的每年每公顷生长量大于1立方米的林地。

瑞典森林按其所有制的不同分为公有林和私有林两大类，公有林又分为国有林和其他公有林；私有林分为公司所有和私人所有，又称公司林和非工业私有林。全国森林面积中，公有林占有25%，其中国家所有为18%，其他公有林(教堂和地方社团)为7%；私有林占到75%，其中个人所有为51%，林业公司所有为24%。公有林主要分布在立地条件较差的北部地区，私有林大部分在立地条件好的中部和南部地区。

瑞典的林业所有制私有化过程持续了200年左右，林业的权属制度经历了从最初个人所有到个人与国家混合所有的过程。由于19世纪中叶开始的木材工业发展导致对森林无序的开发和造成的贫困、失业以及森林资源锐减问题，引起了社会各界的高度关注。1905年，瑞典在各省成立了独立于国家林业局的林业委员会，负责监督私有林的经营管理。1906年，瑞典又发布了禁止森工企业进一步从农民手中购买林地的禁令。从此瑞典私有林业进入了有序的发展时期。正是从这时起，瑞典林地的所有制结构基本形成，即公有林占25%，公司林占25%，非工业私有林占50%，基本上一直稳固至今。由于私有林资源分散，财力不足，规模太小，瑞典于1965年通过了新的《土地贸易法》，修改了1906年关于不准森工企业购买农民林地的禁令，允许森工企业自由购买林地，以提高供材能力。但这并未给瑞典的所有制结构带来重大影响。

二、日本

日本位于太平洋西岸，是一个由东北向西南延伸的弧形岛国。西隔东海、黄海、朝鲜海峡、日本海，与中国、朝鲜、韩国和俄罗斯相望。领土由北海道、本州、四国、九州4个大岛和其他6800多个小岛屿组成，因此也被称为"千岛之国"。日本境内多山，山地约占总面积的70%，森林面积2526万公顷，占国土总面积的66.6%，是世界上森林覆盖率最高的国家之一。但木材自给率仅为20%左右，55%依赖进口，是世界上进口木材最多的国家之一。

在日本，农民林地所有权正规化起步于19世纪后期，到20世纪40年代最终结束。日本的森林按所有制形式划分为国有林、公有林和私有林。这三种形式的森林面积所占比重分别为31%、11%和58%；森林蓄积量所占比重分别为26%、10%和64%。国有林主要由林业主管部门管辖，其中60%为天然林，大多分布于偏远山区，发挥着水土保持、水源涵养等公益职能。公有林包括都道府县和市镇村等地方政府所属的森林。私有林无论面积还是蓄积量均占全国50%以上，其中人工林蓄积量占其自身的63%，占全国40%。随着木材生产由天然林向人工林的转变，日本的木材供应将会更大程度地依赖于私有林。日本第一部《森林法》于1897年颁布，先后进行了多次修改，民有林主的财产权受到法律严格的保护。日本登记制度依不动产种类分为三种登记簿册：土地登记簿册、建筑物登记簿册、立木登记簿册。

为了确保民有林的收益权得以实现,1951年修改的《森林法》正式确立了森林组合制度,日本70%的民有林由森林组合经营。森林组合是日本民有林经营的主力军,它既是森林经营者的合作组织,又是联系政府、林农和市场的纽带。日本的森林组合是1907年修改的《森林法》以后形成制度化的组织。当一个地区的森林所有者2/3同意,并且其所有的森林面积占本地区森林面积的2/3以上,可以在本地区设立森林组合。日本森林组合有两大特色,一是森林组合一经设立,本地区的所有森林所有者必须加入;二是在森林所有权与经营权分离的基础上开展森林经营活动。日本森林组合与欧洲国家的林主协会有所不同,它的强制加入和所有权经营权分离原则,在推动日本私有林集约、规模、产业化经营方面,发挥了独到而显著的作用。

三、芬兰

芬兰虽然是北欧小国,但却是林业大国和私有林大国,林业是国民经济的重要支柱性产业。全国有66.7%的土地被森林覆盖,其覆盖率居欧洲第一位,世界第二位。芬兰1886年颁布了第一部《森林法》,对私有林的管理和采伐有明确的规定,特别强调森林的天然更新和保护幼林。1927年颁布了世界上唯一的《私有林法》,明确了私有林管理体制。为了鼓励林主提高森林经营强度,1928年颁布了《森林改造法》。1969年颁布了《农田休耕法》,鼓励在休耕地上造林。芬兰政府对私有林的造林补贴更是不遗余力。芬兰政府规定,在休耕地上造林,国家给予15年的补贴并免交土地税。从1946年开始,造林事业就被纳入公共事业对象,由国家对造林费用提供50%的补助。除国家的补助金之外,地方政府也常常根据自己的财力情况,按国家补助金的一定的比例追加地方补助金。芬兰对私有林实行的是三级组织管理制度,包括林主协会、大区私有林委员会和中央私有林委员会。林主协会作为民间组织,收取会员林业纯收入2%~6%的资金作为会费,雇佣了1~4个林业技术员,为林主提供技术支持和市场营销服务,帮助会员开展森林可持续经营和利用活动。大区私有林委员会兼具民间色彩和官方身分。中央私有林委员会则基本上是官方机构,为全国私有林发展提供政策支持。

四、东欧国家的产权变革

20 世纪 90 年代东欧和前苏联,因为政治体制改革,带来了一系列的经济体制转轨,林业产权出现了巨大的变革,国家所有的森林产权开始部分私有化。

前苏联解体之后,俄罗斯实行政企分离的模式。1993 年开始制定新的森林基本法,但是对森林所有制没有确定,导致森林经营出现问题。1995 年俄罗斯国家杜马明确规定森林资源归联邦所有,而林产品归私有,实现公私多种形式,允许林地转让。同时,俄罗斯认为市场经济体制不能解决林业发展的所有问题,必要的宏观调控能促进林业健康有序的发展。俄罗斯将保护森林资产的国家所有权作为主要的所有权模式。

拉脱维亚主要的林业管理部门是国家森林局。1992 年颁布的《森林经营与利用法》确定了森林经营的基本原则。为了适应产权改革,1994 年又进行了修订,对土地的私有化予以说明。第一阶段将一部分国有土地使用权转移给目前的土地使用者或先前的土地所有者,第二阶段完全承认前土地所有者的土地产权。根据国家规定的森林所有权模式,国有林占 55%、集体农场占 2%、社区林占 2%、私有林占 37%、其他类型林占 4%。

东欧的私有化经过了一个各方反复讨价还价的过程,是利益博弈的结果。多数东欧国家已经完成了通过"民主分家"建立公正的产权结构并维持了稳定的经营的过程。从俄罗斯和捷克的私有化过程来看,他们十分慎重,并没有把国有林全部私有化。其私有林主要是原先的私有林的复归和发展人工林的结果。这一点是东欧诸国的共同做法。

第二节 发展中国家的林权变革经验与现状

一、非洲的森林权属改革

非洲地区的热带森林面积超过 3.3 亿公顷,是仅次于南美洲亚马孙林区的世界第二大热带雨林分布区。非洲的林地产权结构以公有制为主,公有林地面积占到所有林地面积的 95%。农民只拥有部分使用权,国家或者集体拥有土地(包含林地)的所有权。非洲的"习惯土地使用权"长期实行。其原因在于非洲国家农村人口出生率和死亡率都很高,人口一直处于快速调整中。在"习惯土地使用权"下,部落首领可以按照人口的动态变化快速调整土地分配,从人口减少的家族收回土地分配给新出生人口家族,使得部落中人人都有土地,保证部落人口有基本的生存权,而在"法定土地使用权"的体制之下,土地的调整需要依靠政府和土地市场买卖。对于贫困的非洲人民来说,新生的人无法及时有效得到土地,部落内部的和谐容易被打破。所以,非洲各国基于西方经济学所展开的土地制度改革,最终因为人民的反对而失败。其失败的根源在于西方的制度体系未能与本土实际有效结合起来。非洲产权变革的失败也为中国的集体林权制度改革提供了经验教训。非洲森林管理以政府管理为主,另外还有授权管理和有限授权管理等形式。例如,坦桑尼亚实行农村林地保留制度,由村委会代表村民管理森林;还有的通过协议的方式进行合作管理,合作管理的初衷是保护森林,而不是经济效益。冈比亚实行社区林业改革,采取阶段性计划协议管理。莫桑比克为增加私人参与,由政府授权给私人长期经营森林,当地社区可以得到20%的税收。与其他地区相比,非洲的林权改革要慢得多。由森林社区或土著群体合法拥有或指定使用的森林林权改革比例不到非洲热带森林面积的2%。而拉丁美洲、亚洲和太平洋地区的这一比例接近1/3。

二、拉丁美洲森林所有权改革

一个国家的的产权现状往往由当地的社会体系结构所左右,同时深刻地体现了国家历史和当地文化的烙印。拉丁美洲曾经作为西班牙和葡萄牙的殖民地,其现有的产权制度体系深受西班牙和葡萄牙的影响。森林面积达9.2亿公顷,占全洲总面积的50%以上,约占世界森林面积的23%,其产权构成主要以大地产所有制为主。美国亿万富翁丹尼尔在亚马孙河流域占有350万公顷林地,他在这里建立了林业与牧业公司,雇用工人1万多名,是拉丁美洲最大的私人地产所有者。土地的集中占有导致社会矛盾愈演愈烈,拉美在20世纪80年代中期展开了土地产权的变革,此次改革更加注重生活在林区农民的生存权利。在拉美有2500万人生活在林区,不断扩大的人地矛盾导致森林资源被大量砍伐,实际占有林地并且以林为生的村民开始不断要求自己的土地权利,最后政府开展了赋权于民的改革,最终改革提高了地方的自治权和林区人民话语表达权。以巴西为例,巴西有丰富的热带林资源和发展人工林的自然条件,是世界上森林资源最为丰富的国家之一。据联合国粮农组织统计,1997年巴西森林面积为5.51亿公顷,森林覆盖率65.2%,居世界第二位。巴西林业产值约占国内生产总值的 3%~4%，该国林业的发展同其经济发展模式相类似，也是依据地区、社会和产业的区别来决定如何利用天然林，发展人工林，以及明确有关林产品，如薪炭材、人造板等的发展。虽然巴西的林业政策在当时是以财政刺激政策和用引进树种营造短轮伐期人工林为基础的，但是天然林仍是巴西经济的重要财源。巴西政府制定了一系列林业政策推进林业发展，但并未收到显著成效，其根源在于：一是地方或州政府没有为中小业主提供必要的条件，以鼓励他们造林，造林主体为大企业财团所垄断；二是地区发展不平衡，全国大力发展人工林，推动制浆造纸工业基地建设，但主要集中在东南部工业发达地区；三是林业科技和教育相对落后，林业科技贡献率都处于较低的水平。在 20 世纪 90 年代之前，巴西执政者对森林和林业的发展基本上保持在经济效益和地缘政治基础上，很少考虑其更为深远和巨大的社会效益和生态效益，这也直接导致了巴西热带雨林遭遇前所未有的破坏。巴西产权变革的情况为我国的林权变革和林业发展提供了不少教训和反思。

第三章

集体林权制度改革的背景

集体林权制度改革于2003年从福建、江西、辽宁等省开始探索，2008年全面推进，一直到现在的深化改革，可以说集体林权制度改革的生成、发展和深化是历史的选择、人民的选择，是历史发展的必然规律。在中国现有的土地面积中，耕地约有1.2亿公顷，而林地却有3.1亿公顷，林地是耕地面积的2.5倍左右，其中属于农村集体所有的林地约有1.86亿公顷，占我国森林面积的60%。如果说耕地的价值在于农民基本的生活需求，林地则承担着破解"三农"问题、维护生态安全、美丽中国建设的多重重担。但长期以来，因为集体林地权属不清、政策不稳等原因，集体林地资源的价值长期得不到充分的体现和发挥。因此，如何进一步推进集体林权制度改革，进而盘活利用好农村林地资源，不仅对于促进农村社会经济可持续发展及建设社会主义新农村有重大的意义，而且是贯彻落实绿色发展观、实现人与自然和谐发展的客观要求。2008年6月8日，中共中央、国务院出台《关于全面推进集体林权制度改革的意见》，标志着我国农村改革与发展进入了一个新的历史阶段。从2008—2015年，国务院、国家林业局相继出台了一系列深化改革文件，政策的实施有效地落实了林农的经营权、处置权和受益权。

第一节 集体林权制度改革的历程

一、新中国成立初期的林权制度变革

集体林权制度变革的演进，体现了国家自然资源产权制度变革的过程，从新中国成立至今，我国的农村土地产权制度经历了四次大的变革。国家通过对乡村土地产权制度的变革实现对乡村的管理，其内在的变革逻

辑呈现出"分—统—分"到"分统结合"的特点，其变革的动力是社会经济的发展需要释放被束缚的生产力，历史发展趋势指引着变革的方向。

（一）分林到户：土地改革时期（1949—1953）

民国时期，我国农村绝大多数土地属于私人所有，所有者直接占有、经营、自由买卖，也可以租给他人，由他人占有、经营（如"不在地主"）以及转租（"二地主"）。在革命时期，我们党便开始推行土地制度改革。新中国成立之时，老解放区的土地改革基本完成，但是有着全国3亿多人口的新解放区的改革还没有进行。1950年6月30日颁布实施的《中华人民共和国土地改革法》第16条规定："没收大地主所有的山林、鱼塘、茶山、桐山、桑园、竹林、果园、芦苇地、荒地及其他可分土地，应按适当比例，折合普通土地统一分配之。为有利于生产，应尽先分给原来从事此项生产的农民。分得此项土地者，可少分或者不分普通耕地。其分配不利于经营者，得由当地人民政府根据原有习惯，予以民主管理，并合理经营之。"第18条规定："大森林、大水利工程、大荒地、大荒山、大盐田和矿山及湖、沼、河、港等，均归国家所有，由人民政府管理经营之。其原由私人投资经营者，仍由原经营者按照人民政府颁布之法令继续经营之。"1951年4月政务院在《关于适当处理林权，明确管理保护责任的指示》中明确指出："零星分散的山林，由当地人民政府根据实际情况，按照《土地改革法》的规定，分别进行清理和确定林权，由县级人民政府发给林权证。"农村土地产权改革极大地推动了农村生产力的发展，农民开始有了山林土地经营自主权，可以吃上饱饭了。

随着生产的进一步发展，其局限性明显地突现出来：一方面农民虽然分得了土地等生产资料，生产和生活条件有了改善，但由于中国农村生产力还很落后，土改后个体农民拥有的生产工具严重不足，生产资料和资金也十分缺乏，不少农民在生产中遇到了很大的困难，单靠自身的力量难以解决；另一方面一家一户为生产单位的分散的个体经营，力量薄弱，积累率很低，有的地方甚至连简单的再生产都难以维持，无法抵御农林业生产过程中遭遇的突如其来的各种自然灾害，更没有能力采用先进的农业生产工具和技术。

（二）山林入社：土地合作化时期（1953—1957）

农业合作化时期是在党的领导之下，通过各种互助合作的形式，把以生产资料私有制为基础的个体农业经济，改造为以生产资料公有制为基础的农业合作经济的过程。从历史实践来看，合作社及土地私有制向集体所有制的过渡,事实上从1951年就开始了,1953年开始,全国进入了计划经济建设时期,林业和农业一起走上了合作化的道路,先后经历了三个阶段:第一阶段是互助组为主(1951—1953),1951年9月,中共中央召开了第一次互助合作会。到了1952年年底,全国合作组织发展到830万个,参加农户占到全国总农户的40%;第二阶段是初级农业合作社(1954—1955),初级社在全国普遍建立;第三阶段是高级农业合作社(1955—1956),参加高级社的农户达到87.8%,基本上实现了社会主义改造。初步实现了由农民个人所有制到社会主义集体所有制的转变。1956年6月全国人大颁布的《高级农业生产合作社示范章程》明确指出:除了少量零星的树木归属社员所有外,幼林和苗圃、大量成片的经济林和用材林,由社员所有转为合作社集体所有。从互助组到初级社然后到高级社,农村林业逐步实现了从分到合的经营历程。

  合作化的核心和实质是农民拥有的土地从"民有民用"向"入社公用"的改造过程,林木入社以后,林地虽然属于社员集体所有,但是农户失去了其所有和独立自主的经营权。各个村原有的大面积的无主荒山也一并归为社有山。1958年中央颁布了《关于农村建立人民公社问题的决议》,"一大二公①、一平二调"②,所有山林一律无代价归公社所有,高级社林木折价偿还办法废除。而同年开始的"大跃进"运动打乱了山林权属界限,采伐林木不再付给山本费。由于农民的利益得不到保障,一些农民偷砍盗伐林木,造成乱砍林木、乱挖竹笋。与此同时,在这一阶段,由于全民"大炼钢铁",毁林烧炭,森林资源受到了新中国成立以来第一次大规模严重破坏。

(三)集体经营:人民公社时期(1958—1978)

  1958年,中共中央颁布《关于农村建立人民公社问题的决议》,人民公社化运动迅速开展,实行"政社合一"的管理体制。由于天灾人祸,我国农村进入"三年困难时期"。1960年,《中共中央关于农村人民公社当前政策问题的紧急指示信》开始调整农村政策,提出以生产队为基础的三级所有制,对农村劳力、土地、耕畜、农具必须实行"四固定",固定给生产队使

---

  ① "一大二公"具体是指第一人民公社规模大,第二人民公社公有化程度高。
  ② "一平二调"是指在农村基层组织"人民公社"内部所实行的平均主义的供给制、食堂制(一平),对生产队的劳力、财物无偿调拨(二调)。由于基层农民对一平二调的反对,毛泽东在1960年11月28日批示:"永远不许一平二调"。

用,并且登记造册。1961年,《中共中央关于确定林权保护山林和发展林业的若干政策规定(试行草案)》要求开展确定山林权属工作,提出必须坚持"谁种谁有"原则,纠正了"大跃进"时期"左"的错误,承认农民的"自留山""自留滩"及房前屋后的林木所有权,明确规定"农民个人造林归农民个人所有",由社员家庭自行管理经营,供社员砍柴薪、建房之用[①]。为此,各地纷纷出台了一些稳定山权、林权的规定和规则。其中,山东省为贯彻这一政策还发放了林权证。1962年,国家发布了《关于改变农村人民公社基本核算单位问题的指示》,提出劳力、土地、耕畜、农具实行"四固定"。通过"四固定"工作将部分林地和林木的使用权下放给农民,提高了农民的林业生产积极性,使林业生产得到了一定的恢复。1963年,国家出台《森林保护条例》,要求切实保障国家、集体的森林和个人的林木所有权,林业生产开始得到恢复和发展。但是1966年"文化大革命"开始之后,林权调整工作中断。

整体而言,改革开放前新中国的农村土地产权制度最显著的特征就是以"集体产权"为核心,忽视了农民的个人利益,不仅挫伤了林农生产的积极性,同时也一定程度上损害了生态环境。这种产权制度的频繁变动,对生产周期长的林业生产是十分不利的,使农民对政策产生一种不稳定感。而且林业生产是经济再生产和自然再生产相互交织的过程,具有作业空间的广泛性、收益的长期性、场所的分散性、行业项目的多样性及生产劳动的季节性等特点,使得对作业的数量和质量的度量都相当困难,劳动的监督和监测成本极高。同时也造成了劳动报酬和劳动付出的背离,使"偷懒"和"搭便车"行为普遍化。

二、改革开放时期的变革探索

(一)1979—1987"分山":林业"三定"改革时期

20世纪70年代末期的农村改革把集体经营转变成了家庭承包经营责任制,从而形成了一种使用权与所有权分离的公有私用的农村土地产权制度。林地产权也仿照耕地改革展开,1979年,全国人大通过《中华人民共

[①] 1962年9月27日中国共产党第八届中央委员会第十次全会通过的《农村人民公社工作条例修正草案》第十二条规定:"公社所有的山林,一般地应该下放给生产队所有;不宜下放的,仍旧归公社或生产大队所有。"(仍然给生产队经营或组织专业队负责经营)第四十条规定:"……在有柴山和荒坡的地方,还可以根据群众的需要和原有习惯,分配给社员适当数量的自留山,由社员经营。自留山划定以后,也长期不变。"

和国森林法(试行)》,为林业发展提供了法律保证。支持个人承包经营国有或集体林地,规定"农村居民在房前屋后,自留地、自留山种植的林木,归个人所有。集体或个人承包国家所有的宜林荒山荒地造林,承包后种植的林木归承包的集体或者个人所有"。1981年,根据《中共中央 国务院关于保护森林发展林业若干问题的决定》,全国开展了以稳定山权林权、划定自留山和确定林业生产责任制为主要内容的林业"三定"工作。这一政策的出台标志着新一轮林业改革的正式开始。截至1984年,95%的集体林完成了山权和林权的划定工作,林业"三定"责任山的承包期为5~15年,有的更长。1985年,我国正式颁布实施《中华人民共和国森林法》。同年,中共中央、国务院又颁发了《关于进一步活跃农村经济的十项政策》,明确提出要"进一步放宽山区、林区政策",在集体林区实行"取消木材统购,开放木材市场,允许林农和集体的木材自由上市,实行议购议销"的政策,使农民拥有较充分的林地经营权和林木所有权。

(二)1987—1992"合山":乱砍滥伐导致林权集中

集体林权的"均山制"改革与农村地区的"均田制"改革几乎同时推进,但却产生了截然不同的效果,全国粮食产量大幅增加,但是集体林区却出现了农民大规模砍伐山林的情况。具体原因在于当时市场经济的秩序还未建立,适应改革的监管体系未形成,村集体和村民对林业政策稳定性和连续性充满疑虑。到1987年,全国各地乱砍滥伐现象已经非常严重,各地林业管理一片混乱。基于此,中共中央、国务院在1987年发布了《关于加强南方集体林区森林资源管理,坚决制止乱砍滥伐的指示》(称为"20号文件"),"20号文件"[①]的出台使得林业"三定"改革停滞。实质就是把放开的木材经营权又收回来,返回到原来"统购统销"。一些地方甚至把已经分下去的林地又重新收归村集体组织统一经营。与土地承包生产责任制同步进行的林业"三定"政策夭折。

(三)1992—2003:市场化改革推进林改

1992年10月,党的十四大确立了建立社会主义市场经济体制和以公有制为主体、多种所有制形式共同发展的基本经济制度,为林业产权制度调整奠定了基础。尤其是在1988年,福建省三明市上报国务院批复的林改

---

① "20号文件"提出:要"严格执行年森林采伐限额制度""集体所有集中成片的用材林,凡没有分到户的不得再分;已经分到户的要以乡或村为单位组织专人统一护林。积极引导农民实行多种形式的联合采伐、联合更新、造林""重点产材县,由林业部门统一管理和进山收购"。

试验区设计方案中强调了产权清晰化,大力推进山权、林权、活立木转让的市场化交易,其目的在于通过建立林区产权市场来促进资源向资本的转化。1995年8月,国家经济体制改革委员会和林业部联合下发的《林业经济体制改革总体纲要》中明确指出,要以多种方式有偿流转宜林"四荒地使用权",要"开辟人工活立木市场,允许通过招标、拍卖、租赁、抵押、委托经营等形式,使森林资产变现"。但是在资本稀缺的年代,集体林区的改革试验被一些地方政府的"投资饥渴"所取代:以集体林区资源换取外部投资,出现了四荒拍卖带来的"大户林""干部林"为代表的林区资源集中的现象,乱砍滥伐得到解决,但是资本的稀缺性以及林业投资的长期性和低收益以及高税费,难以对外部资本形成吸引力,形成预期效益,林业发展停滞不前。1998年长江发生了自1954年以来的又一次全流域性大洪水,乱砍滥伐所带来的水土流失是导致洪水爆发泛滥的根源之一,造成的损失无法估量。2001—2003年,在温家宝同志提议下,几十名院士和专家对我国的林业发展战略进行深入研究,提出了新世纪上半叶中国林业发展的总体战略思想,即:确立以生态建设为主的林业可持续发展道路,建立以森林植被为主体的国土生态安全体系,建设山川秀美的生态文明社会(简称"三生态")。林业改革发展被提到了国家发展的战略位置。

三、新世纪时期的改革实践

2003年6月25日,中共中央、国务院颁发了《关于加快林业发展的决定》(以下简称《决定》),《决定》明确提出:"在贯彻可持续发展战略中,要赋予林业以重要地位,在生态建设中,要赋予林业以首要地位,在西部大开发中,要赋予林业以基础地位。"并提出要深化产权制度改革。这个决定是指导我国林业改革和发展的纲领性文件。紧接着的3个"1号文件"都将集体林权制度改革确定为深化农村改革的重要内容。2006年,《中共中央 国务院关于推进社会主义新农村建设的若干意见》明确提出:加快集体林权制度改革,促进林业健康发展。2006年3月16日,我国第十一个五年规划纲要提出:稳步推进集体林权改革。2007年10月,党的十七大作出了建设生态文明的战略决策,形成了经济建设、政治建设、文化建设、社会建设和生态文明建设的中国特色社会主义事业总体布局,把生态建设作为全面建设小康社会的奋斗目标之一,明确提出到2020年要使我国成为生态环境良好的国家,全面建成小康社会。我国的山区是绝大部分林区所在地,也是贫穷、偏远、落后的代名词,实现山区、林区的小康社会目标对建设全国小康社会的目标意义重大。2008年6月8日颁布实施了《中共中央 国务院关于全面推进集体林权制度改革的意见》。2012年党的十八大再次提出了"五位一体"的总体战略布局,并且专章提出了"大力推进生态文明建设,实现绿色发展"。体现了国家对于林业的高度重视。一年之后召开的十八届三中全会,出台的《中共中央关于全面深化改革若干重大问题的决定》对于生态文明建设作出了详细的阐述,并明确提出要完善集体林权制度改革。2014年中央1号文件再次提出要深化农村综合改革,完善集体林权制度改革。2015年中央1号文件延续之前的政策提出"建立健全最严格的林地、湿地保护制度,深化集体林权制度改革"。可见,国家对于林权制度的变革和林业的发展愈发重视,集体林业的发展在未来大有可为。

纵观集体林权制度变迁的历程,集体和林农对于森林、林木和林地的权益,在"分与统""放与收"中几经调整,由于计划经济思想观念的长期束缚,林业产权制度改革不到位,生产关系与生产力发展自身规律及经济社会发展客观实际之间的差距,始终是林业发展迈不过去的一道坎。这几次变动,既有经验,也有教训,关键是林地使用权和林木所有权不明晰、经营主体不落实、经营机制不灵活、利益分配不合理,农民经营林业的积极性不高,制约了林业生产力的发展。表现在森林资源质量低,林地产出率低,农民收益水平低,乱砍滥伐现象普遍存在。我国耕地少、林地多,广大农民在承包耕地解决温饱后,看到了山林的巨大潜力,产生了经营山林、发家致富的强烈愿望,迫切要求实行新一轮集体林权制度改革。

第二节 集体林权制度改革的内在动因

我国集体林面积占到林地面积的60%,如何激发集体林区人民经营林业的活力,产权制度变革成为农民的首要选择。在总结先行试点省份经验的基础上,2008年6月8日,中共中央、国务院颁发了《关于全面推进集体林权制度改革的意见》,集体林权制度变革在我国全面展开。这次变革是我国农村生产关系的重大变革,是继"家庭联产承包责任之后",农村经营制度的又一次大调整。掀起了一场涉及广大农村的绿色革命,为现代林业的科学发展注入新的活力。

一、理论视角的动因

问题是改革的导向，困境是改革的动力。集体林权制度改革的原始动力在于资源的稀缺性，根本动力在于人们对于利益的追逐，重要动因在于林业经营效率的激励。

一是资源稀缺的原始动因。资源的稀缺性和人类需求的无限性，决定了制定产权规则或产权制度的必要性，即利用国家政治和法律的权威以明确界定人们对资源的权力以及在资源使用中获益、受损的边界和补偿规则，必然带来生产力发展的原动力。

二是利益的刺激和诱导。利益的刺激和诱导是林业产权制度改革最重要的动力之一。从单一的公有制林业，到非公有制林业的发展，正是一个制度改革的过程，相对于公有制林业而言，非公有制林业制度安排有利于激励林农对林业潜在利益的追求。

三是经济效率的激励。产权实质上是一套约束和激励机制，它决定着人们的行为。产权主体拥有产权后，就使其行为有了收益保证或稳定的收益预期。

四是人类需求的变化。不断发展的新的需求，会对产权的初始安排提出变革的要求。社会对林业的主导需求转向生态需求后，森林资源外溢的环境产权就受到人们的充分重视。

五是林业外部环境的变迁。社会主义市场经济体制的建立和完善，促使林业产权制度改革不断深化。

二、实践视角的动因

推动集体林改的内在驱动力主要体现在：林农贫困、林区不稳和资本驱动三个方面。

(一) 林农贫困：脱贫致富的渴望需要新政策

山区是贫困人口的聚集区，也是新农村建设的重点和难点。在592个国家级贫困县中，有496个分布在山区。"人在家里穷，树在山上烂"成为林区普遍的现象。林业之所以没有成为农民致富增收的渠道主要原因在于：一是经营主体不清楚，林地集体产权虚置；二是经营机制不灵活，现行林业管理体制和经营机制不能适应林业发展的客观需求。在民间流行一句顺口溜："我山不能我种，我种不能我砍，我砍不能我得"，这反映了我国林业管理体制、经营机制的突出问题。如何提高农民的财产性收入，实现广大山区农民的脱贫致富,进而实现十八届三中全会提出的:"让一切劳动、知识、技术、管理、资本的活力竞相迸发,让一切创造社会财富的源泉充分涌流,让发展成果更多更公平惠及全体人民这样的目标,成为推动改革的内在动力。"

(二)林区不稳:历史遗留问题亟待破冰解决

20世纪90年代初中期,由于森林资源流转的法律法规不完善,政策指导不到位,在森林资源流转的具体操作过程中,存在很多不规范之处,许多地方出现超低价转让和村干部"暗箱操作"现象,造成集体森林资源资产的流失,农民的合法权益受损,群众意见很大。随着国家税费改革的推进,山林土地价值不断提高,群众争山争林,一些历史遗留问题逐渐暴露,部分地方还出现了群体性上访事件,给林区社会带来不安定因素。在集体林权制度改革过程中暴露出来林改前的大量流转不规范问题,集中表现在以下几个方面:

一是流转程序不合法。林改前,不少集体林权流转是乡村干部少数人行为,不同程度地存在着以权谋私、暗箱操作、流转价格偏低等问题,没有按照《中华人民共和国村民委员会组织法》的两个三分之二的相关规定程序开展流转。

二是流转合同不规范。有些林权流转合同非常不规范,合同条款不完善、流转年限未明确、流转价格很低等。有些林权流转连合同都没有。

三是流转收益分配不合理。林权流转收益的使用管理缺乏制度性规定,林权流转收益使用不公开、不透明、不民主等现象,农民基本没有享受到林权流转带来的利益,群众意见很大。

四是流转管理不到位。许多地方的林权流转没有办理林权变更登记手续。有的地方存在一山多卖、甲山乙卖等,流转秩序混乱,林业部门基本无法掌握林权流转的动态情况。

各地在开展集体林权制度改革前都不同程度存在。如福建省顺昌县林改前绝大多数山林都已经流转到大户手中,2005年开展集体林权制度改革时基本上已无山可分;吉林省延边地区也出现这种情况。这使得确权到户、明晰产权迫在眉睫。

(三)资本驱动:林业投资需求需要产权改革

改革开放30多年来,市场化改革的中国已经出现了严重的金融资本过剩,在近年来股票市场疲软,房地产市场空置率居高不下的情况下,过剩的金融资本也在寻求安全的投资载体。同时,国内需求又呈现出明显的不足,启动农村市场作为需求主体是实现我国经济跨域式发展的重要途径。国家统计局 2015 年数据显示,我国固定资产投资增长率从 2011 年的 23.8%,连续回落,降至 2014 年的 15.7%。传统制造业和房地产等投资领域受到严重的挑战。森林作为绿色银行,只要不出现巨大的自然灾害,每年都会不断地自然增长,是全球资本过剩下最好的规避风险的投资领域之一。与此同时,近些年随着全球生态危机的出现,绿色产业、绿色食品以及森林可持续经营成为新世纪林业发展的方向,党中央、国务院对林业建设高度重视,相继提出了"科学发展观""可持续发展战略""美丽中国"等指导战略思想,使林业已经成为当前的投资热点。但是资本的运作需要自由的市场环境和较宽松的政府管控,既有的林业产权结构所带来的产权不清,又有林业管理体制的不适应制约了资本的有效进入。资本的驱动呼唤政府对集体林进行产权的明晰。

第三节 集体林权制度改革的客观要求

一、市场化改革对林业产权制度提出新的要求

党的十四大明确提出建立社会主义市场经济体制。2003 年 10 月,党的十六届三中全会作出的《关于完善社会主义市场经济体制若干问题的决定》提出,要建立"归属清晰、权责明确、保护严格、流转顺畅的现代产权制度",这标志着我国市场经济体制建设进入了新阶段。我国的市场化改革影响也深入到林区。但是集体林权制度改革并未与市场化改革同步推进。林业市场的交易在偷偷进行,但是在法律层面和政策层面,作为林业微观经营主体的林农,并不享有完整的林权,这制约着林业经营主体收益的增加。特别是林木市场的繁荣使林木价格攀升,经济利益的刺激与诱导使林农经营林地的愿望更加迫切。但是与此同时林业管理部门的过度干预以及法律法规政策对产权的限制,使林业的市场配置机制未能发挥有效的作用。林农自主经营,合理采伐生产的需求与政策强制管制出现了利益上的冲突与博弈。可以说,市场化的改革推动着林业经营主体去追逐更加完整的林权,这使得集体林权制度的改革成为历史的必然。

二、木材消费的巨大缺口迫切需要集体林改

木材和钢材、水泥并称为支撑经济发展的三大重要原材料之一,也是

绿色、可再生的原材料，越来越受到各国政府和民众的青睐，需求也日益增长。伴随着市场化改革和城市化的推进，木材及林产品需求一直呈刚性增长，缺口越来越大，我国已经是世界上木材消耗大国。但是森林资源供不应求的状况越来越严重。据第八次全国森林资源清查（2009—2013年）显示：我国森林覆盖率远低于全球31%的平均水平，人均森林面积仅为世界人均水平的1/4，人均森林蓄积只有世界人均水平的1/7。国内的木材需求无法满足生产生活所需，我国从2003年起已成为仅次于美国的世界第二大木材进口国，木材及其制品成为仅次于石油、钢铁的第三大进口用汇产品。外部依赖不断增大。

"十二五"期间，我国木材年消耗量近5亿立方米，年增幅为25%左右，国内供应量约为2.5亿立方米，对外依存度达到50%。根据专家预测，受国内禁伐、需求增加等因素影响，预计到2020年，我国木材需求量缺口将达5亿立方米，对外依存度达到65%左右。

而与此同时，近些年全世界绝大多数国家都加强了国内森林资源保护，实施了限制天然林出口，严厉打击非法采伐等一系列措施。内在的供给不足和外在进口的种种限制，使我国的木材供给和木材安全面临着巨大的挑战，直接影响我国社会经济的可持续发展。如何挖掘林地木材生产潜力，提高我国木材供给能力，需要尽快对集体林进行产权制度改革，激发林农的生产潜力。

三、脆弱的山林生态呼唤保护机制

第八次森林资源清查显示，尽管我国森林资源呈现出数量持续增加、质量稳步提升、效能不断增强的良好态势，但是我国仍然是一个缺林少绿的国家，森林资源总量相对不足、质量不高，生态系统脆弱，生态功能不足，生态建设任务极其艰巨。随着近些年国家工业化、城镇化的不断推进，生态安全面临前所未有的破坏和挑战：

一是生态系统退化。全球面临着森林锐减、土地沙化、气候变暖、洪涝灾害、空气污染等十大生态和环境危机。实践证明，其深层次原因主要是传统增长模式造成的资源过度开发利用和环境严重破坏，自然资源的过度损耗给自然生态系统带来了超负荷的压力，其根本原因在于与此直接相关的森林、湿地生态系统不能支撑自然资源修复。

二是生态产品短缺。各种生态产品供给严重不足。生态恶化已经成为制约经济社会可持续发展的最大因素，生态差距已经成为我国与发达国家的最大差距，生态产品短缺已经成为建设小康社会和美丽中国的最大瓶颈。

三是生态外交压力剧增。我国已经成为全球第二大经济体，碳排放第一大国，最大木材进口国，也是粮油和能源的主要进口国。长期以来，我国一直在国际社会中面临着"不积极作为"的指责，直接影响到我国的战略利益和国际形象。与此同时，我国签署的涉及生态与环境领域的国际公约有 10 多个，与森林和林业问题相关的占一半以上。解决这些问题的出路在于充分发挥农民爱林、护林、造林的热情，其关键在于深化集体林权制度改革。

第四节　集体林权制度改革的时机成熟

一项制度改革如果缺乏客观的改革条件和制度变革的实力，那么改革就是无稽之谈，难以开展。集体林权制度改革的推动除了内在动力驱动外，国家现行的法律保障和强大的实力也使改革时机日趋成熟。主要体现在如下方面：

一是法律的完善，为调整林权提供了保障。2003 年 3 月 1 日起施行的《中华人民共和国农村土地承包法》，为深化林权制度改革提供了法律依据。农村土地承包法明确要求，通过承包、拍卖等方式赋予农民长期而有保障的土地使用权，这就为稳定所有权、落实承包权、放活经营权，提供了可靠的法律保障。2010 年 10 月 28 日修订生效的《中华人民共和国村民委员会组织法》第十九条规定将村民的承包经营方案作为涉及村民利益，村民委员会必须提请村民会议讨论决定的事项，为农民主张自己的承包经营权，合理调整农村山林承包经营方案提供了法律依据和组织保障。

二是第一轮承包合同的陆续到期，为调整林权制度提供了契机。2004 年按照中央 1 号文件的要求，稳定和完善责任制作为农村工作的重点，明确提出延长土地承包期："一般应在十五年以上，生产周期长的和开发性的项目承包期应当更长一些。"全国绝大多数地区农民第一轮土地承包期已到，亟待开展新一轮延包。

三是农村税费改革，提高了经营森林资源的投资回报率。自 2001 年开始，国家逐步在部分省份进行农民税费改革试点。2003 年，国务院出台了《关于全面推进农村税费改革试点工作的意见》。其主要内容可以概括为：

"三取消、两调整、一改革。"①通过农村税费改革减轻农民负担,其实质是按照市场经济与依法治国的要求,规范国家、集体与农民之间的分配关系,林农的资源回报率较税费改革之前有了显著的提高。一系列制度设计逐步走向完善,为林改的推进奠定了良好的制度基础。特别是改革开放以来,我国已经成为世界第一大经济体,强大的国家实力为林改奠定了坚实的物质基础。

---

① "三取消",是指取消乡统筹和农村教育集资等专门向农民征收的行政事业性收费和政府性基金、集资;取消屠宰税;取消统一规定的劳动积累工和义务工。"两调整",是指调整现行农业税政策和调整农业特产税政策。"一改革",是指改革现行村提留征收使用办法。

第四章

集体林权制度改革的内容

　　集体林权制度改革不是一蹴而就的，而是一个历史发展的过程。1998年福建省永安县洪田村率先开展了村内林改。2001年，福建省武平县在全国率先开展集体林权制度改革试点。2002年6月21日，时任福建省省长的习近平同志在武平调研，对武平林改工作给予充分肯定，并作出"集体林权制度改革要像家庭联产承包责任制那样从山下转向山上"的重要指示。武平林改的成功实践，为全省乃至全国林改起到了探路子、树典型、做示范的重要作用。2003年，《中共中央 国务院关于加快林业发展的决定》颁布后，促进了以产权制度为核心的林业各项改革。福建省在全国率先开展了以"明晰所有权，放活经营权，落实处置权，确保收益权"为主要内容的集体林权制度改革，为南方集体林区改革和发展创造了许多新的经验。2004年、2005年，江西省和辽宁省也相继开展了以"明晰产权，放活经营，规范流转"为主要内容的集体林权制度改革。2006年，《中共中央 国务院关于推进社会主义新农村建设的若干意见》明确提出："加快集体林权制度改革，促进林业健康发展"；同年的《中华人民共和国国民经济和社会发展第十一个五年规划纲要》建议："稳步推进集体林权改革"。2008年，中央出台《中共中央 国务院关于全面推进集体林权制度改革的意见》，集体林权制度改革进入了全面推进和深化阶段。此次集体林权制度改革的核心是确定农民经营林业的主体地位。主要内容是明晰农民对林地的使用权和林木的所有权，放活经营权，落实收益权，保障处置权，建立以家庭承包经营为基础、多种经营形式并存、责权利相统一的经营体制，实现还山于民、还权于民，让广大林农"劳作有其山，经营有其责，务林有其利，致富有其道"。从2006—2015年（不包括2011年）连续9年的中央1号文件都将集体林权制度改革确定为深化农村改革的重要内容和重大举措。随着2008年之后一系列的配套改革不断深入推进，集体林权制度改革不断丰富,不断完善。

党中央、国务院对集体林权制度改革工作高度重视,党和国家领导人多次深入山区、林区调研,对集体林权制度改革作出重要指示,提出明确要求。习近平早在2002年6月21日在福建武平县调研时就作出集体林权制度改革要像家庭联产承包责任制那样从山下向山上的重要指示。胡锦涛2006年1月13日在福建永安调研时指出,"林改意义确实很重大"。集体林权制度改革是在各级党委和政府的领导下不断深入开展的。

第一节 集体林权制度改革的指导思想

2008年,《中共中央 国务院关于全面推进集体林权制度改革的意见》所提出的指导思想:"全面贯彻党的十七大精神,高举中国特色社会主义伟大旗帜,以邓小平理论和'三个代表'重要思想为指导,深入贯彻落实科学发展观,大力实施以生态建设为主的林业发展战略,不断创新集体林业经营的体制机制,依法明晰产权、放活经营、规范流转、减轻税费,进一步解放和发展林业生产力,促进传统林业向现代林业转变,为建设社会主义新农村和构建社会主义和谐社会作出贡献。"

时代的脚步在不断前进,集体林权制度改革的确权发证任务已经顺利完成。指导思想仍然指引着改革进一步深化和推进。后期的深化改革进一步贯彻着党的十八届三中全会精神:以马克思列宁主义、毛泽东思想、邓小平理论、"三个代表"重要思想、科学发展观为指导,按照习近平总书记的要求,坚定信心,凝聚共识,统筹谋划,协同推进,坚持社会主义市场经济改革方向,以促进社会公平正义、增进人民福祉为出发点和落脚点,进一步解放思想、解放和发展社会生产力、解放和增强社会活力,坚决破除各方面体制机制弊端,努力开拓中国特色社会主义事业更加广阔的前景。紧紧围绕建设美丽中国,深化生态文明体制改革,加快建立生态文明制度,健全国土空间开发、资源节约利用、生态环境保护的体制机制,推动形成人与自然和谐发展现代化建设新格局。

第二节 集体林权制度改革的总体目标和政策

集体林权制度改革的目标是,从2008年起,用5年左右时间,基本完成明晰产权、承包到户的改革任务。在此基础上,通过深化改革,完善政策,健全服务,规范管理,逐步形成充满活力的集体林业发展机制,实现资源增长、农民增收、生态良好、林区和谐的目标。从目前来看,承包到户的改革任务已经基本完成,深化改革也在同步推进。国家出台了一系列政策文件:

2009年5月27日,中国人民银行、财政部、银监会、保监会、国家林业局联合出台《关于做好集体林权制度改革与林业发展金融服务工作的指导意见》(银发〔2009〕170号)。

2009年9月1日,国家林业局出台《关于促进农民林业专业合作社发展的指导意见》。

2009年10月29日,国家林业局出台《关于切实加强集体林权流转管理工作的意见》(林改发〔2009〕232号)。

2012年8月2日,国务院办公厅出台《关于加快林下经济发展的意见》(国办发〔2012〕42号)。

2013年7月18日,中国银监会、国家林业局出台《关于林权抵押贷款的实施意见》(银监发〔2013〕32号)。

2015年4月25日,中共中央、国务院出台《关于加快推进生态文明建设的意见》。

2016年7月29日,国家林业局出台《关于规范集体林权流转市场运行的意见》,等等。

这一系列文件的出台为林业改革的发展指明了方向,提供了重要的政策支撑。

第三节 集体林权制度改革的基本原则

《中共中央 国务院关于全面推进集体林权制度改革的意见》提出了"五个坚持,五个确保"的基本原则:坚持农村基本经营制度,确保农民平等享有集体林地承包经营权;坚持统筹兼顾各方利益,确保农民得实惠、生态受保护;坚持尊重农民意愿,确保农民的知情权、参与权、决策权;坚持依法办事,确保改革规范有序;坚持分类指导,确保改革符合实际。可以说是对历次集体林权制度改革经验的深刻总结和高度概括,具体体现在:

一、坚持农村基本经营制度,确保农民平等享有集体林地承包经营权

我国农村承包到户,统分结合的基本经营制度,是20世纪70年代末从安徽凤阳小岗村的实践经验中总结升华出来的。1991年党的十三届三中全会正式表述为:统分结合的双层经营体制,即以土地公有制为基础的分户经营与集体统一经营相结合的经济制度。分户经营是双层经营的基础层次,农户成为相互独立的商品生产者,生产要素可以自由组合,既可调动农民的积极性,又能增强集体经济发展的内在活力。集体统一经营是双层经营的高级层次,能够集中力量办大事,有效地将农民组织起来,坚持基本经营制度,能够保障农民"耕者有其山",维护农民平等享有集体林地承包经营权。

二、坚持统筹兼顾各方利益,确保农民得实惠、生态受保护

坚持统筹兼顾各方利益,确保农民得实惠、生态受保护。改革涉及多元的利益主体,包括农民、村干部、地方政府、林业大户、林业企业等,但是农民个体始终是弱势群体。原有的利益格局要调整,必然会影响相关部门或者个人利益。因此在"还利于民",确保农民得实惠的同时,必须统筹协调各方利益。与此同时,要坚持不以牺牲生态为代价,把生态受保护作为改革的底线,维护生态安全。

三、坚持尊重农民意愿,确保农民的知情权、参与权、决策权

农民是本次改革的主体,尊重农民意愿是保证本次改革顺利推动的重要原则。农民是改革决策和实施主体,改革的政策、内容、方法、程序要让农民明白,改革的结果要让农民满意,真实体现大多数农民的意愿,特别是改革方案必须依法经集体经济组织成员同意,切实维护本集体经济组织成员的民主决策权。

四、坚持依法办事,确保改革规范有序公平公正

坚持依法办事,确保改革规范有序是坚持依法治国的重要举措。党的十八届四中全会明确强调全面推进依法治国。集体林权制度改革政策性强、情况复杂,涉及利益主体多样,从改革一开始就要严格执行《中华人民共和国物权法》《中华人民共和国农村土地承包法》《中华人民共和国森林

法》《中华人民共和国村民委员会组织法》等法律法规和党在农村的各项政策，做到"依法、规范、有序"，做到"公开、公平、公正"。正义不仅应得到实现，而且要以人们看得见的方式实现，特别是程序公开、公正，是确保改革规范有序的关键。

五、坚持分类指导，确保改革符合实际

我国国情复杂，各地发展情况不均衡。坚持分类指导，确保改革符合实际，既是马克思主义理论的基本要求，又是改革顺利开展的要求。因此，在改革中必须做到实事求是、因地制宜、分类指导、分区施策。集体经济组织可以在依照法律规定的前提下，选择适合当地实际的改革模式，不搞一刀切，使改革更加符合实际、更加具有特色、更加适应发展要求。

集体林权制度改革的五项原则是改革推进和深化的重要原则。"五个坚持，五个确保"对维护农民权益、维护生态安全、推进民主法治建设、体现农民主体地位、因地制宜发展具有重要意义。明晰产权，勘界发证的主体改革阶段虽然已经完成，但是相关的配套改革还在继续推进，各级林业工作者在深化改革阶段同样需坚持这五项原则，确保改革顺利推进。

第四节 集体林权制度改革的主要内容

集体林权制度改革的内涵非常丰富，主要内容分为六大部分。

一、明晰产权

明晰产权包含四个方面内容：第一，确立农民经营主体地位。在坚持集体林地所有权不变的前提下，依法将林地承包经营权和林木所有权，通过家庭承包方式落实到本集体经济组织的农户，确立农民作为林地承包经营权人的主体地位。对不宜实行家庭承包经营的林地，依法经本集体经济组织成员同意，可以通过均股、均利等其他方式落实产权。村集体经济组织可保留少量的集体林地，由本集体经济组织依法实行民主经营管理。第二，林地的承包期为70年。承包期届满，可以按照国家有关规定继续承包。第三，妥善处理好历史遗留问题。已经承包到户或流转的集体林地，符合法律规定、承包或流转合同规范的，要予以维护；承包或流转合同不规范的，要予以完善；不符合法律规定的，要依法纠正。对权属有争议的林地、林木，要依法调处，纠纷解决后再落实经营主体。自留山由农户长

期无偿使用，不得强行收回，不得随意调整。承包方案必须依法经本集体经济组织成员同意。第四，明晰林区权属关系。自然保护区、森林公园、风景名胜区、河道湖泊等管理机构和国有林（农）场、垦殖场等单位经营管理的集体林地、林木，要明晰权属关系，依法维护经营管理区的稳定和林权权利人的合法权益。

依照2002年8月29日通过的《中华人民共和国农村土地承包法》规定，我国农村集体经济组织实行家庭承包经营为基础，统分结合的双层经营体制，其中农民集体所有的耕地、林地、草地以及其他依法用于农业的土地，实行土地承包经营制度。此次集体林权制度改革进一步丰富了农村基本经营制度的内涵。具体体现在：

一是实行家庭承包经营。《中华人民共和国农村土地承包法》第三条规定：农村土地承包采取农村集体经济组织内部的家庭承包方式，不宜采取家庭承包方式的荒山、荒沟、荒丘、荒滩等农村土地，可以采取招标、拍卖、公开协商等方式承包。经营的林地，可以通过均股、均利等其他方式落实产权。国家政策要求"按户承包，按人分林"，不宜实行家庭承包的林地，经本集体经济组织成员的村民会议三分之二以上成员或者三分之二以上的村民代表同意，可采取招投标、拍卖等方式发包。在同等条件下，本集体经济组织成员享有优先承包权。

二是集体林地所有权属不变。集体经济组织拥有林地所有权，集体经济组织成员承包林地后拥有林地承包经营权，并且赋予了70年的承包期。给与了农民承包经营林地林木的"定心丸"。与此同时，中央文件同样尊重在此次改革之前已经通过民主决策方式确定承包经营期限的成果。改革政策明确，集体经济组织可以保留少量集体林地，实行民主管理。对于"少量"如何界定，政策及法律并没有明确的规定，实践中，大部分地区的改革做法一般是控制在5%~10%。

三是林木所有权随着林地承包经营权转移。也就是"树随地走"，确保改革后农民能够继续经营。

四是落实农民经营主体要分类处理。这是由我国数次集体林权变动的背景决定的。对于自留山由农户长期无偿使用，不得强行收回，为了尊重和保持林业三定时期政策的稳定性与连续性，对于已经流转或者承包到户的林地，合乎法律要求的予以维护，合同不规范的予以完善；不合乎法律规定的，要依法纠正。在本次集体林权制度改革之前，存在诸多流转不规范，租期过长、面积过大、价格过低的"三过"问题，严重损害了集体成员的利益。通过改革，在尊重历史的基础上，平衡权利义务关系，保护农民利益，对于有争议的林地林木，先依法调处，再落实经营主体。

明晰产权是此次改革中最为核心的内容。实践中明晰产权通常包括以下六种形式：①稳定自留山。已划定的自留山由农户长期无偿使用，不得强行收回。自留山上的林木除划定时另有约定的外，一律归农户所有，不得随意收回、调整。对目前仍未造林绿化的，在村组林改方案中要明确由权属人两年内造林绿化。②完善责任山。分包到户的责任山，要保持承包关系稳定。上一轮承包到期后，原承包合同基本合理且执行较好的，可直接续包。对合同不合法的，要依法纠正，重新签订家庭承包合同；面积四至不清楚的，在进一步明晰产权的基础上，明确承包地四至界线，完善家庭承包合同；农户不愿意继续承包的，在对原合同约定的权责和义务清理后，可交回集体经济组织另行处理。③产权到户，家庭经营或联户经营。对集体统一经营的商品林及其林地以及宜林荒山荒地，原则上可按以下要求处置，商品林地按耕地第二轮承包时的人口基数，林木按造林时人员数，宜林荒山荒地按本次林改时人员数计算山林面积，以户为单位承包经营，或自愿组织联户经营。人口基数怎么定，须经本集体经济组织村民会议或村民代表大会讨论通过。④"分股不分山，分利不分林"。对集体统一经营且农民较满意的山林，经本集体经济组织的村民会议三分之二以上成员或村民代表大会三分之二以上的村民代表同意，可以实行集体统一经营。但要将现有林地，林木折股均等分配给集体内部成员，明确经营主体，财务单独核算，收益的70%以上按股分配。⑤其他承包经营。对不宜采取家庭承包方式的宜林荒山荒地，通过招标、拍卖等方式，本着先内后外的原则（即在同等条件下内部成员优先），依法承包给本集体内部成员或其他社会经营主体，也可以将宜林荒山荒地承包经营权折股分配给本集体内部成员后，再实行承包经营或股份合作经营。不管以哪种方式承包经营，都必须签订林地承包合同。即内部承包签订家庭承包合同，外部承包签订流转经营合同。⑥稳妥处理已经流转的集体山林和个人承包管理的山林。对已经流转的，凡程序合法手续完备的，要维护其山林权属；群众意见较大的，要本着尊重历史，依法办事的原则，妥善处理。个人承包管理的集体山林，若承包期限较短，因国家天然林保护工程区域限制采伐利用，其承包权益尚未完全获得，可适当延长承包年限。以上六种形式，不论采取哪一种，都要召开村民会议或村民代表大会①，经三分之二以上多数同意，并依法完善和补签合同。

二、勘界发证

《中共中央 国务院关于全面推进集体林权制度改革的意见》规定：明确承包关系后，要依法进行实地勘界、登记，核发全国统一式样的林权证，做到林权登记内容齐全规范，数据准确无误，图、表、册一致，人、地、证相符。各级林业主管部门应明确专门的林权管理机构，承办同级人民政府交办的林权登记造册、核发证书、档案管理、流转管理、林地承包争议仲裁、林权纠纷调处等工作。

林权实地勘界、登记工作量非常大，成本非常高，也是集体林权制度改革质量的关键环节。历次林权调整往往没有解决好这一问题，留下了许多隐患，有证无山、有山无证、山证不符、界线不清等问题大量存在，给林区生产经营稳定造成很大的影响。因此，这次集体林权制度改革派出"精兵强将"深入到改革第一线，现场指导农民进行勘界确权，做到四至清楚，权属明确。确保林权权利人、林地与林权证记载相符，权源资料准确完整，避免发生林权纠纷，保障林区稳定。

三、放活经营权

实行商品林、公益林分类经营管理。依法把立地条件好、采伐和经营利用不会对生态平衡和生物多样性造成危害区域的森林和林木，划定为商品林；把生态区位重要或生态脆弱区域的森林和林木，划定为公益林。对商品林，农民可依法自主决定经营方向和经营模式，生产的木材自主销售。对公益林，在不破坏生态功能的前提下，可依法合理利用林地资源，开发林下种养业，利用森林景观发展森林旅游业等。

《中共中央 国务院关于全面推进集体林权制度改革的意见》规定，对

---

① 召开村民会议，可以有两种形式：一是由本集体经济组织十八周岁以上的村民参加；二是由本集体经济组织各户的代表参加。召开村民代表大会，主要是指集体经济组织人数较多或居住分散，集中较为困难的情况，按每五户到十户推选一人，或者由各村民小组推选若干村民代表参加。如集体林地由村民小组管理，则林改方案召开村民会议研究决定。参加村民会议或村民代表大会的人数必须超过应到会议的三分之二，表决通过的票数必须达到会人数的三分之二以上，否则表决结果无效；村民会议或村民代表大会必须集中召开，当场投票表决，一人一票，当场验票并当场宣布投票结果。开会的通知要签收，到场开会要签到，表决投票要签名，不能请人代签。

商品林，农民可依法自主决定经营方向和经营模式，生产的木材自主销售。体现了三项政策的放开：一是只要不违背法律的禁止性规定，农民可以自主决定经营的树种；二是只要不违背法律的禁止性规定，可以自主选择经营模式；三是只要不违背法律的规定，农民可以自主决定如何销售。政策赋予承包经营人生产经营自主权，发包人和其他任何第三者都无权进行干涉。

关于商品林采伐限额制度，《中共中央 国务院关于全面推进集体林权制度改革的意见》提出"编制森林经营方案，改革商品林采伐限额管理，实施林木采伐审批公示制度，简化审批程序，提供便捷服务"，农民对林木所有权和自主采伐权的落实要求迫切，如何改革采伐管理制度仍在探索中。对于公益林维护其生态效益是长期需要坚持的国策。国家也在不断地提升生态林的补偿标准，并且允许合理利用林地资源开发林下种植业、养殖业、森林景观开发、森林旅游业等。对于公益林的采伐，《中共中央 国务院关于全面推进集体林权制度改革的意见》规定："严格控制公益林采伐，依法进行抚育和更新性质的采伐，合理控制采伐方式和强度。"

四、落实处置权

在不改变林地用途的前提下，林地承包经营权人可依法对拥有的林地承包经营权和林木所有权进行转包、出租、转让、入股、抵押或作为出资、合作条件，对其承包的林地、林木可依法开发利用。国家将林地产权放权于民，主要体现在两方面。

一是林权可以进行流转。林权流转是林权权利人依法将林权的全部或者部分通过一定方式有偿转移给另一方的行为。林权流转是盘活森林资产，把森林资产转换为林业资本，促进林业向规模化、集约化和区域化方向发展，最终实现林业和农民增收目标的重要途径。林权流转的客体包括林地使用权、林木所有权和林木使用权，既包括集体权属的，也包括个体权属的。流出方主要是农村集体经济组织和农户，流入方则包括了农户、企业以及林业大户等。

在不改变林地用途的前提下，林地承包经营权人可依法对拥有的林地承包经营权和林木所有权进行转包、出租、转让、入股、抵押或作为出资、合作条件。转包指的是承包方将部分或者全部林地林木经营权交给集体经济组织内部其他农户经营的行为。出租指的是林权权利人将部分或者全部林权租赁给单位或者个人经营，并收取租金的行为。互换指的是承包方之间为方便经营管理,对属于同一集体经济组织的林地承包经营权进行交换。入股指的是林权权利人将林权作为股权,自愿联合成股份公司、合作组织等形式,从事林业生产经营,收益按照股份分配的行为。抵押指的是林权权利人在不转移对林权占有的前提下,将林权作为债权担保,当权利人不能履行债务时,债权人有权依法处分该林权并从处分所得的价款中优先受偿。在依法、自愿、有偿的前提下,林地承包经营权人可依法采取多种方式流转林地承包经营权和林木所有权。流转期限不得超过承包期的剩余期限,流转后不得改变林地用途。集体统一经营管理的林地经营权和林木所有权的流转,要在本集体经济组织内提前公示,依法经本集体经济组织成员同意,收益应纳入本村集体财务管理,用于本集体经济组织内部成员分配和公益事业。

二是征收集体所有的林地要依法补偿。要依法足额支付林地补偿费、安置补助费、地上附着物和林木的补偿费等费用,安排被征林地农民的社会保障费用。林地补偿费是给予林地所有人和林地承包经营权人的投入及造成损失的补偿,应当归林地所有人和林地承包经营权人所有。安置补助费用于被征林地的承包经营权人的生活安置,对林地承包经营权人自谋职业或自行安置的,应当归林地承包经营权人所有。地上附着物和林木的补偿费归地上附着物和林木的所有人所有。2009年10月29日,国家林业局出台的《关于切实加强集体林权流转管理工作的意见》,对切实加强集体林权流转管理和指导工作,依法管理和规范流转行为,维护广大农民和林业经营者的合法权益,促进林业又好又快发展提供了政策依据。

五、保障收益权

农户承包经营林地的收益,归农户所有。包括生产的竹材、木材、茶、桑、果以及发展林下养殖、种植、森林旅游等收入,归承包经营的农户所有。征收集体所有的林地,要依法足额支付林地补偿费、安置补助费、地上附着物和林木的补偿费等费用,安排被征林地农民的社会保障费用。经政府划定的公益林,已承包到农户的,森林生态效益补偿要落实到户;未承包到农户的,要确定管护主体,明确管护责任,森林生态效益补偿要落实到本集体经济组织的农户。严格禁止乱收费、乱摊派。国家也出台了相应的配套政策来保障农户的收益权:2013年,中央财政进一步将属于集体和个人所有的国家级公益林补偿标准由原来的10元提高到每年每亩15元。随着国家财力的增长和相关制度的完善,中央财政将进一步加大对森林生态效益补偿的投入力度。

六、落实责任

承包集体林地,要签订书面承包合同,合同中要明确规定并落实承包方、发包方的造林育林、保护管理、森林防火、病虫害防治等责任,促进森林资源可持续经营。基层林业主管部门要加强对承包合同的规范化管理。

七、完善政策

集体林权制度改革是一项系统工程,需要公共财政的支持。

一是各级政府要建立和完善森林生态效益补偿基金制度。按照"谁开发谁保护、谁受益谁补偿"的原则,多渠道筹集公益林补偿基金,逐步提高中央和地方财政对森林生态效益的补偿标准。

二是建立造林、抚育、保护、管理投入补贴制度。对森林防火、病虫害防治、林木良种、沼气建设给予补贴,对森林抚育、木本粮油、生物质能源林、珍贵树种及大径材培育给予扶持。

三是改革育林基金管理办法。逐步降低育林基金征收比例直至停止征收,规范用途,各级政府要将林业部门行政事业经费纳入财政预算,解决长期以来靠育林基金养人,支持林业行政管理工作经费的问题。

四是森林防火、病虫害防治以及林业行政执法体系等方面的基础设施建设要纳入各级政府基本建设规划。林区的交通、供水、供电、通信等基础设施建设要依法纳入相关行业的发展规划,特别是要加大对偏远山区、沙区和少数民族地区林业基础设施的投入,改善山区、林区的生产条件。

五是落实集体林权制度改革工作经费。工作经费主要由地方财政承担,中央财政给予适当补助。对财政困难县乡,中央和省级财政要加大转移支付力度。中央财政按照1~1.5元/亩的标准,安排林改工作经费补助,以支持各地开展集体林权制度改革工作。

六是加大林业信贷投放。完善林业贷款财政贴息政策,大力发展对林业的小额贷款。经政府划定的公益林,已承包到农户的,森林生态效益补偿要落实到户;未承包到农户的,要确定管护主体,明确管护责任,森林生态效益补偿要落实到本集体经济组织的农户。对集体林地被划入公益林范围的,无论是否承包到户,补偿资金都要落实到农户,进一步从政策上维护农民的利益。

第五节 集体林权制度改革的重点要求

集体林权制度改革既有内在动力和要求，也有社会的认同和支持，既有实践的探索和经验，也有推进的实力和条件。中央确定了推进集体林权制度改革的大政方针，各地区各部门认真贯彻落实2008年的《中共中央 国务院关于全面推进集体林权制度改革的意见》精神，重点把握以下基本要求：

一、确保实现两个目标

集体林权制度改革要求实现资源增长、农民增收、生态良好、林区和谐的目标，其中最重要的是资源增长和农民增收的目标。这既是改革的出发点和落脚点，也是改革的基本目标。不能破坏森林和牺牲生态为代价是集体林改必须坚守的底线。让农民因改革而受益是推进林改必须坚持的基本要求。通过深化改革，激发农民造林护林的积极性，使林业成为发家致富的重要门路，同时也为生态发展走出新路。

二、建立两项基本制度

完善集体林业体制机制，需依法明晰产权，放活经营权，规范流转，强化支持，建立以家庭承包经营为基础的现代林业产权制度和支持林业发展的公共财政制度。完善产权和外部保障是加快林业发展的关键。通过赋权于民，实现"山定权、树定根、人定心"。但是林业属于投资大、见效慢、收益周期长、经营风险高的产业，并且是公益性、战略性的产业，需要政府强有力的支持与保护。

三、坚持两个原则

尊重农民意愿和坚持依法办事，是确保集体林权制度改革有序推进的两大法宝。农民群众是集体林权制度改革的实施主体，也是受益主体、监督主体。改革的过程充分尊重农民意愿，是维护乡村秩序和确保林改深入推进的前提和根本。伴随着依法治国理念深入人心，集体林改的过程只有坚持依法办事，严禁暗箱操作，做到四公开，公平公正，才能使改革经得起历史和人民的检验。

四、抓住两个关键环节

勘界发证和落实责任是集体林权制度改革中最为关键的两个环节。勘界是明晰产权的基础，林权证是证明产权归属的法律文书。实地勘界，明确四至，做到图、表、册、人、证相符，是避免后期林权纠纷极为重要的环节。通过签订承包合同，明确落实造林、防火、防虫害等责任。承包方和发包方尊重彼此的权利和义务，落实彼此责任，履行合同义务是关键。

五、处理好两个关系

著名政治学家亨廷顿曾说："在现代化政治中农村扮演着关键性的'钟摆'角色，农村的作用是个变数，它不是稳定的根源，就是革命的根源。"处理好改革和稳定，放活和管理的关系是集体林权制度改革成败的关键。稳定是改革的前提和保障，而农村的稳定牵涉到国家的长治久安。因此，改革的过程中保证农村的稳定至关重要，坚持民主法治、程序规范，坚持妥善处理历史遗留问题，将农民的利益放在首位，也为深化改革创造条件。

第六节 集体林权制度改革的鲜明特点

这次集体林权制度改革具有四个鲜明特性：

一是物权性。物权法明确规定林地承包经营权为用益物权。赋予农民的经营权、处置权、收益权都要依法保护和落实。明晰产权，勘界发证将林权证办成"铁证"，有效保护了农民的承包经营权。支持发展林业经济及加大财政支持力度赋予了农民更有保障的收益权。

二是长期性。《中共中央 国务院关于全面推进集体林权制度改革的意见》明确规定，林地承包期为70年，承包期届满还可继续承包，真正实现了"山定权、树定根、人定心"，林权的稳定也强化了农民对政府的信任，激励了农民加大林业投资。

三是流转性。在不改变林地用途和依法自愿有偿的前提下，林地承包经营权人对林地经营权和林木所有权可采取多种方式流转，依法进行转包、出租等。

四是资本性。农民在改革中获得的林地经营权和林木所有权具有资本功能，可作为入股、抵押或出资、合作的条件。这是农村土地经营制度的重大突破，也是农村金融改革的重大突破，有效破解了农业发展融资难的问题，促进了金融资本向农村流动。

第五章

集体林权制度改革的主要措施

集体林权制度改革作为一项由党中央、国务院领导的制度变革，各地高度重视，采取了一系列有力措施推动集体林权制度改革的落实。

第一节 坚持高位推动 加强组织体系建设

集体林权制度改革是一项复杂的系统工程，政策性强，涉及面广，工作难度大。特别是林业长期存在的产权不清晰，经营机制不活，税费负担重等问题，致使林业改革面临种种困难和挑战。对此，党中央、国务院要求各级领导高度重视，把集体林权制度改革作为一件大事来抓，实行领导负责制，精心组织，周密安排，因势利导，确保改革扎实推进，要求实行主要领导负责制，层层落实领导责任。建立县（市）直接领导、乡镇组织实施、村组具体操作、部门搞好服务的工作机制，充分发挥农村基层党组织的作用。坚持高位推动，确保改革顺利进行。

从中央来看，中共中央、国务院召开了中央林业工作会议全面部署。中国人民银行、财政部、银监会、保监会、国家林业局等部委联合出台了一系列政策性文件支持集体林权改革。国家林业局作为执行单位，直接负责全国的集体林权制度改革工作。中央的重视为改革的有力推进提供了强有力的保障。从地方来看，各地党委政府认真贯彻落实中央林业工作会议精神，把集体林权制度改革作为生态立省、生态强省、生态兴省的战略举措，作为破解"三农"问题的重要途径，作为贯彻落实科学发展观、推动经济社会全面发展的重要内容，采取了一系列扎实有效的措施。形成五级书记抓林改的态势，即省级、市级、县级、乡级、村级的五级党政主要领导亲自研究，亲自部署，亲自督查，亲自解决改革中遇到的重大问题，层层落实领导责任。并且将此与干部考核使用，政府绩效管理挂钩，形成了高效良好的工作机制，有效地化解了林改中的难题。推动集体林改的关键环节在县一级，各地建立了县直接领导，乡镇组织实施，村具体操作的工作机制。

集体林权制度改革的主战场在山区，落实林权需要实地勘界，核准林地四至和林木资产，需要逐乡、逐村、逐户确权登记，建立档案。这是一项涉及千家万户的工作，工作量非常大，成本也相当高。如何确保改革工作的顺利展开，各地加强组织机构建设，为林改的有序推进奠定了组织基础。

一是成立了集体林权制度改革领导小组。地方主要领导担任组长，党政分管领导为副组长，以林业、财政、发改委、组织、宣传、编委、民政、监察、公安、司法、农业、国土、银监等党政部门及相关部门主要领导为成员（其单位为林改领导小组成员单位）的林改工作领导小组，为林改工作提供组织保障。

二是建立集体林权制度改革工作机构。省以下各级林改领导小组下设林改办，工作人员由从林改领导小组相关成员单位中抽调人员和林业技术人员组成。林改办主任由同级林业主管部门领导兼任，下设综合协调组、宣传报道组、技术指导组、资金保障组等。县级林改办人员20人左右，乡级林改办10人左右。建立了"市县领导，乡镇组织，村级操作，部门服务"的工作机制。与此同时，各地方组织部按照"抽硬人，硬抽人"的要求，抽调大批懂法律、懂政策、懂技术、有农村工作经验的同志参加林改工作。正是这些同志的基础工作，保证了集体林权制度改革的顺利完成。

第二节 全面摸清历史 因地制宜制定方案

20世纪80年代后期，为加快荒山绿化步伐，山区一些地方将群众的自留山、责任山收归集体统一造林，或实行村、组合作造林，在此次明晰权属过程中有的出现了利益分配纠纷。平原一些地方在营造林机制创新改革时，对荒滩、荒沟、荒坡、荒地实行"谁开垦谁种植，谁造林谁拥有"的政策，没有签订承包合同，更没有确权发证。但随着时间的推移，各种矛盾逐渐显露出来。集体林改的顺利推进要求调查摸底，落实集体经济组织林地的权属、范围、面积、性质以及发包情况，并逐一登记造册。各地市县通过林地规划图、地籍图、地形图"三图兼容"技术，摸清了市（县）、乡（镇）、村三级商品林和集体公益林以及坐落情况。

与此同时，各地积极出台政策性文件，为林改工作的开展提供政策支持。各地方政府按照上级的相关规定和要求，结合本地实际，制定林改工作方案。改革方案的制定要依法依规、尊重民意、因地制宜，改革的内容和具体操作程序要公开、公平、公正。在坚持改革基本原则的前提下，鼓励各地积极探索，确保改革符合实际，取得实效。将林改工作指导思想、基本原则、总体目标和年度任务、方法步骤、工作机制、资金筹措等相关内容纳入林改工作方案之中，实行分类指导。我国集体林资源结构复杂，区域分布特殊，民族众多，历史遗留的山林纠纷矛盾突出。为保证全国各地集体林改的顺利推进，《中共中央 国务院关于全面推进集体林权制度改革的意见》明确提出了分类指导，地方政府要根据本地的省情、市情、县情、村情展开林改工作。从分山到户来看，各地因地制宜实行了多种形式的改革方案，如福建省顺昌县通过"预期"均山、"货币"均山、"现货"均山等形式，实现了"耕者有其山"。也有的地方通过联户经营、股份合作、承包经营等多种方式，引导农民确权经营。村级管理更显民主、农村生态得到保护、林区更加和谐稳定。

从解决纠纷来看，大部分纠纷在基层得到解决。在林改过程中，村庄的纠纷的解决机制主要是基层组织和老干部、老党员、老族长等民间力量的协调，许多地方基本上实现了户户纠纷不出村，村村纠纷不出镇，乡镇纠纷不出县，县区纠纷不出市，化解了许多长期没有解决的纠纷。

案例二

"预期"均山人心定

——福建省顺昌县探索集体林权制度改革新路子

福建省顺昌县，是"中国竹子之乡"和"中国杉木之乡"，森林覆盖率75.6%，是福建省重点林区。通过"预期"均山、"货币"均山、"现货"均山等形式，实现了"耕者有其山"；通过联户经营、股份合作、承包经营等多种方式，引导农民走上了致富之路；村级管理更显民主、农村生态得到保护、林区更加和谐稳定。

"无山可分"闹

顺昌的林业，历经多次改革，取得一定成效。但农民的利益，特别是农民对山地生产资料的需求一直没有得到满足，产权不清、机制不活、利益分配不公问题依然存在。因此，顺昌县积极响应省里的号召，全面推进"均山到户"改革。但是早在20世纪80至90年代初期，由于村里公益事业建设需要大量资金，顺昌大部分村已通过拍卖、转让、承包等形式，将集体商品林对外发包，形成了林地"归大户"现象。在经营林地效益凸显的当时，全县农村出现了"无山的闹、山少的吵、山多的骂"的混乱局面，各村村部、乡镇政府，甚至县政府常常挤满了信访群众，要求分山、分林、要回承包地等，因林改而群体上访的事件占了全县上访事件80%以上。

"预期均山"热

林改改到这里，遇到了一个绕不过去的"坎"！因此，顺昌县确定了"两个立足于，三个不容许继续"的原则，即：立足于让农民得到生产资料，立足于解决矛盾纠纷；不容许村集体继续以拍卖青山的形式处置山场，不容许村集体继续让林子林地向少数人集中，不容许继续让非农主体与农民争夺山地。"集体商品林要做到均山均权；生态公益林要做到保护和均利；国有林场经营区要做到维权让利。其目的就是让村集体经济组织内部成员平等地获得山地使用权，让他们像拥有耕地一样拥有林地，真正做到"耕者有其山"，让全体村民共享改革成果。

顺昌县采取明晰产权的方式，实行"预期均山"，即将已经发包但是承包期未到的集体商品林林地使用权预先分给村民，相当于期货的形式，待轮伐期到期后进行迹地交接。具体采用了以下几种形式：一是尊重历史，维护传统的小组经营界限。二是预期分到联户，组织村民代表、小组长等上山逐片评定等级，根据林地的不同等级，确定地块的人口标底，然后由联户进行竞标。三是一次性抽签到组，按照山场走向排出各小组面积，各小组按照人口算出本小组应分的面积，由小组抽签划得山场，具体以什么形式落实到户，由小组内各户代表会议决定。最后分山倒组的林地，经确认无异议，由小组农户中90%的代表签字，委托本组代表和村委会与其签订林地使用权承诺书。

"均山之后"乐

顺昌县全面推进"均山到户"改革，实现了"山定权、树定根、人定心"，干群关系得到缓解、村级管理得到规范、涉林群体性上访事件明显减少，这主要缘于：一是"预期"均山让农民感到期货有期，虽然目前部分村民暂时还拿不到林地，但随着各村集体商品林主伐期的相继到来，村民有了盼头；二是"预期"均山让农民感到期货有利，凡因各种原因本轮到期林木推迟采伐的，下轮林地经营者也可按方案规定从村委会手中得到返还的延期林地使用费；三是"预期"均山让农民感到期货有据，上级颁布的林改政策、群众认可的形式、公开透明的程序、白纸黑字的承诺，让广大农民感到放心。

第三节 坚持试点先行 推广改革先进经验

2003年,中共中央、国务院出台《关于加快林业发展的决定》,福建、江西、浙江、辽宁、云南、湖南等省先后开始了集体林权制度改革。2003年4月,福建省人民政府率先作出了《关于推进集体林权制度改革的意见》,提出了用三年的时间,基本完成全省的集体林权制度改革任务。我国集体林产权制度改革在一个省范围内取得了重大突破。这项改革,大大激活了农村林业的发展,引发了一系列深刻的变革。

改革的具体做法:一是明晰林木所有权和林地使用权,放活经营权,落实处置权,确保收益权,依法维护林业经营者的合法权益。将林地使用权、林木所有权和经营权落实到户、联户或其他经营主体,进行林权登记,发换统一的林权证。二是改革后要实现"山有其主,主有其权,权有其责,责有其利",建立经营主体多元化的新机制。在集体林地所有权性质、林地用途不变的前提下,形成规范有序的林木所有权、林地使用权流转机制。三是明确集体林权改革的范围,主要是林木所有权和林地使用权、尚未明晰的集体商品用材林及县级人民政府规划的宜林地。对已明晰权属的自留山,农民已承包经营的竹林、经济林,以及国有企事业等单位和个人依据合同租赁集体林地营造的林木,经确权核实后,登记发放林权证书。对县级以上人民政府规划界定的生态公益林和权属有争议的林木、林地,暂不列入这次改革的范围。四是明确林权制度改革的工作机制为"县直接领导,乡镇组织,村具体操作,部门搞好服务",按照广大村民的意愿实施改革方案。

这次林权制度改革与历次林业改革的显著不同是:①林权主体由集体所有变为农民所用集体所有,广大农民拥有了属于自己的林权证,从而确立了林地物权化的法律地位。②林地使用权和林木所有权流转的主体由集体决定安排变为农民自主、自愿、有偿的行为,农民作为经营主体的自主权得到落实。③经营林业的收益主体大部分由集体所有变为农民个人实实在在的拥有,产权在经济意义上得到了真正体现。在林权制度改革中突出把林权证的发换作为衡量改革是否完成的主要标志。

福建省率先改革,解决了长期以来林业工作中没有解决好的许多困难和问题,产生了一系列连锁反应,取得了明显成效,为创新林业发展机制、解决"三农"问题找到了突破口和有效途径,可以说改革取得的成效和意义大大超出了林改本身。福建的试点改革为 2008 年《中共中央 国务院关于全面推进集体林权制度改革的意见》的出台和其他省份的改革提供了良好的样本和借鉴，再一次证明了改革是大势所趋。《中共中央 国务院关于全面推进集体林权制度改革的意见》的出台标志着福建省的改革的经验上升为国家政策，改革开始全面展开。在改革的过程中，各地仍然坚持试点先行，摸索了成功的经验，再逐步推进改革不断开展。

第四节　强化舆论宣传　培训优化组织队伍

集体林权制度改革是一项具有挑战性和创造性的工作，需要舆论先行，业务培训跟进，解决操作中遇到的种种问题。一方面加强舆论宣传。一是依托电视、广播、报纸、网络等媒体的引导作用，结合群众喜闻乐见的方式，宣传推广林改，营造全社会关心林改，支持林改的良好局面；二是各地都印发了《致农民朋友的一封信》，制作《林改知识问答》《集体林权制度改革简易读本》《林改工作简报》，及时把有代表性的信息分门别类地刊发在《林改动态》上。许多地方开展了大型文艺演出，到各县、乡巡演，开设宣传栏，举办宣传展，滚动式、不间断的宣传。通过舆论宣传，把政策交给群众，让群众了解改革，支持改革，进而自觉参与改革。

另一方面展开大规模的党政干部培训，按照自上而下，逐级落实的做法，做好培训工作，进而使参与改革的干部和工作人员吃透法律法规和政策的精神，掌握改革方式方法，提高应对改革复杂情况的能力和水平。各地展开的林改政策和工作方法步骤的培训学习，包括分别开办县（区）乡（镇）党政领导干部培训班、林改工作队员培训班、村干部培训班，对县（区）、乡（镇）和村各级干部进行林改政策方法步骤等培训。特别是林改工作队员，要掌握林改工作的政策和工作步骤，必要时要进行上岗考试，合格后才能参加林改工作。林改业务技术的培训学习，包括对参与林改工作的技术人员，进行地形图识图勾图，计算机制作林改勘界工作图和求算林地宗地面积等相关软件的培训学习，使之熟练掌握林改需要的相关业务技术。其他培训学习：根据工作实际进展情况和工作时段，为解决林改工作中遇到的一些问题和统一相关工作标准要求，对林改工作队员和技术人员进行有针对性的业务和技术培训。

第五节　坚持依法依规办事　保障改革有序推进

集体林权制度改革的推动与落实必须坚持党的大政方针和国家法律的要求，依法实行林地承包经营制度，维护集体经济组织成员享有平等的权利，准确把握改革的方向。与此同时，林改政策性强，涉及面广，程序复杂，如果操作不当，可能引起新的矛盾和纠纷，直接造成农村社会秩序的混乱，甚至可能为后期的林业经营埋下隐患。对此，地方政府始终做到了公开、公平、公正、有序实施改革。

一是依法行事。严格按照《中华人民共和国森林法》《中华人民共和国农村土地承包法》《中华人民共和国物权法》《中华人民共和国村民委员会组织法》和中央关于林业的一系列方针政策操作，坚持严格依法办事不违规，严格执行政策不走样，严格按程序操作不缺项，坚持群众不了解政策不实施，情况不明不动手，公示有异议方案不审批。

二是民主决策，确保程序公正。广泛推行"六签名"（村民小组会议通知签名、村民小组会议报到签名、村民小组实施方案签名、林地界限确认书签名、合同签名、村民委员会对村民小组实施方案决议签名）、"四公示"制度（村民小组实施方案公示、林改工作程序公示、林权现状公示、林改结果公示）、"两个三分之二"（林地使用费收取标准和使用必须经村民会议三分之二以上成员或三分之二以上村民代表同意），坚持"五上墙"（组织机构、工作流程、工作进度、管理制度、规划图），让群众加以监督。确保林改公开、公平、公正的操作，对每一片山林、每一块地，做到图表册一致，人地证相符，确保将林权证发为铁证。

三是林改信息化。各地还充分运用现代信息技术开展勘界确权、林权档案管理等工作，不仅保证了公平客观，而且提高了工作效率和科学化、精细化水平。实践证明，林改是一次生动的法制教育宣传过程，为促进农民基层民主法治建设，构建和谐社会作出了重大贡献。通过坚持林改的规范性运作，保障了农民的参与主体地位，尊重了农民的意愿，确保了广大群众的知情权、参与权、决策权和监督权。

第六节　相关部门支持配合　有效推进改革

任何一项改革的顺利开展都是一个系统性的过程，各相关部门的有效支持，是改革成功的重要条件。集体林权制度改革涉及面广、政策性强。各部门高度重视，各有关部门各司其职，密切配合，通力协作，积极参与改革，主动支持改革，各群众团体和社会组织发挥各自作用，为推进集体林权制度改革贡献力量。

中共中央办公厅、国务院办公厅对各部门、各地区贯彻落实《中共中央 国务院关于全面推进集体林权制度改革的意见》和中央林业工作会议精神的贯彻落实情况进行了督查。中央农村工作领导小组办公室认真研究、积极协调有关政策。发展改革委、财政部等部门主动支持，落实了林改工作经费，启动了中幼林抚育和森林保险保费补贴试点，完善了林业贷款中央财政贴息政策，降低了育林基金征收比例，提高了森林生态效益补偿标准。人民银行、财政部、银监会、保监会等部门联合发布了加强金融服务工作的指导意见。这些政策含金量高、扶持力度大，形成了推动林改的强大合力。与此同时，国家档案局和纪检监察部门在林改档案管理和林改过程中的执法监督也给予强有力的支持。

林改是利益关系的重置和调整，核心在于还利于民，让利于民，是惠及亿万农民的一项德政工程、民心工程。中央政府的有力支持必然得到广大干部群众的拥护和参与。村基层干部是林改的实施者，广大农民群众是林改的主力军。他们普遍认为，30年前农村实行耕地承包到户，让农民解决了温饱问题，30年后又实行林地承包到户，实现"山有其主、主有其权、权有其责、责有其利"，为农民开辟了发家致富的广阔天地，尤其是林改之后林木市场的繁荣极大地激发了农民参与改革的热情。各地坚持尊重农民意愿，把改革的知情权、参与权、决策权和监督权交给农民，创造了"干部深入到户、资料发放到户、法规宣传到户、政策解释到户、问题解决到户"等鲜活经验。农民群众积极拥护，自主决定方案、自主确权勘界、自主调处纠纷，充分行使当家作主的权利，确保了林改稳妥、顺利推进。村级基层组织是落实林改最关键的组织，改革的过程得到了基层组织的拥护，人民群众积极参与，其根本的原因在于改革是民心所向，是历史发展的必然。

第六章

深化改革全面推进的主要内容

集体林权制度改革是系统工程,明晰产权、确权到户只是改革的第一步。截至2013年,集体林权制度改革明晰产权的主体改革已经完成,如何有效地放活经营权,落实处置权,保障收益权,落实责任,全面推动集体林制度改革不断深化是保证改革成功,实现改革目标的关键。2009年召开的中央林业工作会议上明确指出,农民获得林地承包经营权以后,政府绝不是撒手不管,而要给予他们政策上的支持,最重要的是金融、保险和财政支持。因此,明晰产权后,要加快规范林权流转,推进林业投融资机制,建立政策性森林保险制度,健全林业社会化服务体系,为林业发展创造更好的政策环境。

第一节 规范林地林木流转

加强集体林权流转是对优化资源配置、落实处置权,是巩固集体林权制度改革成果的重要举措。《中共中央 国务院关于全面推进集体林权制度改革的意见》和国家林业局2009年出台的《关于切实加强集体林权流转管理工作的意见》对规范集体林权流转作出了重要的指导。具体政策内容体现在:

一是依法规范集体林权流转行为。稳定林地家庭承包经营关系。建立规范有序的集体林权流转机制。加强集体林权流转的引导,鼓励合作经营。维护集体林权流转秩序,对于区划界定为公益林的林地、林木,暂不进行转让,但在不改变公益林性质的前提下,允许以转包、出租、入股等方式流转,用于发展林下种养业或森林旅游业。禁止任何组织或个人采取强迫、欺诈等不正当手段迫使农民流转林权,更不得迫使农民低价流转山林。

二是妥善处理集体林权流转的历史遗留问题。全面核查集体林权流转的历史遗留问题，依法对历史流转林地的合法性、有效性进行核查。本着"尊重历史、兼顾现实、注重协商、利益调整"的原则，依法妥善处理集体林权流转的历史遗留问题。积极探索解决历史遗留问题的有效形式，对流转面积过大、价格过低、期限过长、群众反映强烈的，要采取协商的方式，通过让利、缩短流转期、折资入股等办法依法进行调整。

三是加强集体林权流转服务平台建设。各地建立健全林权流转运行机制和相应的规章制度，确保流转活动的公平性和合法性。加强流转森林资源资产的评估工作，维护交易各方合法权益。加强集体林权流转的金融服务工作，各地林业主管部门要采取有效措施，积极协助金融机构降低因开展林权抵押贷款、森林保险等业务带来的风险，做好抵押林权处置的服务工作和林地林木权属抵押登记管理工作。要积极探索建立林权收储中心、林业专业性担保公司等，化解林权融资风险，促进林业金融服务持续健康发展。

四是强化集体林权流转的管理工作。依法强化集体林权流转登记工作；加强集体林权纠纷调处和仲裁工作；加强集体林权流转合同管理；加强集体林权流转收益管理；加强集体林权流转监管工作。

五是加强集体林权流转管理工作的组织领导。包括强化林权管理工作机构和队伍建设，加强集体林权流转相关制度建设。

第二节 创新林业融资改革

积极做好集体林权制度改革与林业发展的金融服务工作，是金融部门深入学习实践科学发展观、实施强农惠农战略的重要任务之一，是当前实施扩内需、保增长、调结构、惠民生战略的重要举措。推进林业融资改革对于增加就业、促进农业增产和农民增收，拓宽农村抵押担保物范围，改进和提升农村金融服务水平，增加对"三农"的有效信贷投入意义重大。国家高度重视林业的投融资改革，从《中共中央 国务院关于全面推进集体林权制度改革的意见》出台后，相继出台了一系列支持林业投融资发展的政策文件[1]。具体政策内容体现在：

---

[1] 2009年国家五部委(中国人民银行、财政部、银监会、保监会、国家林业局)出台的《关于做好集体林权制度改革与林业发展金融服务工作的指导意见》(银发[2009]170号)、2013年中国银监会和国家林业局联合出台了《关于林权抵押贷款的实施意见》(银监发[2013]32号)。

一是加大信贷投入，坚持惠农于民。在已实行集体林权制度改革的地区，各银行业金融机构积极开办林权抵押贷款、林农小额信用贷款和林农联保贷款等业务。充分利用财政贴息政策，切实增加林业贴息贷款、扶贫贴息贷款、小额担保贷款等政策覆盖面。稳步推行农户信用评价和林权抵押相结合的免评估、可循环小额信用贷款，扩大林农贷款覆盖面。银行业金融机构根据市场原则合理确定各类林业贷款利率，对于符合贷款条件的林权抵押贷款，其利率一般应低于信用贷款利率。支持有条件的林业重点县加快推进组建村镇银行、农村资金互助社和贷款公司等新型农村金融机构。优化审贷程序，简化审批手续，推广金融超市"一站式"服务。

二是结合林权抵押贷款特点，优化审贷服务。贷款资金用于林业生产的，贷款期限要与林业生产周期相适应，林业贷款期限最长可为10年。建立抵押财产价值评估制度，对抵押林权进行价值评估，对于贷款金额在30万元以下的林权抵押贷款项目，银行业金融机构要参照当地市场价格自行评估，不得向借款人收取评估费。

三是引导多元化资金支持集体林权制度改革和林业发展。鼓励符合条件的林业产业化龙头企业通过债券市场发行各类债券类融资工具，募集生产经营所需资金。鼓励林区从事林业种植、林产品加工且经营业绩好、资信优良的中小企业按市场化原则，发行中小企业集合债券。鼓励林区外的各类经济组织以多种形式投资基础性林业项目。鼓励各类担保机构开办林业融资担保业务，大力推行以专业合作组织为主体，由林业企业和林农自愿入会或出资组建的互助性担保体系。

四是加强信息共享机制和内控机制建设。建立林业部门与金融部门的信息共享机制，加快林权证登记、抵押、采伐等信息的电子化管理进程，将上述信息纳入人民银行企业和个人信用信息基础数据库，方便银行查询及贷款管理。正确处理加大支持和防范风险的关系。银行业金融机构加强对林业产业发展的前瞻性研究和林业投资风险的基础性研究，建立符合林业贷款特点的内部控制和风险管理制度。

第三节 推进森林保险制度

林业生产过程中特别是森林资源生产过程中所面临的各种自然灾害和市场风险，极大地影响了林业生产的稳定性，也影响金融机构和社会资本将资金投放到林业领域的积极性。2008年的《中共中央 国务院关于全面推进集体林权制度改革的意见》以及2009年国家五部委(中国人民银行、财政部、银监会、保监会、国家林业局)出台的《关于做好集体林权制度改革与林业发展金融服务工作的指导意见》、2013年中国银监会和国家林业局联合出台的《关于林权抵押贷款的实施意见》，对森林保险的推进发展作出了明确的要求。具体政策内容体现在：

一是提高林农保险意识，创新投保方式。鼓励和引导散户林农、小型林业经营者主动参与森林保险。创新投保方式，支持林业专业合作组织集体投保，支持以一定行政单位组织形式进行统一投保，提高林农参保率和森林保险覆盖率。探索建立森林保险风险分散机制，各参与森林保险的经办机构对森林保险实行一定比例的超赔再保，建立超赔保障机制，提高森林保险抗风险能力。

二是完善保险险种，优化森林保险质量。保险公司遵循政府引导、政策支持、市场运作、协同推进的原则，积极开展森林保险业务。结合不同地区不同林种的不同需求，不断完善森林保险险种和服务创新。在产品开发中，综合考虑当地林业生产中面临的主要风险，有针对性地推出基本险种和可供选择的其他险种；在保险费率厘定中充分考虑到林业灾害发生的机率和强度的差异性，设置不同的保险费率；在承保中坚持"保障适度、林农承担保费低廉、广覆盖"的原则；在保险理赔服务中，按照"公开、及时、透明、到户"的原则规范理赔服务，提升森林保险的服务质量。

第四节　加快林农社会化服务体系建设

产权到户后，如何引导单家独户的农民开展规模化林业生产，成为深化改革的一个重大课题。《中共中央 国务院关于全面推进集体林权制度改革的意见》对林业社会化服务体系建设提出了要求。2009年国家林业局出台了《关于促进农民林业专业合作社发展的指导意见》，对林业合作组织的发展提出了具体要求。政策措施体现在：

一是积极支持农民林业专业合作社承担林业工程建设项目。天然林保护、公益林管护、速生丰产林基地建设、木本粮油基地建设、生物质能源林建设、碳汇造林等林业工程建设项目，林业基本建设投资、技术转让、技术改造等项目，应当优先安排农民林业专业合作社承担。

二是大力扶持农民林业专业合作社基础设施建设。要求各地将农民林业专业合作社的森林防火、林业有害生物防治、林区道路建设等基础设建设纳入林业专项规划,优先享受国家各项扶持政策。

三是鼓励有条件的农民林业专业合作社承担科技推广项目。支持农民林业专业合作社承担林木优良品种(系)选育及林木高效丰产栽培技术、森林植被恢复和生态系统构建技术、野生动物驯养繁育技术、森林资源综合利用技术等林业新品种、新技术推广项目。

四是鼓励农民林业专业合作社创建知名品牌。积极鼓励和支持农民林业专业合作社开展林产品商标注册、品牌创建、产品质量标准与认证、森林可持续经营认证活动。对通过质量标准和认证以及森林可持续经营认证的,林业主管部门应给予奖励。

五是支持农民林业专业合作社开展森林可持续经营活动。县级林业主管部门和基层林业工作站要指导和帮助农民林业专业合作社自主编制森林经营方案。经林业主管部门认定后,农民林业专业合作社或其成员依法采伐自有林木,可按森林经营方案执行。

第五节　加大林下经济发展的政策支持

集体林权制度改革明晰产权、承包到户任务完成后,林下经济的发展,对保护森林资源、促进农民就业增收、满足社会需求、拉动经济发展、巩固林改成果具有重要意义。尤其在当前党中央、国务院大力强调生态文明建设和城乡一体化建设的新形势下,推进林下经济的发展意义重大。为了推动这项工作,国务院办公厅在2012年出台了《关于加快林下经济发展的意见》。政策任务体现在:

一是科学规划林下经济发展。要结合国家特色农产品区域布局,制定专项规划,分区域确定林下经济发展的重点产业和目标。要把林下经济发展与森林资源培育、天然林资源保护、重点防护林体系建设、退耕还林、防沙治沙、野生动植物保护及自然保护区建设等生态建设工程紧密结合,根据当地自然条件和市场需求等情况,充分发挥农民主体作用,尊重农民意愿,突出当地特色,合理确定林下经济发展方向和模式。

二是推进示范基地建设。积极引进和培育龙头企业,大力推广"龙头企业+专业合作组织+基地+农户"运作模式,因地制宜发展品牌产品,加大产品营销和品牌宣传力度,形成一批各具特色的林下经济示范基地。通过典型示范,推广先进实用技术和发展模式,辐射带动广大农民积极发展林下经济。推动龙头企业集群发展,增强区域经济发展实力。鼓励企业在贫困地区建立基地，帮助扶贫对象参与林下经济发展，加快脱贫致富步伐。

三是提高科技支撑水平。加大科技扶持和投入力度，重点加强适宜林下经济发展的优势品种的研究与开发。加快构建科技服务平台，切实加强技术指导。积极搭建农民、企业与科研院所合作平台，加快良种选育、病虫害防治、森林防火、林产品加工、贮藏保鲜等先进实用技术的转化和科技成果推广。强化人才培养，积极开展龙头企业负责人和农民培训。

四是健全社会化服务体系。支持农民林业专业合作组织建设，提高农民发展林下经济的组织化水平和抗风险能力。推进林权管理服务机构建设，为农民提供林权评估、交易、融资等服务。鼓励相关专业协会建设，充分发挥其政策咨询、信息服务、科技推广、行业自律等作用。加快社会化中介服务机构建设，为广大农民和林业生产经营者提供方便快捷的服务。

五是加强市场流通体系建设。积极培育林下经济产品的专业市场，加快市场需求信息公共服务平台建设，健全流通网络，引导产销衔接，降低流通成本，帮助农民规避市场风险。支持连锁经营、物流配送、电子商务、农超对接等现代流通方式向林下经济产品延伸，促进贸易便利化。努力开拓国际市场，提高林下经济对外开放水平。

六是强化日常监督管理。严格土地用途管制，依法执行林木采伐制度，严禁以发展林下经济为名擅自改变林地性质或乱砍滥伐、毁坏林木。要充分考虑当地生态承载能力，适量、适度、合理发展林下经济。依法加强森林资源资产评估、林地承包经营权和林木所有权流转管理。

七是提高林下经济发展水平。支持发展市场短缺品种，优化林下经济结构，切实帮助相关企业提高经营管理水平。积极促进林下经济产品深加工，提高产品质量和附加值。不断延伸产业链条，大力发展林业循环经济。开展林下经济产品生态原产地保护工作。完善林下经济产品标准和检测体系，确保产品使用和食用安全。

第六节 推进林业基础设施建设和技术服务

我国集体林地面积1.67亿公顷，比全国保有1.2亿公顷耕地面积大、范围广。与农村和农业相比，我国林区和林业发展较为滞后。山林往往位于山区，交通闭塞且立地条件差。林区的经营仍属于"人种天养，刀耕火种"的传统作业模式。落后的林业基础设施建设是当前制约林区发展的瓶颈所在。发展经济学奠基人张培刚先生曾经指出，基础设施是工业化的"先行官"，当初亚洲四小龙崛起的一个重要前提，就是花费了巨额投资改善交通运输和水电气、通信等基础设施。为了改善山区、林区的基础设施，国家也出台了相关政策。《中共中央 国务院关于全面推进集体林权制度改革的意见》和 2012 年国务院下发的《关于加快林下经济发展的意见》都明确要求，要加快基础设施建设，加大林区相关基础设施的投入力度，将其纳入各地基础设施建设规划并优先安排，结合新农村建设有关要求，加快道路、水利、通信、电力等基础设施建设，切实解决农民发展林业、发展林下经济基础设施薄弱的难题。

科学技术是第一生产力。林区作为贫困落后与闭塞的区域，其发展更需要科学技术的支撑。为了加大林业科技服务，国家林业局出台了相关的政策予以指导。2013 年 3 月 7 日国家林业局发布实施了《全国林业科技推广体系建设规划(2011—2020 年)》(以下简称《规划》)。《规划》的总体目标是：到 2020 年，建设比较完备的省、地、县林业科技推广机构，有明确的工作职能、优良的推广队伍、稳定的经费保障、必要的工作条件、规范的运行机制；建设一批林业科技示范园区；形成相对完善的林业科技推广培训体系和以政府林业科技推广机构为主导，林业科研院校、企业等单位广泛参与、分工协作、服务到位、功能完备的新型林业科技推广体系。《规划》的总体布局是：规划完善和建立 32 个省级林业科技推广站(中心)(含新疆生产建设兵团)；完善和建立地级林业科技推广站(中心)343 个，县级林业科技推广站(中心)2987 个。建设内容及重点是：建立健全省、地、县三级林业科技推广机构，科技推广人员总数达到 55000 人以上。完成全国林业科技推广人员岗位轮训，具有大专及大专以上学历的人数达到 80%，专业技术人员达到 90%。开展办公业务用房、技术装备、通信交通和远程教育网络建设。重点开展林业科技推广示范基地建设。与此同时也提出了加强组织领导、保证资金投入、强化监督管理、理顺管理体制、创新推广机制、加大宣传培训、完善法律法规七个方面的保障措施。要求以上工作向山区、林区和农村倾斜。

第七节　完善林业补贴制度

林业的生态公益性显著，与此同时又是自然风险较高的弱质产业，加大对林业财政补贴,以促进其健康发展,是世界各国较为普遍的做法。我国很早开始对林业发展予以补贴。为深化改革,规范中央财政林业补助资金使用和管理,提高资金使用效益,财政部、国家林业局联合制定了《中央财政林业补助资金管理办法》。该办法对林业补贴的预算、生态效益补偿和森林公安补贴予以明确的规定,同时也规定了林业补贴的具体内容。林业补贴是指用于林木良种培育、造林和森林抚育,湿地、林业国家级自然保护区和沙化土地封禁保护区建设与保护,林业防灾减灾,林业科技推广示范,林业贷款贴息等方面的支出。具体支出内容,一是林木良种培育补贴。补贴标准:种子园、种质资源库每亩补贴600元,采穗圃每亩补贴300元,母树林、试验林每亩补贴100元。二是造林补贴。对国有林场、农民和林业职工(含林区人员,下同)、农民专业合作社等造林主体在宜林荒山荒地、沙荒地、采伐迹地、低产低效林地进行人工造林、更新和改造,面积不小于1亩的给予适当的补贴。造林补贴包括造林直接补贴和间接费用补贴,享受中央财政造林补贴营造的乔木林,造林后10年内不准主伐。三是森林抚育补贴。对承担森林抚育任务的国有森工企业、国有林场、农民专业合作社以及林业职工和农民等给予适当的补贴。森林抚育对象为国有林中的幼龄林和中龄林,集体和个人所有的公益林中的幼龄林和中龄林。国家级公益林不纳入森林抚育范围。四是湿地、林业国家级自然保护区和沙化土地封禁保护区建设与保护补贴。根据湿地、林业国家级自然保护区和沙化土地封禁保护区的重要性、建设内容、任务量、地方财力状况、保护成绩等因素分配。五是林业防灾减灾补贴。根据损失程度、防灾减灾任务量、地方财力状况等因素分配。六是林业科技推广示范补贴。用于对全国林业生态建设或林业产业发展有重大推动作用的先进、成熟、有效的林业科技成果推广与示范等相关支出的补贴。补贴对象为承担林业科技成果推广与示范任务的林业技术推广站(中心)、科研院所、大专院校、农民专业合作社、国有森工企业、国有林场和国有苗圃等单位和组织。七是林业贷款贴息补贴。指中央财政对各类银行(含农村信用社和小额贷款公司)发放的符合贴息条件的贷款给予一定期限和比例的利息补贴。

第七章

集体林权制度改革的成效

集体林权制度改革被誉为是继农村家庭联产承包责任制之后，农村经营体制的又一次重大变革，农村生产关系的又一次大调整，农村生产力的又一次激活。截至2013年，全国已确权集体林地1.8亿公顷，占各地纳入集体林权制度改革面积的99.05%；发证面积1.736亿公顷，占已确权林地总面积的96.37%，发放林权证1亿本，8981.25万农户拿到林权证。主体改革全面完成，配套改革稳步推进，19个省份出台了林权流转管理办法，已建立县级以上林权管理服务机构1681个，林业专业合作组织累计达14万个，林权抵押贷款突破1000亿元。调研显示，集体林改实现了"山定权、树定根、人定心"，初步实现了资源增长、农民增收、生态良好、林区和谐的目标。

第一节 林业资源有效增长

集体林地承包到户后，农民真正拥有林地承包经营权和林木所有权，蕴藏在农民中的积极性和巨大潜能得到有效释放，农民造林热情前所未有的提高，森林保护力度也前所未有的增强。林改中不仅没有出现乱砍滥伐的问题，反而呈现出全家造林，昼夜护林的景象。农民把"山当田耕，把树当菜种"，舍得投入，精心经营，效益显著增长。全国林地直接产出率从2003年的每亩84元，提高到2014年的每亩260元。福建、江西等省造林规模创历史新高，成活率都在90%以上。山西省近5年来森林面积由113.33公顷增加到226.67公顷，人均森林面积由0.1亩增加到1亩。与此同时，集体林改和退耕还林、天然林资源保护工程等林业重点工程的有机结合，进一步提高了工程质量和效益。截至2014年，中央累计退耕建设任务为33.33万公顷,其中退耕造林面积0.294亿公顷,天保工程造林面积为41.05万公顷。近些年,全国每年造林面积一直保持在600万公顷的较高水平。根据全国第八次森林资源清查(2009—2013年)结果显示,全国森林面积2.08亿公顷,净增1223万公顷;森林覆盖率21.63%,增长了1.27个百分点;森林蓄积151.37亿立方米,净增14.16亿立方米。森林面积和森林蓄积分别位居世界第5位和第6位,人工林面积仍居世界首位。我国森林资源进入了数量增长、质量提升的稳步发展时期。这充分表明,党中央、国务院全面推进的集体林权制度改革,实施了一系列重点林业生态工程,取得了显著成效。

案例三

从"砍"树人成为"看"树人

白沙村位于浙江省临安市太湖源镇,因太湖源景区坐落于此,又被称为"太湖源头第一村"。全村共有10个村民小组,378户,1160口人。全村区域面积32平方公里,山林面积3033.33公顷,其中生态公益林2466.67公顷,森林覆盖率高达96%。2009年,全村人均纯收入突破15000元,其中约70%来自于良好的生态环境带动的旅游业,特别是以森林旅游为特色的"农家乐"。改革开放以来,该村历经多次林权变革。改革开放前,该村有这样一段顺口溜:"白沙石头多,出门就爬坡,吃的六谷糊,住的箬竹屋。"1983年,该村根据上级有关政策,开展了林业"三定",将全村95%的山林都承包到户,建立起家庭承包经营体制。山林虽然到了户,但由于配套工作没有跟上,没有给农户发林权证,村民既为自己有了山林而感到高兴,但又对政策不稳定心有余悸。有些村民为了一时利益,纷纷上山砍树、烧炭、卖木头,由于只砍不造,到1987年,森林覆盖率由"三定"前的91.9%下降到60.4%,森林蓄积量急剧下降,而人均收入只增加几百元。由于过量采伐,大批天然林被破坏,地质灾害频发。1988年和1990年两次洪水袭击,村里房倒路垮,灾害损失就达300余万元。"越砍山越秃,越砍人越穷",已成恶性循环。20世纪90年代开始,该村开始走上增加投入、发展非木质产业的新路子。通过村干部带头、科技示范等方式,鼓励村民开发茶叶、笋干、山核桃等非木质林产品。到1998年,村民人均收入达到3455元,其中非木质林产品收入占90%以上。木材采伐量连年下降,1999年起停止了木材采伐。为盘活山林资源,村里探索推进山林经营权的流转,于1998年引进战略投资者,成功开发了以生态休闲旅游为特色的"太湖源生态旅游景区"。2001年,临安市委、市政府在全市开展巩固家庭承包经营制度工作,该村进一步完善政策,将农民山林承包期延至50年,农民纷纷领到了《林权证》。由于真正实现了"山定权、树定根、人定心",村民从只顾眼前利益变为着眼长远利益,人人造林护林,彻底走出了"越穷越砍、越砍越穷"的怪圈,森林资源越来越丰富,生态状况越来越好,山林越来越漂亮了。为了让"生态优势"转化为"经济优势",该村依托"太湖源生态旅游景区"发展特色经济。通过这一平台,村民不用出家门,就可以将家里的茶叶、笋干、山核桃等产品,销售给上海、江苏、杭州等地来的游客。同时,不少村民开发"农家乐"等旅游项目。2009年,全村70%的劳动力投入到了旅游服务之中,旅游业已经成为全村第一大支柱产业。

目前,该村成功地从"砍树"走向了"看树"。家家户户"看树",把森林资源切切实实地看好。森林覆盖率从1987年的60.4%提高到了96.1%。护林员伍建国说:"林改前,我一个人看1000多村民有没有偷树,现在是1000多村民一起看护山林。我们自己看好树,引来大量游客'看树',让'绿水青山'变成了真正的'金山银山'"。

第二节 产业发展活力激发

根据中国林业产业协会的定义,林业产业就是以森林资源为基础,以获取经济效益为目的,以技术和资金为手段,有效组织和提供各种物质和非物质产品的行业。产权明晰,配套制度不断健全,推动林业产业迅猛发展。

第一,产业结构优化。林业产业横跨一、二、三产业,主要包括林木种植业、经济林培育业、花卉培育业、木竹采运业、木竹加工业、人造板制造业、木浆造纸业、林产化工加工业、林副产品采集加工业、森林旅游业等。根据2014年全国林业统计报告分析,林业三个产业的产值结构已由"十一五"末期的39∶52∶9,调整为目前的34∶52∶14,以林业旅游与休闲为主的林业服务业所占比重逐年增大,产业结构逐步优化。

第二,林业资本大量注入。政策允许林权流转,提高了外来资本投资林地的热情,大量的资本注入林业经营,有效地激发了林业产业的发展活力。近年来,浙江、山东两省社会投入林业的资金达到1050亿元,福建省永安市引导林农以林地使用权、林木所有权折价入股,与林业企业开展合作,支持有条件的龙头企业上市融资。福建南平市近年来民间资本投资达到 80 亿元,占全社会总投资的 96.4%。辽宁省本溪市以森林资源为依托的生物制药、森林食品等五大林业产业成为社会投资的新热点,正在逐步取代了原有的钢铁,水泥和煤炭三大传统产业。

第三,林产品产量不断增加。2014 年,国务院办公厅出台《关于加快木本油料产业发展的意见》,国家林业局印发了优势特色经济林发展布局、森林等自然资源旅游、林下经济等专项规划,制定了扶持特色经济林产业发展指导意见。全国各类经济林产品产量稳定增长,达到 1.58 亿吨,比 2013 年增长 6.81%。产业发展的活力迸发。

第四,林业产值迅猛增长。全国林业总产值从 2006 年的 1.07 万亿元到 2014 年林业产业总产值增长到 5.40 万亿元(按现价计算),增长了 4 倍左右。浙江省安吉县 2% 的竹林资源占据了全国 20% 的竹产品市场,2014 年产值超过 160 亿元,竹产业已成为县域经济的第一支柱。

第三节　农民在改革中脱贫致富

集体林权制度改革是农村生产关系的又一次大调整,其直接作用是极大地调动了农民发展林业的积极性,培育了新的经济增长点,促进了农民就业增收,激活了农村人口、金融、土地等要素,提升了农村产业发展能力。其深层意义是开启了亿万农民创造资本的历史进程,从体制上开始破解严重阻碍我国经济发展的两大难题——二元经济结构和扩大农村消费市场,又一次改变中国农民乃至中国经济发展的命运。德·索托在《资本的秘密》中指出,"欠发达地区人口占全球人口的六分之五,确实不是一无所有,但他们缺少表述所有权和创造资本的过程。他们有房屋,但没有所有权凭证;他们有产出,但没有契约;他们有企业,但没有法人地位。因为所有权制度是资本的诞生地。就像能量一样,资本也是一种处于休眠状态的价值,只有使它获得活力,我们才能超越资本表面的状态"。长期以来,我国集体林业产权制度存在着产权主体模糊、产权界定不清、产权权益难以保障等问题,成为我国集体林业生产力发展的主要障碍。这次林改从明晰产权入手,赋予了农民财产权,既适应了社会主义市场经济体制的要求,又使农民拥有了真正意义上的财产权,为发挥市场在农村资源配置中的基础性作用,实现资源优化配置、提高资源利用效率提供了前提条件。

一、农民的财产性收入得到提高

亚当·斯密在《国富论》中指出,"每人都在力图应用他的资本来使其生产品能得到最大的价值"。集体林改的实践,使农民拥有了实实在在的财产。据不完整统计,全国1.82亿公顷的集体林及45.74亿立方米的森林蓄积量,折合价值数十万亿元,通过明晰产权,户均获得森林资源资产约10万元,高的达到50万元。拥有林地使用权的农民大力投资于林下经济,加上国家的让利于民,减免税费,国与民的合力使农民的财产性收入大幅提高。**一方面农民不断发展林下经济**。大力发展林下经济,极大地调动了亿万农民自主创业的积极性,促进了林业产业发展和农民的投资热情。据不完全统计,林改后,全国林业总产值从2006年的1.07万亿元,增长到2014年的5.40万亿元(按现价计算),林下经济从无到有,从小到到大。辽宁省本溪市通过发展林下经济,1.6万农户收入达到每年10万元,占到全市农户的11%,林下经济是绿色经济,是特色经济,是立体经济,发展林下经济既符合绿色发展的方向和社会消费的取向,又避免了产品趋同,具有广阔的市场空间,还可以进行上中下综合开发,农林牧复合经营,实现国土开发的优化和高效利用。**另一方面减轻税费**。让利和还利于民,直接增加了农民收入。长期以来,林业税费多,林农负担重,利益分配失衡。"卖掉一根柱子,得到一根筷子"已经严重制约了林农的生产积极性。习近平总书记指出,要让广大农民共享改革发展成果。国家税费改革,取消了木竹特产税,降低了育林基金征收比例,规范育林基金的使用和管理。2003年以来,福建省通过减免税费等措施,每年为农民减轻负担18.58亿元。2004年以来,江西省通过实施"两取消、两调整、一规范"的政策,累计为农民让利33.4亿元。同时,木材价格上涨、林地价值上升,也大幅度增加了农民的收入和财富。江西省农民销售杉木的收入,由改革前的每立方米200~280元增加到350~420元,杉木林地流转价格由平均每亩600元上升到1300元,荒山流转价格由平均每亩50元提高到120元。2012年,国务院办公厅发布《关于加快林下经济发展的意见》,国家林业局整合相关政策,将林下经济纳入林业贴息贷款、山区综合开发以及有关林业生态建设工程的重点扶持范围。各地纷纷出台扶持措施,其中广西、辽宁、福建、吉林、江西、湖南等16个省专门出台了关于推进林下经济发展的意见,对林下经济发展进行全面部署,安排专项资金扶持发展,促进农民发展林下经济,有效增加了农民的收入。

二、农民就业渠道有效拓宽

我国林地面积大,林业产业链条长,产品种类多,市场潜力大,就业空间广。在经济低谷时许多进城农民工在城市难以就业,可以回到农村进行林业经营。2008年全球金融危机爆发后,林改为大量返乡农民工就业创造了条件,林业吸纳了大量农村劳动力。在2013年4月召开的林下经济与低碳发展战略研讨会上,北京大学厉以宁教授指出,经济危机后,农民工回乡还带来了外乡人。他们植树造林,发展林下经济,这种就业就是"绿色就业"。呈现了"城里下岗、山上创业""一户承包、全家就业"的局面。胡锦涛主席在2009年联合国气候变化峰会上承诺,中国将力争在2020年森林面积比2005年增加4000万公顷,森林蓄积量比2005年增加13亿立方米。随着造林规模扩大,林业可以创造1200万~2460万个季节性就业岗位,折合常年就业岗位400万~820万人。随着林业在整个国家发展过程中的重要性更加凸显,森林化工、森林景观利用等产业会吸引更多劳动力进入林业发展行业。

从农村生产力发展的走向来看,耕地吸纳劳动力的潜力已经非常有限,但山上的潜能还远远没有发挥出来。1.8亿公顷集体林地,是发展农村经济的一笔宝贵资源,是农民重要的生活保障。目前,我国集体林平均每亩蓄积仅3.3立方米,为我国平均水平的59%、发达国家的20%;林地的经济产出率更低,2009年亩均仅22元人民币。通过集体林权制度改革,把过去沉睡的山林变成农民的重要生产资料,把林业经营变成农民的创业平台,提高了亿万农民的林业生产经营积极性,充分发挥1.8亿公顷林地的生产潜力,是发展农村生产力的重大举措。山区发展潜力在山、希望在林。通过集体林权制度改革,使更多的农民选择与自己最直接、最适应的林业,使更多的社会资本将发展的目光瞄准资源开发潜力大、产品需求旺盛的林业。林木种植、林下经济、木本粮油、竹藤花卉、森林旅游、生物质能源以及林产品经营加工等林业产业正在得到前所未有的大发展,在加快区域经济发展、改变城乡二元结构过程中发挥着越来越重要的作用。林改以来,各地林地、物种、景观等资源加速转化为发展资本,林地成了香饽饽,物种成了金娃娃,景观成了聚宝盆。许多地方,一根翠竹撑起了一方经济,一个物种成就了一大产业,一处景观带来了一片繁荣。事实证明,集体林权改革有力地推动了山区、林区产业的发展,产业的发展又带动了就业的增加,为解决贫困地区经济发展问题,实现区域统筹目标作出了贡献。

第四节　林区基层治理走向和谐

2011年以来，连续5年的中央1号文件对乡村基层治理作出重要指示。山区、林区的问题就是当前农村的重要问题。集体林权制度改革作为一项新的制度性变革，对山区的乡村基层治理来说具有重要的政治意义。

一、改革稳定了乡村秩序

林改解决了大量的历史遗留纠纷。我国林地产权制度先后经历了农民私有制、公社集体所有制和家庭承包制等多次历史变迁。但是，农民世代生活的土地，是他们拥有土地和利用土地权利的权源，成为解决林业产权问题的重要依据。集体林权制度改革必然会对过去的产权利益格局进行调整，纠纷与矛盾不可避免，对此地方政府坚持法律与地方经验结合，运用"处境公平、民主治理、法律平衡"等原则解决了大量历史遗留问题，实现农村林权改革的公平正义，有效维护了基层社会的稳定。

林改前，由于频繁的产权变动，各地形成了大量有山无证、有证无山、一山多证、证地不符和租期过长、面积过大、租金过低的问题。为了解决这些历史遗留问题。各省（自治区、直辖市）均成立了林权纠纷调处机构，抽调了大量干部，细致耐心地开展工作。他们奔走在山间地头认真丈量，翻阅档案，细致核查，反复沟通，耐心协调，解决了大量长期以来遗留的林权纠纷。据统计，全国累计调处山林权属纠纷90多万起，调处率达97%，群众满意率达98%，促进了农村社会和谐。同时，改革后农民专注于山林经营，专心学科技、搞经营、跑市场，相关社会矛盾也明显减少。在这次改革中，各地依据相关法律和政策，通过重新界定、调解、调整、完善等措施，对群众普遍关注的山林权属纠纷、山林流转不规范等问题进行了调处，过去遗留的"无主山""大户山"等诸多矛盾和问题大多数得到较好的解决，得到了广大林农的真心拥护和热情支持，维护了农村社会稳定，促进了邻里关系和谐。例如辽宁锦州义县白庙子乡灰山村一费姓兄弟二人，因以前承包山林界线有争议，哥俩结怨多年。这次林改确认了两家的山林界线，调解了纠葛，兄弟二人重归于好。过去山林纠纷不断，上访频繁，乡镇政府、基层林业部门忙于应付，干群关系紧张。这次改革对历史遗留的林权纠纷问题追根溯源，从根子上进行妥善解决，群众满意，乡村领导干部威信明显提高，农村干群关系明显改善。

　　林改推动村庄共同体的重建。现代社会学的重要奠基者滕尼斯对村庄共同体作出这样的定义：在家族和部落之中或之上形成的由土地决定的复合体，并区别于农业地区和行政区，村庄是这类复合体中最密切的形态。滕尼斯所指的村庄共同体是一种个人缺乏独立性和理性选择，靠传统形成的封闭的群体。伴随着现代化、市场化不断地深入到乡村内部，中国农村的实际已经从费孝通所描述的传统乡土中国变成了当今中国农村。集体林权制度改革作为一项涉及面广、范围大的全国性制度改革，土地产权明晰，落实到农户，对基层的乡土社会带来了新的整合力量，整合到国家治理的体系框架内。具体体现在：**一是确权发证过程中农民积极参与**。中国相当部分的农村地区在实行家庭联产承包责任制后，农民几乎是孤立和分散的，他们对于村级事务缺乏热情，村庄事务中村民参与度较低。如何扩大村民参与度一直是农村政治研究中一个重要问题。经济利益驱动是民主政治发展最本源的动力。如果村民认为参与村级事务没有利益可图，自然会对村级事务不闻不问，而林改涉及千家万户的利益，农民必然会积极参与争取自身利益最大化。尤其在确权发证过程中，村民积极参与林改的宣传活动，积极参加林改方案的制定，包括村民与村组干部一起核实山林权属、面积、四至界限。积极参与林改方案的讨论，推选林改理事会，发放林权证及股权证。通过林改这一重要平台，村民与基层干部一起投身林改，亲身经历了一场重大公共活动的实践，不仅在村的所有人关注此事，即使是那些在外打工经商的也专门回到家来参与。在这段时间内，每个村村民谈论最多的就是林改，他们不仅对林改过程保持高度关注，展开广泛的讨论，而且由此构建起一种久违的村庄群体性公共活动氛围，整个村庄因林改的过程推进，呈现出新的气象。**二是合作化道路凝聚了村民的共同体意识**。随着集体林改的深入，农户为了解决生产的难题，获得更多的经济收益，开始走上联合经营之路，各种经济合作组织应运而生。这种联合已经不是过去那种拉郎配式的联合，而是在明晰产权基础上的新型联合。农户将自己的山林折成股份，与其他农户或经济体自愿组合，正式登记注册，联合体由股东共同管理或由股东会选举产生的机构管理，收益按股份分配。这种联合在实现规模经营、降低生产成本、提高经营收益、发挥能人作用、确保股东收益、提高信用水平等方面起到了积极作用，不仅使千家万户的小生产与千变万化的大市场连接起来，开始摆脱小农经济发展的桎梏，而且有力促进了林业产业发展，带动了农村产业升级，县域经济格局开始发生深刻变化。这是联合经营的经济意义,更重要的是在合作经营的过程中,农民的集体行动意识对于重建共同体意识更是意义重大,这种共同体存在的基础是利益的一致。

林改强化了国家基层治理的基础。"得民心者得天下,顺民意者治天下",这是治国理政的铁律。集体林改和耕地改革一样,顺民意、得民心、合民愿,受到了广大干部和群众的高度赞誉和衷心拥护。中国林业职工思想政治工作研究会的调查表明,100%的农民拥护改革,96%的农民对改革十分满意。农民群众深深感受到,党的政策一天比一天好,党实实在在为人民群众谋得了福祉,发自内心地感谢党,编出了许多歌颂党的好政策的对联、山歌,发出了农民群众的心声。福建省永安市一位老农动情地说:"我一生经历了两件大喜事,第一件是耕地回了家,第二件是林地回了家。我们山里人终于圆了耕山的梦,共产党真好,林改改到了我们的心坎上。"这个市的洪田村村民钟昌信因残疾多病,几十年来年年靠政府救济过日子,当林改后他领到第一笔1万多元现金时,手在发抖,流着眼泪说:"救济无法改变我的生活,林改改变了我的命运,感谢共产党,感谢林改。"江西省崇义县有一位名叫陈芳栋的老上访户,林改前生活十分贫困,林改后全家分得山林296亩,仅毛竹一项当年就收入4.1万元,为林改前的8.7倍,激动地写下了一幅对联:"明晰产权利如晓日腾云起,放活经营财似春潮带雨来,党恩浩荡"。

案例四

林改化解纠纷实现乡村和谐

大河镇地处陕西省西乡县西南,距县城105公里,全镇辖12个村,28个村民小组,1534户,6011人,总面积392平方公里,国有林区龙池林场位于该镇。全镇集体林地总面积242865.1亩,占全县集体林地面积的18%。自2007年11月启动林改后,作为西乡县一期林改试点乡镇,随着改革的逐步深入,各种因素导致的林权纠纷问题日益显现,一度使该镇林改工作处于停滞状态,成为阻碍全镇林改工作的热点和难点。为了破解这一难题,大河镇大胆尝试,及时组织协调,建立健全纠纷调处机制,深入实地,逐块核实,查找症结,注重证据,以人为本,分类施策,逐块调处并公示,妥善解决了长达35年的林权纠纷问题。

林改的重点是明晰产权,化解各类矛盾纠纷是明晰产权的前提,要想化解纠纷,就得寻本溯源。林改中,大河镇专门成立了信访接待组,对于群众来访和各工作组摸排的各类林权矛盾纠纷一一记录在案,并组织开展专题调研，建立山林权属纠纷台帐。经摸排分析，全镇的林权经过了1952年的"土改"、1963年的"林清"，集体林统一经营、1982年林业"三定"，1994年四荒山拍卖和2005年林权证换发，以及撤区并乡建镇行政区划变更等多个历史演变过程，受特定历史条件的限制，加之作风不踏实、工作不细致、改革不彻底、勘界不明显，导致有山无证、有证无山、一山多证、界址不清、面积不实等诸多问题的存在。为使错综复杂的林权纠纷妥善解决，镇领导班子一方面及时组织查阅资料，翻阅历史依据；另一方面深入学习林改政策，走访、调查村组和相关单位历史见证人，综合多方面意见，确定了调处林权纠纷的原则和依据：第一，坚持"属地管理、分级负责"的原则，加强领导，建立健全调处机构，层层落实责任，制订和完善调处方案，按照"组间问题不出村、村间问题不出镇、镇间问题不出县"的原则，将涉林纠纷解决在基层，化解在萌芽状态。第二，坚持"尊重历史、照顾现实、依法依规、妥善处理"的原则，对历史遗留的林权纠纷，在双方主动、互谅、互让、平等协商的基础上化解。处理国有、集体、个人之间纠纷时，必须从有利于林区和谐稳定，有利于保护、培育和合理开发利用森林资源，有利于群众生产生活，不引发新的矛盾纠纷的基础上化解。第三，坚持"公平、公正、公开"的原则，将矛盾纠纷"化早、化小、化了"，在纠纷调处中，严格执行"回避"制度，坚决杜绝优亲厚友现象发生，当场将调处结果送达当事人双方；涉及国有与集体、集体与个人的林权纠纷，一律将纠纷调处结果在村组张榜公示，主动接受群众监督。第四，坚持"先民间调解、再政府仲裁、后司法裁决"的调处原则，形成了老干部、老党员、老同志参与，镇、村、组联动，政府把关，司法互补的调处机制，用人性化的办法解决林权纠纷，为林区稳定、社会和谐奠定坚实的基础。通过上述努力，西乡县大河镇的林改纠纷得到有效解决，干群关系得到有效缓解，实现了"山定权、树定根、人定心"的目标。

二、改革激活了村民民主参与的活力

在我国，村民自治作为一项制度已实行30多年，经历了一个复杂曲折的过程。新世纪以来，因为乡村空壳化，村庄缺乏利益关联等种种原因，使村民自治处于"空转"状态，农村治理更多的是依靠外力推动。但是，近几年，村民自治以其内在的价值和力量不断在实践中开辟道路，显示出新的生机和活力。在集体林权制度改革过程中，巨大的利益分配驱动，相关法律政策的保障，村民自治得到充分的体现。

林改是一次生动的民主法治教育。从秦汉到清末的中国社会，是以先秦法家理论为基础的封建法治社会。民主法治是人类政治文明的重大成果，是现代国家治理的基本方式。经历近代社会大转型，民主法治不断推进。在集体林权制度改革过程中，民主法治得到贯彻执行。基层广泛宣传林业法律法规和林改政策措施，依法进行，程序公开，发扬民主，充分尊重群众，阳光操作，保障了林农的知情权、参与权、决策权和监督权，整个改革过程充分体现了民意，实现了民主。有的村因一个林改方案就召开了多次村民代表会议，改革的主体、改革模式、收费标准、资金使用等都要交给广大村民代表讨论，凡是涉及村民利益的事情都得通过村民代表大会或村民大会才能决定。此次林改实际上是一次以老百姓切身利益关系最密切的事情为载体，进行全面、深入、生动的民主法制教育的过程，增强了广大群众的民主意识，提高了村民自治水平，使农村政治建设向前迈出了一大步，使干部懂得了依法行政，群众懂得了依法维权。林改从源头上铲除了村干部腐败的土壤，村干部作为村集体内部成员，与群众一起公开透明地参与分山分林、村务公开、村民票决，有效地杜绝了部分村干部"暗箱操作"乱卖山、乱花钱的现象。在调查走访中，很多林农都深情地说，多年来，村组已没有像现在这样开过会了，老百姓没有像林改这样行使过自己的民主权利。

林改有力推动村庄管理的规范化。2008年《中共中央 国务院关于全面推进集体林权制度改革的意见》明确规定，林改属于村庄重大公共事项，应按照《中华人民共和国村民委员会组织法》和《中华人民共和国农村土地承包法》等规定严格推行民主管理，林改方案必须提请村民会议或者村民代表大会讨论决定通过，方可实施。林改的程序、方案、内容、结果都必须向全体村民公开，农民称为"四公开"。和以往的农村改革不同，各省都明确规定把是否经过三分之二村民会议或村民代表会议讨论通过作为村级林改实施方案是否具有法律效力的一个评判标准，凡是没有经过三分之二村民会议或村民代表会议讨论同意的林权改革办法，都是属于"非规范"行为。福建省三明市经过多年探索，形成以"六步工作法"规范村级议事程序，即征求意见、议事决策、项目分解、公开承诺、组织实施、考评奖惩，并付诸实践，从机制上增强了决策的合法性、合理性和可操作性，保障了村民的知情权、参与权、表达权和监督权，融决策、管理、监督和落实为一体，已成为村级民主自治机制的有效实践形式之一。

三、林改增加了村庄收入

从基层社会来看，村民自治离不开一定的财力支持。村级收入是村民自治的保障，也影响和制约着村民自治的实践绩效。在林改之初，有关部门曾担忧集体山林在分山到户后会导致村级财政困难。但调查显示，大多村庄财政不减反增，主要是这些村集体积极寻求新的收入途径，包括：收取林地使用费、现有林承包经营分成、集体林权转让或拍卖收入等。有的村集体将这些收入通过投资产业等项目，实现以财生财[①]。当然，如何更好地管理林改后的村级财务，加强村民特别是村民代表对村财务的监督，使得村级财务管理更加民主、透明、公平，这对各个林改村和基层政府来说仍是一个新的挑战和课题。

实践证明，林权制度改革对于农村集体经济来说，是放水养鱼的明智之举。改革使山林值钱了，林业产业发展了，收入不减反增。通过现有林收益分成、收取林地使用费等村集体收入大幅增长，增强了集体经济实力，有效地改变了许多"空壳村"的窘境。福建省改革以来，大部分林改村每年都有3万~12万元不等的集体收入。武平县捷文村改革前每年的林业收入不足4000元，现在年收入达到5万~8万元。辽宁省昌图县改革以来，共收取林地使用费1.15亿元，平均每个行政村增加收入80万元。而村级财务的改善有力地促进了乡村自来水、道路、电网、绿化等基础设施建设。

第五节 中国林改的国际影响

一、中国林改提供了国际经验

"产权制度不能解决林业发展的所有问题，但是它是解决所有问题的基础"，世界产权与资源组织（Rights and Resources Initiative，RRI）专家在2011年泰国召开的森林与人类区域论坛时说到。同年在北京召开的林权改

---

① 福建省三明市林地使用费平均每年每亩10~17元，最高标准达到近50元/亩·年。2008年全市各村共收取林地使用费2046万元，年均每个村可达9.1万元。该市西洋镇湖山村在林改后，经过林权拍卖转让，湖山村的财务收入增加了498万元，"林改第一村"洪田村2008年全村集体财务收入100万元。

革国际研讨会上，国外发达国家对中国的林改给与了极高的评价。世界产权与资源组织总裁 Andy White 认为：**中国集体林权制度改革是世界林业史上最大规模、最具影响、最有成效的改革**。中国的集体林改以农民参与为主体，充分发挥了林农的主观能动性；系统科学的制度设计，旨在从根本上转变林业的发展方式；有效理顺政府和农民的关系，实现了兴林富民。我国的林改是建立在吸收国外先进国家林业改革经验和结合本国实际情况的基础上开展的，是世界林业发展史上规模最大的林业改革，当前，全球还有许多发展中国家都面临因林业权属不清而导致的诸多问题，森林退化和滥砍乱伐严重。一些国家也在探索以社区为基础的林业改革，如印度尼西亚和老挝政府为农户家庭无偿分配林地，让农民使用；尼泊尔把林地下放到社区管理；泰国、柬埔寨、越南、刚果等国家也在开展林权改革。但由于相关的政策措施没有跟进，改革效果不明显或者停滞不前。有些国家由于政府或者政党更替的原因，曾经进行的林权改革甚至出现了倒退。这些国家表示要学习中国集体林权制度改革的做法和经验。

国际专家学者认为中国林改对其他发展中国家的经验借鉴主要体现在：**一是实现"耕者有其田地"**。均地到户、让利于民是中国集体林权制度改革超越其他国家改革最重要的举措。《中共中央 国务院关于全面推进集体林权制度改革的意见》明确规定在 5 年内完成确权发证的任务，已经如期完成。而在拉美一些国家，产权改革不到位，最终导致大量的林地落在大资本家手中，农民依旧是无产者，导致出现严重的社会动乱。如巴西大部分土地掌握在少数大林主手里，大量农民处于缺地少地无林的状态，无地农民占领土地成为当前巴西政治面临最大的问题之一。**二是制定了较为完善的配套措施**。推动林业合作社建设，鼓励农民抱团发展，实现兴林富民；加大对林业技术服务的支持，鼓励林业科研单位与林业经营者的合作；林权流转市场正在逐步完善，林权融资、可抵押，森林保险相配套，有限度的吸引资本与资源的结合，为山区林业的发展助力；减税让利，让利于民。**三是国家政策与地方传统习惯的有机结合**。确权到户的模式，不局限于分山到户，各地可根据《中共中央 国务院关于全面推进集体林权制度改革的意见》的规定，对不宜实行家庭承包经营的林地，依法经本集体经济组织成员同意，可以通过均股、均利等其他方式落实产权，村集体经济组织可保留少量的集体林地，由本集体经济组织依法实行民主经营管理。这些做法为各国开展改革提供了成功的经验。坦桑尼亚政府在 1995 年的时候开始土地改革，并确权到户，但是改革推进到一半就无法深入下去了，遭到了绝大多数农民的抵抗，"法定土地使用权"打破了坦桑尼亚基层社会数千年演化形成的社会规则，形成了更多的争议。同时，"土地使用权"也无法获得银行抵押贷款，使改革难以为继。了解中国的改革后，该国拟向中国学习。

二、"一带一路"战略的实施为林改带来新的机遇

2013年9~10月，习近平总书记在出访中亚和东南亚国家期间提出共建"丝绸之路经济带"和"21世纪海上丝绸之路"（以下简称"一带一路"）的重大倡议。2013年11月，党的十八届三中全会提出，加快同周边国家和区域基础设施互联互通建设，推进丝绸之路经济带、海上丝绸之路建设，形成全方位开放新格局。这一发展理念的提出将我国发展纳入到全球重要的战略地位，将大大加快我国对外开放和改革步伐，促进我国经济更加协调发展。同时有助于通过发展经济和人文交流，把欧亚大陆的不同区域连接起来，把不同国家的利益融合起来，实现优势互补，分享发展机遇，促进共同发展。"一带一路"在我国的经济带主要在西北部、东北部。中国西北地区是我国主要的干旱和半干旱地区。这一地区的显著特点是水资源极度匮乏，土壤侵蚀、水土流失和土地荒漠化现象严重。土地的生产能力差，使干旱和半干旱地区人民生活更加贫困。重建和复兴丝绸之路，对西北部地区林业的发展提出了更高的要求。我国现有八大沙漠、四大沙地，其中80%以上分布在丝绸之路经济带上，是我国沙尘暴的主要源区和路径区，是生态最为脆弱和治理难度最大的地区，也是受风沙危害最严重的地区，受影响的人口占全国总人口的1/3还多。集体林权制度改革的不断推进和深化，将有效激活经济带群众种林育林的积极性，为"一带一路"经济带的建设奠定良好的制度基础。

第八章
深化集体林权制度改革面临的新情况、新问题

从系统论的角度来看,世界上任何事物都可以看成是一个系统,整体性、关联性、等级结构性、动态平衡性、时序性等是所有系统的共同基本特征。集体林权制度改革是一项复杂的系统工程,涉及多方面的利益关系,明晰产权、确权到户改革完成后,深化改革亟待不断推进。深化改革是一项涉及面广,政策性很强的工作,不可避免的会面临许多新情况、新问题。具体来说,在"分"的层面上,任务艰巨;在"合"的层面上,刚刚起步;在"活"的层面上,正在探索;在"富"的层面上,前景广阔。

第一节 林权流转亟待规范

林地的流转必然带来外来资本对村庄产权利益分配的介入。原本村庄内部处于一种相对封闭状态,土地的产权形成平衡关系。当市场和资本的力量介入后,原有的平衡被破坏。林改之后,伴随着林地流转的不断推进,各地出现了许多新情况、新问题。

第一,农民土地利益难保障。工商资本"新圈地运动"突出。近年来,随着集体林权制度改革在全国范围内铺开,昔日沉睡的农村集体林地迅速升值,全国各地不同程度地刮起了一股地方招商引资、企业"跑马圈林""炒林""炒山"风。一些工商资本经营主体低价大量圈占林地,并不投资经营林地,湖北、湖南、云南、江西、吉林、山东、河南、四川等地都发现大量的工商企业"跑马圈林"情况,企业动辄几十万亩至几百万亩不等。有的地方城镇居民大面积炒林,他们没有林业经营能力。流转政策存在资本准入(包括工商企业、外商企业、社会团体、城镇居民等)和退出林权流转机制"盲点",林地流转后是否造林经营,缺乏相应的退出机制,监管上空

白。无论是农民还是村集体或者政府主管部门都没有手段和措施督促经营者。2013 年中央 1 号文件要求建立严格准入监管制度，急需法律依据。

第二，适度规模经营难引导。实践中，完善林地粗放经营与片面追求规模经营并存。一方面，外出务工农民无力经营林地，但对林权的估价高、对受让方业主不信任以及流转收益吸引力不大等原因，许多林农宁肯粗放经营或者抛荒，也不愿流转林权，严重浪费了林地资源。另一方面，又存在强迫林农流转的行政干预行为。一些地方片面追求流转规模，定指标、下任务，甚至变相强迫命令，存在着求大、求快的倾向，增大了林农流转林权的风险。

为了解决土地抛荒问题，中央积极倡导引导农村土地向适度规模经营集中，2013 年中央 1 号文件进一步要求："坚持依法自愿有偿原则，引导农村土地承包经营权有序流转，鼓励和支持承包土地向专业大户、家庭农场、农民合作社流转，发展多种形式的适度规模经营。"从财政、税收、金融保险、林业生产配套用地、林业项目和科技服务等方面，不断出台政策，予以引导规范，解决农民流转吃亏、不流转、土地抛荒的问题。

第三，林地流转监管服务跟不上。目前，林权常态管理，特别是林权流转监管和服务，在一些县及乡镇基本是空白，远不适应发展需求。主要表现在：一是政府部门不能及时掌握林权流转状况。难以做到有效实时监管，在流转中有效保护流转双方的合法利益。二是林权流转市场信息传播范围小。难以形成有效的市场环境，林农往往不知林权流转价格，导致利益受损。三是流转信息不对称增加了交易成本。农民有林找不到合作对象，企业有资金找不到林地合作，结果中间人两边吃价差获利。四是林权流转社会化服务滞后。流转信息收集、处理、发布，林权流转法律政策咨询，林权流转价格指导以及签订合同指导等没有开展，出现许多流转行为违法违规、低价流转、合同不规范等情况。

林权流转的核心问题是，既要允许流转，又要保护好农民林地承包经营权长期获利，还要保证森林经营者的利益，维护健康有序的林权流转市场秩序。深化改革任重道远。

第二节　林权融资难题亟待破解

寻找资金发展林业生产，是林改后农民普遍面临的问题。获得林地使用权后，林农发展林业生产的积极性明显提高。但由于农户经济能力有限，按照政策规定，利用林权向金融机构办理抵押贷款存在不少问题。

一是信贷支持面较窄，成本高。 目前主要是农村信用社和部分农行给予贷款，其他商业银行尚未开办林权证抵押贷款业务，无法满足林农，尤其是林业合作社和家庭林场的生产资金需求。调研显示，农信社发放林权抵押贷款的利率一般在基准利率基础上再上浮70%，最高达100%；商业银行对林权抵押贷款的利率一般在基准利率基础上再上浮30%~50%，比其他行业贷款利率多上浮20%~50%。此外，林权抵押贷款还需按评估量大小支付0.01%~0.6%评估费，通过担保公司担保的缴0.3%担保费。据测算，林权抵押贷款比房产抵押贷款的成本要高3%~5%，可见林农抵押融资成本很高。

二是贷款期限短，难以满足生产需求。 林业是一个生产周期较长的行业，不同地区、不同林种从投入到产出需要的时间长短不一，如毛竹、桉树等速生丰产林从投入到产出需要3~5年，松木一个轮伐期要10年以上，杉木甚至达20多年。抵押期限应该与林木生长期限大致相同，才能满足生产资金需求。但从中国各地出台的林权抵押贷款管理办法和各金融机构放贷的情况看，除了极少部分可达8年以外，一般规定都不得超过5年。例如，辽宁省本溪市桓仁满族自治县抵押贷款期限仅为2年，丹东市宽甸满族自治县为3年。

三是森林保险不完善，评估机制不健全。 经营林业生产面临自然灾害风险，是林农和林业生产经营者难于获取贷款等融资支持的一个重要原因。如何对林业生产经营的自然灾害风险进行合理分担和配置，是林权制度改革配套金融改革的重要内容。森林保险作为重要的林业风险保障机制，对林业生产经营者在灾后迅速恢复生产，减少林业投融资的风险，拓宽保险业服务领域，实现林业、银行业与保险业互惠共赢、同促发展有着重要的意义。森林保险在我国的发展始于1984年中国人民保险公司在湖南试办林木火灾保险业务，后逐步扩展到吉林、山东、福建、广西等主要林区。但是因为各种条件不具备，很快停滞了。2009年中央启动财政森林保险保费补贴试点工作，江西、福建、湖南为首批试点单位，逐步推开。截止2015年，在中央财政补贴政策的带动下，全国已有15个省（自治区、直辖市）与当地保险部门共同开展了森林保险工作，承保面积2.7亿亩，保额1141.7亿元，保费1.8亿元，同比分别增长了13倍、15倍和5.5倍。其中，政策性财政补贴1.2亿元，同比增长了16倍，全国平均每亩保额421元，保险费率1.6%。由于森林保险业务的复杂性、缺乏政策扶持等原因，森林保险业务时断时续。目前，我国森林保险的发展状况仍然滞后于林业发展，对风险保障的巨大需求。从林农角度，要求低保费、低保额；而从保险公司角度，要求保成本、扩大承保面。因此，保费高限制了林农投保的积极性，降低了对森林保险的有效需求；保费低又限制了保险公司提供保险的积极性，减少了对森林保险的现实供给。

林权抵押贷款以林权价值评估为基础，但是当前林业评估标准不一、评估专业人才缺乏以及评估机构较少，评估费用较高，阻碍了林权抵押贷款的全面推进，直接影响森林保险的发展。

第三节 组织化亟待建立新机制

2008年，《中共中央 国务院关于全面推进集体林权制度改革的意见》要求，开展林改要加强林业社会化服务体系建设，扶持和发展林业专业合作社，培育一批辐射面广、带动能力强的龙头企业，促进林业规模化、标准化、集约化经营。2009年，国家林业局出台了《关于促进农民林业专业合作社发展的指导意见》，积极推动林业合作社的发展。但是在地方实践中仍存在一些问题。

首先，农民组织化程度低。农民获得山林土地后，单家独户经营林业面临许多困难，市场竞争力较弱。走合作发展之路有利于解决小农经营效率低下的问题。但是由于以下原因导致林农组织化程度低。一是林农参与合作社积极性不高。一方面农民对以行政手段"归大堆"式的合作心存隐忧，担心自己的承包经营权再次被剥夺。另一方面林业作为收益期长、风险高的产业，参与合作社的收益预期不明确，导致农民加入合作社利益驱动不足。另外贫困落后、信息闭塞，使农民对于新型合作社发展缺乏足够的认识。二是林区能人缺乏。这也是中国农村发展当前面临的普遍问题。改革开放以来，随着户籍制度的改革，乡村精英人才逐渐流入城市，能人流失的问题严重。三是合作社政府扶持不足。农民的组织化离不开政府的引导、支持和保护。近些年国家对于农村发展的投入力度不断增大，但从实践来看，仍显不足。主要体现在对林区公共基础设施的投入不足，对合作社的成立与发展缺乏足够的资金和技术支持等。

其次，经营管理不规范。当前林业专业经济合作组织发展正处于起步阶段，合作组织管理还有待规范。一是内部管理机制不健全，随意性较大。基本上处于"好了干，赔了散"的随意状态，相互联结不紧密，严重影响着作用的发挥，有的制订了合作章程、议事程序以及理事、监事会等组织机构等，但实际没有运作起来，形同虚设。二是财务核算不规范。农民林业专业合作组织真正按照要求规范建账的不多，有的没有专门的财会人员，有的没有建立起内部管理系统，有的甚至没有开展财务核算工作。三是民主管理落实差。有的专业合作组织"一股独大"，在财务收支、经营决策等方面，领头人或者少数人说了算。四是利益分配不规范。存在随意分配、不公平分配，甚至以留作发展资金为由不分配等现象。

第四节 基础设施建设亟待加强

广大农民通过林改获得林地使用权后，大部分处于分散经营状态，林区基础设施不足是大问题。集体林地较多的山区往往是经济发展相对落后的地区，公共财政支付能力相对薄弱。林区的基础设施建设滞后，已经成为严重制约林业经营发展的瓶颈。

一是林道建设滞后。没有林道，如同农田没有田埂一样，农民上山作业艰难。有了林道，使林业集约经营成为可能。如福建某县，没有竹山便道，人工扛毛竹出山到公路边的成本是 4~5 元/根，修有竹山便道的毛竹运输成本不足 1 元/根。但是林道建设投入高，作为投资较大的公共产品如果没有政府的支持和帮助，将难以建设。

二是林业机械研制和推广滞后。山区林业的作业劳动强度大，亟待使用机械来改善生产条件。目前适应山区林区使用的林业机械少，能够享受购置农机补贴的品种更少。基础设施是工业化的"先行官"，现代化发展的一个重要前提就是改善交通运输和水电气、通信等基础设施。广大山区是社会主义新农村建设的重点和难点。国家应当将林区的交通、供水、供电、通信等基础设施建设纳入相关行业的发展规划，要加大对偏远山区、沙区和少数民族地区林业基础设施的投入，改善林区落后面貌，减轻农民负担，为农民发展林业、脱贫致富，实现改革目标提供坚实保障。

第五节 林木采伐管理亟待改进

由于林地经营具有极为重要的生态效益，因此国家严格实行木材采伐许可证制，有计划的限额管理。采伐林木要有林业主管部门颁发的林木采伐许可证。集体林改后，由于林地经营出现多样化的趋势，原有的木材采伐指标管理体制已经无法适应当前的林地经营形势，如何公平地分配采伐指标引起了普遍关注。在许多地方，现行采伐证发放管理办法，普遍存在采伐指标分配不科学，采伐审批程序繁琐、不公开，引发寻租和违法问题。

一是采伐指标分配不科学。采伐指标不能按照民主程序分配给经营者，采伐权往往集中在有办法拿到采伐限额的大户或村干部手中，普通经营者只能选择将活立木低价转让。一方面使农民利益蒙受损失；另一方面少数经营者垄断木材采伐权，不利于形成公平有序的木材市场，更不利于林业的发展。

二是在较大范围实现森林资源均衡的采伐指标分配模式与村级林业生产实际不相匹配。闽北邵武市的某村，上级部门分配给该村的采伐指标年年不足，该村的村委会只能根据申请的优先顺序或抓阄方式进行分配。没有轮到或未抓到指标的村民往往"滥伐"。农民要求山林到户后按照"市场行情—管护效果—林木生长状况—自身经济状况"的先后顺序安排采伐活动。以利于农民根据预期收益，自主安排林业生产。

三是林木采伐审批过程繁琐。整个审批过程包括：林农提出申请—林业站校核—以乡镇为单位报县林业局和省林业厅审核—交纳设计费—规划队到实地设计—资源站检查是否符合设计规程—林业监督机构以乡镇为单位进行抽查—办理砍伐证—有关人员到设计的山场确定四至—开展拨交—组织木材生产等程序，先后要经过十几道关。如遇图表不符的重新再来，林农很难实现春报夏砍秋储和按市场需求组织木材生产的愿望。如何减少审批程序，节省审批时间，节约行政成本，提高林业经济效益，亟待改进。

第六节 生态公益林管理亟待创新

我国从2001年开始在全国部分省份实行森林分类经营改革试点。将森林资源按照主要功能分为生态公益林和商品林。商品林的主要功能是向社会提供森林物质产品，生态公益林的主要功能是向社会提供森林生态产品。集体林或个人的山林划入生态公益林后，如何补偿农民的损失，一直是国家在探索的问题。集体林地是山区农民主要的生活资料和生产资料。生态公益林政策面临诸多困境和问题。

首先，生态补偿标准低。生态公益林的价值巨大。据人民网报道，我国森林年生态服务价值超过 13 万亿元。如何使良好的产权制度将外部效益内在化，把正外部效益转化为经济效益、社会效益和生态效益，应当给予合理的补偿。2008 年开始中央财政开始实施林业生态补偿政策。到 2014 年，将属于集体和个人所有的国家公益林森林生态效益补偿基金的标准从每年每亩 10 元提高到 15 元。多数省区执行的标准远远无法弥补农民受损的价值。比如一根毛竹的市场价格在 20 元左右，而一亩生态公益林的补偿标准还不如一根毛竹的价格，这直接导致林农对生态公益林的保护和管理积极性不断下降，森林质量和生态效应也受到影响。根据经济学家茅于轼的估算，森林生态补偿的标准应至少达到 36 元/亩。一些发达地区加大了地方生态补偿投入。2015 年浙江省生态公益林补偿标准提高到每亩 30 元，为全国省级最高。

其次，公益林管理办法不利于农民经营保护。我国在集体林地划定的公益林占集体林地总面积的 70% 以上，有的地方甚至达到 90%。加强公益林保护和管理对于推进我国生态文明建设具有重要的现实意义。为了适应林业市场经济发展的需求，2008 年的《中共中央 国务院关于全面推进集体林权制度改革的意见》从政策上支持公益林非木质林产品的经营模式：对公益林，在不破坏生态功能的前提下，可依法合理利用林地资源，开发林下种养业，利用森林景观发展森林旅游业等。这在一定程度上为实现公益林生态价值和经济价值的双赢提供了重要的途径。但在法律上，对公益林管控过严，禁止公益林流转，不利于农民经营保护。随着集体林权改革的深入、税负的减轻，商品林经济效益的不断提升，加剧农民的心理不平衡，直接后果是林农要么对公益林不管不顾、抛山弃林，要么乱砍滥伐，追求经济效益，最终可能导致公益林的损害。

第九章

集体林权制度改革的发展趋势

第一节 "由分到合":林业经营的未来之路

新制度经济学认为:**明晰的产权制度只是提高经济效率的一个必要条件,而有效率的经济组织才是经济增长的关键**。截止到目前,我国的集体林"明晰产权,确权到户"的任务已经完成。从制度绩效来看,"分林到户"的改革激励了林农经营林业的积极性,合作经营的经济效应、生态效应、社会效应正在逐渐显现,合作经营以不可抗拒的力量在全国推开。各地发展农民林业专业合作组织类型,主要有 5 种:一是依法成立的农民林业专业合作社;二是以林地使用权、林木所有权、资金(劳力)等为合作条件成立的风险共担、利益共享的股份合作林场;三是农民劳力、林权折资入股,企业利用资金、技术、管理优势投资入股,按照股份制企业要求登记注册成立的股份制林场或定向培育基地;四是以亲情友情为纽带的家庭林场;五是以提供服务为主的林业专业协会。股份合作经营指的是农户以家庭承包的山地、林木、资金等折换成股份,将分散的农户统一组织起来进行林业生产,在按劳分配的基础之上,所得利益实行按股份分红的一种生产性合作经营组织。

2006 年《中华人民共和国农民专业合作社法》的颁布,从法律上确定了合作经营的地位和作用。20 世纪 80 年代,福建省三明地区在全国较早地推行了林业合作经营模式。农村走向协作关系体系,意味着农业商品化进程的开启,对中国顺利平稳的走向现代化具有重要意义。

一、合作经营是优化资源配置的重要方式

根据家庭人口按照山林质量均分集体山林,形成"远近搭配,优劣搭

配"山林分配格局。这种分配形式体现了公平公正，但也造成"**一山多主，一主多山**"的状况，不利于农民规模化经营，效率低下。通过合作经营实现对林业生产要素，包括林地、林木、劳力、管理能力、社会资本、信息及技术等资源的优化组合，有利于提高林地生产力。特别是大量人口外出务工，常常出现有山无劳，拥有林地的农户可能缺乏林业经营的其他要素，而一些拥有资金、劳动力和技术的农户不一定有合适的林地资源。各种生产要素的优化配置是充分发挥林地生产力的重要条件。林农通过自主选择与其他主体合作优化资源配置，是促进林业经营的重要途径。

二、合作经营是实现规模经济的必然要求

马克思在《资本论》中写道："造林要成为一种正规的经济，就比种庄稼需要更大的面积。因为面积小就不可能合理的采伐森林，难以利用副产品，森林保护就更加困难等。但是，生产过程需要很长的时间，它超出私人经营的计划范围，有时甚至超出人的寿命周期……因此，没有别的收入，不拥有大片森林地带的人，就不能经营正规化的林业。"马克思在100多年前的经典论述已经预示着，林业生产经营的规模化是未来林业经营的必然趋势。"规模经济"是指伴随着生产经营规模的扩大而出现的单位产品成本下降、收益上升的现象，又称为"规模报酬递增"。集体林权制度改革后，在一定程度上调动了林农生产经营林业的积极性，他们对林地的投入也随之增加。但是受到经营方式和经营条件的限制，林农的分散经营模式难以实现林业经营的规模效益。如何实现规模经营，通过依托林业合作组织展开林农合作是林农实现规模经营的有效手段。**一是通过合作能够提高专业化程度**。从而实现生产、销售、管理的专业化、统一化，免除了林业生产活动中重复的生产交易活动。**二是基础公共设施的建设需要集体行动**。林区道路维修、防火林带建设、森林病虫害防治等都需要多经营主体的协作配合。

三、林业股份合作将成为未来合作经营的趋势

林业产权到户后，农民创新了许多合作组织形式。

一是林地股份合作制。林农以林地入股，实行劳动联合和资本联合相结合，按照林地股份分阶段分红的经济体，以浙江浦江县为代表。

二是林木股份合作经营模式。林农以林木资源入股，统一经营，按股分红的经济体。

三是股份制家庭林场模式。家庭成员内以林权入股联合经营，按股分红的经济体。

实践证明，林农以林地、林木作价入股，组建合作社，合作社再与工商资本相结合，确定股权比例，按股分红的股份合作制经营模式更能激发市场主体参与林业的积极性，更有利于林农合法权益得到维护。一方面林农的林地林木由合作社统一管理和经营，在合作社的专业管理下提升生产效率和产品质量，拓宽产品销路；另一方面，工商资本避免和农户签订合同所带来的生产效率低、成本高的问题，直接与合作社合作，也能免除后顾之忧。把工商资本和林农利益长久捆绑在一起，更有利于双方合作的稳定性和长远发展。

集体林权制度改革按照农民的意愿打好了"分"的基础，依法将林地承包经营权落实到位，将财产权利明确到户。在此基础之上，做好"合"的文章，尤其是现代化的浪潮不断冲击着脆弱的乡村社会，独门独户的经营模式已经远远不能适应社会生产力的发展，实行合作经营是未来林区发展的必由之路。顺应时代需要，党中央、国务院从2007—2015年连续8年的中央1号文件，都明确地鼓励发展专业合作社，推行合作经营。到2015年，林业专业合作组织已覆盖全国29个省（自治区、直辖市），涉及种苗、花卉、用材林、经济林、林产品加工与销售、林下经济等方方面面，在新品种、新技术、新方法使用，科技成果转化，林业科技示范，推进森林可持续经营，带动农民增加收入等方面开始发挥主力军作用。但是需注意的是林地的适度规模经营，不能大规模推行林地兼并。这样做，一方面会造成大型林业企业在局部地区形成垄断，不利于林权流转市场，不利于政府对产业政策的宏观调控；另一方面林业资源集中在企业或大户手中，影响林区稳定，偏离集体林权制度改革目标，把握好规模经营尺度和发展进程甚为关键。

第二节 "林下经济"：兴林富民的必经之路

如何实现农民不砍树也能致富，林下经济是出路，发展林下经济是实现兴林富民的必然道路。林下经济是充分利用林下土地资源和林荫优势从事林下种植、养殖、游憩等立体复合生产经营，从而使农、林、牧各业实现资源共享、优势互补、循环相生、协调发展的生态经济模式。近些年，党中央、国务院对发展林下经济高度重视。2008年《中共中央 国务院关于全面推进集体林权制度改革的意见》明确提出："对公益林,在不破坏生态功能的前提下,可依法合理利用林地资源,开发林下种养业,利用森林景观发展森林旅游业";2010年中央1号文件首次明确提出"因地制宜发展林下种养业,挖掘农业内部就业潜力,积极发展森林旅游、农村服务业,拓展农村非农就业空间",肯定了林下经济拉动就业特别是"非农"就业的重要作用,为林下经济带来新机遇。2011年10月,全国林下经济现场会在广西北海市和南宁市召开,全面部署加快发展林下经济,温家宝和回良玉相继作出批示。2012年8月2日,国务院办公厅出台《关于加快林下经济发展的意见》(国办发〔2012〕42号),对发展林下经济作出了全面部署。为贯彻落实中央的精神,2013年国家林业局先后下发了《全国集体林地林下经济发展规划纲要(2014—2020)》《全国林药、林菌发展方案》,并首批命名了20个国家级林下经济示范基地,推广林下经济产品认证试点。2015年中共中央、国务院《关于加快推进生态文明建设的意见》再一次明确提出要发展特色经济林、林下经济、森林旅游等林产业。发展林下经济是巩固集体林权制度改革成果,发展现代林业,推进生态文明建设,加快农民就业增收、脱贫致富,实现林业经济、生态和社会效益最大化的重大战略举措。

一、发展林下经济是山区脱贫致富的必然选择

我国现有国土面积中,耕地1.2亿公顷,林地有3.04亿公顷,相当于耕地面积的2.5倍。属于集体林地的有1.82亿公顷,占全国林地面积的60%。我国山区面积占到国土面积的69%,拥有全国90%的林地资源,全国有2000多个县,其中70%的是山区县,山区是贫困人口聚集的地方,84%的国家级贫困县分布在山区。因此,建设社会主义新农村,重点在山区,难点在山区,而出路在林业。一方面,山区农民因为缺少生产、生活资料而贫穷;另一方面,因产权没有落实而造成比耕地多一倍的山林资源闲置浪费。

党的十八大提出,到2020年实现全面建成小康社会宏伟目标,要实现国内生产总值和城乡居民人均收入比2010年翻一番。改革开放以来,我国1.2亿公顷耕地基本解决了13亿人口吃饭的问题,耕地潜力已经得到了充分发挥。与此同时,农产品的需求弹性小,农作物单产增加的空间十分有限,所以,依靠传统的种植业大幅度提高农民收入十分困难。但是现有的3.04亿公顷林地,生产力还比较低,平均产出只有耕地产出的6%左右。

发展林下经济在不新增土地的情况下,为农民开辟了新的增收渠道,有利于资源优势转换为经济优势,是农村新的经济增长点,是山区、林区扶贫开发最有效的切入点,是农民脱贫致富的战略选择。

随着近些年经济社会的不断发展和维护食品安全的迫切需要,社会对绿色无污染林产品的需求日益多样,呈急剧增长的态势,特别是大量的食品安全事件频发,癌症患者大量增加,人们对于木耳、蘑菇、林猪、林鸡等绿色安全林特产品的需求日益剧增,对鹿茸、天麻、三七和茯苓等中药材制做的保健品日益青睐。与此同时,转型时期城市居民面临着巨大的生存压力和挑战,对回归自然、亲近森林、走进田野等缓解压力的休闲康养方式更加向往。发展观光旅游、林下经济类产品成为当前市场的迫切需求,这也预示着未来林下经济的发展具有广阔的空间。

二、发展林下经济有利于巩固集体林权制度改革成果

任何改革的持续都需要利益的驱动。集体林改使林农获得林地产权,但如何确保9000万获得林权证的农户具有生产积极性,依靠山林发家致富,真正实现生态受保护、农民得实惠的改革目标,是林改成功的关键所在。如果不能让农民获得利益调动农民发展林业、保护森林的积极性,林改就会功亏一篑。发展林下经济有利于使林地尽快产生效益,提高林地综合利用率和产出率,实现不砍树能致富,使农民更加珍惜森林和林地,更加精心经营林地,保护农民耕山育林的积极性,稳定农村林地承包经营制度,巩固改革成果。与此同时,林下经济的发展有利于带动资本、技术、人才等一系列生产要素向林区聚集,推动强林惠林政策体系的完善和落实,促进林业发展长效机制的形成,为林业科学发展提供保障。

三、林下经济是实现绿色增长的必然选择

发展林下经济既符合绿色发展的方向和社会消费的取向,又具有广阔的市场空间,林下经济是绿色经济,是特色经济,是立体经济,可以进行中长短有机结合,上中下综合开发,农林牧复合经营,实现国土开发的优化和高效利用,产生巨大综合效益,其最大的效益就是绿色增长。发展林下经济,能够实现不砍树也能致富,从而极大促进森林资源和森林碳汇的增长。二氧化碳排放是我国经济发展面临的最大问题之一。森林、湿地是陆地生态系统最大的碳汇经济体。增加森林碳汇被国际公认为最主要的减排途径。发展林下经济,促进森林资源增长,减少碳排放,推动绿色发展

具有重要意义。林下经济作为富民产业,有利于绿色城镇化。一是为县域城市提供重要的产业支撑和就业载体,是推动绿色城镇化建设的重要基础,林下经济能促进农村新社区形成独具特色的城镇化发展类型;二是发展森林旅游、休闲度假经济对于绿色城镇化具有天然优势。森林和湿地是城镇最重要的基础设施之一,对于推进我国城镇化走绿色发展之路具有不可替代的作用;三是具备政策优势。2014年3月16日中共中央、国务院印发的《国家新型城镇化规划(2014—2020年)》第十八章第一节用一整节的篇幅讲述绿色城市建设,而林下经济的发展无疑为绿色城镇化,农民绿色增收起到助推作用。

第三节 "林权流转":规模经营的必然趋势

林权流转是实现林权资源资本化的途径,德·索托把"资产资本化"看作是第三世界摆脱贫困的有效途径。因为资本是创造国家财富,提高劳动生产率的动力。产权的明晰使资产的所有权得到有效表达,进而使资产成为"流动的资本"。

集体林权制度改革"确权到户",使得林地和林木产权的自由流动成为可能。而林地集中经营的前提是要建立起一套规范的林地流转制度体系,也是保障林业市场健康运行的重要举措。2003年6月25日发布的《中共中央 国务院关于加快林业发展的决定》第14条明确要求"国务院林业主管部门要会同有关部门抓紧制定森林、林木和林地使用权流转的具体办法,报国务院批准后实施"。2008年6月8日,中共中央、国务院发布《关于全面推进集体林权制度改革的意见》明确要求:"规范林地、林木流转。在依法、自愿、有偿的前提下,林地承包经营权人可采取多种方式流转林地经营权和林木所有权。"2009年10月29日,国家林业局出台《关于切实加强集体林权流转管理工作的意见》(林改发〔2009〕232号)对集体林权的流转行为、历史遗留问题、服务平台建设等方面予以了明确的规定,为林地流转的有序进行提供政策指导。2013年,国家林业局出台了《关于进一步加强集体林权流转管理工作的通知》(林改发〔2013〕39号)规范流转程序,促进林权流转健康发展,进一步强调尊重农民意愿、防止强迫农民流转,林地流转已经成为无法阻挡的大趋势。随着林权改革不断深化,集体林权流转规模不断扩大,为使林权流转顺畅,切实避免"乱象",2016年国家林业局又出台了《关于规范集体林权流转市场运行的意见》。

一、林权流转是市场体制改革的需要

社会主义市场经济体制经过30多年的发展，已经逐步走向完善。2013年十八届三中全会提出，"经济体制改革是全面深化改革的重点，核心问题是处理好政府和市场的关系，使市场在资源配置中起决定性作用和更好发挥政府作用。"2014年中央1号文件指出，推进中国特色农业现代化，加强政府支持保护与发挥市场配置资源决定性作用功能互补。林地作为一种具有资产属性的自然资源，必须通过引入市场机制，才能有效地实现资源优化配置，最大限度地实现开发利用价值。集体林权制度改革使林地产权得以明晰，这为林权流转奠定了制度基础。

著名经济学家科斯(Ronald Harry Coase)认为，在交易成本不为零的情况下，法律权利的初始界定会带来不同效率的资源配置。也就是说，交易是有成本的，在不同的产权制度下，交易的成本可能是不同的。目前我国的林业交易成本、生产成本与风险都较高：采伐限额控制严，林业生产周期长，林权抵押贷款难，分散化经营收益低，导致农民在市场竞争中处于弱势地位。农民外出打工的收益往往高于务林收入。在这种背景下，将山林流转到有能力经营的人手中，进行规模经营，成为市场经济下农民理性选择的必然结果。

二、林地流转是现代林业建设的重要标志

我国小农经营的传统源远流长。随着市场化、现代化的不断推进，林业小规模的家庭经营已经远远无法适应时代的发展和需求。大量林农外出务工，与此同时，单家独户的经营又面临着巨大的市场风险。为了提高林地利用效率，提高单位面积产出，必须推行林地适度规模经营，这是现代林业发展的必然规律。根据世界银行(Word Bank)的分析，当人均GDP低于500美元时，农民以分散的自给自足土地经营为主，当人均GDP大于1000美元后，土地的商业运用和市场价值就会显现出来，表现在土地拥有者有转让土地的愿望，土地经营者有扩张规模的需求，二者的共同作用形成了土地的集中效应。中国人均GDP已超过了1000美元，具备了土地适度规模经营的条件。我国林业用地面积46亿多亩，使林地的流转呈现出巨大的发展空间，也是经济发展规律的必然。在我国拥有大量山林的江西、福建以及广东等地，早在20世纪90年代就已经开始了山林的大规模流转。伴随着集体林权制度改革深入，林地流转等配套改革的不断完善，林地流

转已经成为农村经济发展重要的驱动力。利用市场机制的作用，对林地进行流转，从而实现林业的规范化、专业化经营，适应现代林业发展的方向，也是现代林业的重要的标志。当然，在我国现阶段推进林权流转必须保护好农民的利益。要按照集体所有权不变、农民承包权长期稳定、经营权不断放活的要求，健康有序的进行。

第四节 "科技兴林"：林业繁荣的必由之路

在2014年的院士大会上习近平强调：科技是国家强盛之基，创新是民族进步之魂。我国经济社会的发展已经进入了工业化、城镇化、市场化和国际化发展的新阶段。生态环境和经济发展正面临着前所未有的挑战。如何实现社会、生态、经济的可持续发展，需要以技术为支撑，发展现代林业。2015年4月25日，国家颁布了《中共中央 国务院关于加快推进生态文明建设的意见》，明确提出要从根本上缓解经济发展与资源环境之间的矛盾，必须构建科技含量高、资源消耗低、环境污染少的产业结构，加快推动生产方式绿色化，大幅提高经济绿色化程度，有效降低发展的资源环境代价，加大自然生态系统和环境保护力度，切实改善生态环境质量。如何构建科技含量高的的生态产业，其关键在于人才，其基础在于技术。坚持科技兴林、科技富林、科技强林，大幅度提升林业自主创新能力，提高林业的资源利用效率，是集体林权制度改革不断深入的必然要求。

一、科技兴林是坚持"第一生产力"的重要体现

重视科技是我们中华民族不断强盛的不竭动力。改革开放之初，邓小平同志就提出"科学技术是第一生产力"，这一论断对我国的特色社会主义建设具有重大的理论价值和实践价值。如今科学技术已经渗透到我们生产生活的方方面面。江泽民同志曾经指出："我们把经济建设转移到依靠科技进步和提高劳动者素质的轨道上来，必将为保证第二步战略目标的胜利实现，同时将来为实现第三步战略目标奠定坚实的基础"。2011年，胡锦涛同志在庆祝"天宫"和"神八"对接成功大会讲话上提出：坚持把科学技术摆在优先发展的战略地位。十八届三中全会后，习近平同志先后8次谈科技。林业作为当前我国生态建设的重要基础，坚持科技兴林，依托技术繁荣现代林业，是支撑国家绿色发展，建设生态文明的必然要求。

二、科技兴林是实现林业繁荣发展的需要

新中国成立以来，我国林业建设取得了巨大成就。但我国仍然是一个缺林少绿、生态脆弱的国家。根据第 8 次森林资源清查数据显示：我国森林覆盖率远低于全球 31% 的平均水平，人均森林面积仅为世界人均水平的 1/4，人均森林蓄积只有世界人均水平的 1/7，森林资源总量相对不足、质量不高、分布不均的状况仍未得到根本改变，林业发展面临着巨大的压力和挑战。加快林业发展速度，提高森林质量效益的问题，归根结底需要依靠科技力量。这是由林业本身的特点决定的，一是林业是经营森林的事业。它包括了森林的营造、养护、管理和使用，森林生命体的复杂性决定了经营的复杂性注重技术的作用，十分关键；二是林业的生产周期长。盲目的生产经营将带来无法弥补的损失；三是林业的经营用地一般较为贫瘠。如不能科学经营，林业的价值难以体现；四是林业担负着生态保护和丰富人们休闲文化娱乐的责任，生物技术、文化发展、休闲康养等的融合发展更需要相应的技术支持；五是林业本身作为当前社会发展过程中农民的就业稳定器和保障，对于林区人民的脱贫致富具有重大意义。综上所述，只有实行科技兴林，用现代技术武装林业，才能发展好林业，完成林业承担的使命。

分论二
国有林改革

新中国成立初期,为了加强生态建设和森林资源利用,我国大举开发东北、西南、西北的森林资源丰富地区,在黑龙江、吉林、内蒙古、云南、四川、青海、陕西、甘肃、新疆9省(自治区)建立了138个国有林业局。与此同时,由国家投资建立了一批国有林场和国有林业局。国有林场是在集中连片的宜林荒山荒地上建立的,专门从事营造林和森林管护。全国现有国有林场4855个,分布在31个省(区、市)的1600多个县(市、区),大多地处江河两岸、水库周边、风沙前线、黄土丘陵、硬质山区等区域,覆盖全国主要的生态重点地区和脆弱地区,构筑了国土生态安全屏障的基本骨架,培育和管理着我国近1/4的森林资源。为我国经济社会可持续发展创造了巨大的生态价值。

国有林区为我国经济和生态建设作出了举足轻重的贡献。据不完全统计,重点国有林区累计提供商品材近12亿立方米,累计上缴利税400多亿元,承担社会职能费用上千亿元。但长期以来,国有林区管理体制不完善,森林资源过度开发,民生问题较为突出,严重制约了生态安全保障能力。国有林场功能定位不清、管理体制不顺、经营机制不活、支持政策不健全,林场可持续发展面临严峻挑战。改革开放以来,国有林场和国有林区不断探索,积极推进改革。在总结各地改革实践的基础上,2015年,中共中央、国务院颁发了《国有林场改革方案》和《国有林区改革指导意见》,全面推进国有林场和国有林区的改革,开创了国有林业发展前所未有的新局面。

第一章

国有林发展历程

新中国成立以后,为尽快复苏国家经济,满足社会主义初级阶段经济建设的需要,国家将大面积集中分布的天然林划归国有,成立国有林场,建立国有林区,集中开发、集中管理,随着时代变迁,国有森林资源的管理体制经历了一系列的变动。

1949—1978年间,多权合一的计划经济阶段。1949年10月,国家成立中央人民政府林垦部,1951年11月5日,中央人民政府林垦部改为中央人民政府林业部,对全国林业实行统一的宏观管理,集中大量人力、物力、财力,建立了一大批国有森工企业和国有林场。国有森林资源管理实行"多权合一"的管理体制,即国有森林资源所有权、行政管理权以及经营权都统一集中在政府手中,由政府全权管理运营,初步形成了相对独立的国有林业和森林工业体系。

1956年,全国人大常委会第四十次会议决定成立森林工业部,林业部与森林工业部分立。尽管各自的管理职能得到了加强,促进了该时期的林业生产,但也产生了许多矛盾。1958年国家经济体制改革,全国人大第五次会议决定撤销森林工业部,森工与营林都由林业部管理,同时扩大地方权限,下放森工企业管理权,各省营林体制与森工体制合二为一,分别组成地方林业厅。1962年,中共中央、国务院决定上收森工企业,成立东北林业总局,由林业部通过东北林业总局直接领导东北、内蒙古的森工企业。林业部分设东北林业总局和各省林业厅,由林业厅负责地方的林业生产经营管理,由森工局负责国有林区森工企业的管理。1967—1978年,"文化大革命"时期,国家再次将林业企业的管理权下放给地方,按行政区域设置管理机构,由地方集中领导。1970年,国务院将林业部与农业、农垦、水产等5个单位合并为农林部,下设林业组,森林经营与森工企业统一由地方领导。

1978 年改革开放至今，经济体制改革探索阶段。1978 年 4 月 24 日，国家林业总局成立。1979 年 2 月 16 日，农林部撤销，成立农业部和林业部。党的十一届三中全会后，国家经济体制改革拉开了帷幕，1979 年国务院颁布《关于扩大国营工业企业经营自主权的若干规定》，赋予了森工企业一定的自主权，企业在林业生产、产品销售、资金投入及利益分配上拥有了一定的权利。1984 年的十二届三中全会、1987 年的十三大逐步明确了我国的经济体制改革方向是建立在公有制基础上的有计划的商品经济，中国的经济体制改革进入了一个全新阶段，同时也带动了国有森林资源管理体制改革的进一步深入。

东北、内蒙古国有林区的 9 个林业企业率先成立试点基地，从内部管理、资源经营进行了大胆的改革尝试，国有森林资源管理体制发生了很大变化，在进一步扩大企业自主权限的同时，根据国有森工企业各自不同的情况，推行各种形式的经济责任制，实行政企分开。在管理机构方面，除了设立相对独立的森林资源管理机构，还建立森林资源监督体系，实行限额采伐制度等森林资源管理制度。

第一节 重点国有林区发展历程

国有林区是在新中国成立之初，为了生产木材和管理森林，分别在东北、内蒙古、西南、西北森林资源丰富的地区建立的。9 省（自治区）建立了 138 个国有林业局。

一、内蒙古森工

内蒙古大兴安岭重点国有林区是我国四大国有林区之一，成立于 1952 年。1995 年，按照国务院要求，林区将所有经营职能整合组建了中国内蒙古森工集团，是国务院确定的首批 57 户试点企业集团之一，同时保留了内蒙古大兴安岭林管局机构和林业行政管理职能。森工集团（林管局）现有企事业单位 42 个，其中包括 16 个森工公司、3 个林业局、1 个原始林区管护局，2 个国家级自然保护区管理局，其他企事业单位 20 个，在册职工 20 万人。60 多年来，内蒙古大兴安岭林区世代务林人累计完成更新造林 122.87 万公顷，提供商品材 1.8 亿立方米，上缴各项税费 170 多亿元。

内蒙古大兴安岭重点国有林区地跨呼伦贝尔市、兴安盟等 9 个旗、市，林业主体生态功能区总面积 10.67 万平方千米，占整个大兴安岭的 46%；

森林面积122.55万公顷,活立木总蓄积8.87亿立方米,森林蓄积7.47亿立方米,均居全国国有林区之首。现有70%的森林被列为国家重点和一般公益林,实行全封闭保护和限制性开发,其中有110万公顷从未开发的原始林,8个国家级和省级自然保护区,面积达到124万公顷。

内蒙古大兴安岭重点国有林区作为欧亚大陆北方森林带的重点组成部分,拥有完备的森林、草原、湿地三大自然生态系统、特殊的生态保护功能和多种伴生资源,是国家重点的纳碳贮碳基地。在生态区位上,大兴安岭主峰贯穿全林区,形成的天然屏障通过阻隔太平洋暖流、西伯利亚寒流、蒙古干旱季风,保障了呼伦贝尔大草原和东北粮食主产区的生态安全;779条河流和多处湿地是黑龙江、嫩江的发源地,其森林生态系统在涵养水源、保育土壤、碳汇制氧、净化环境、保护生物多样性等方面发挥着不可替代的作用,被世人称为"北疆的绿色长城",被胡锦涛同志誉为"祖国北方的重要生态屏障"。同时,内蒙古大兴安岭林区地处高纬、高寒地带,年平均气温为-3.5℃,极端气温达-50.2℃,土层贫瘠,树木生产缓慢,一旦破坏,难以恢复。

二、黑龙江森工

1945年9月3日抗日战争胜利后,在黑龙江林区,中国共产党领导下的人民政权开始接管林业。解放战争时期,黑龙江省林业为恢复铁路交通、煤炭、电力生产及供应解放区工农业生产和人民生活所需的木材作出了贡献。自中华人民共和国成立以来,黑龙江国有林区逐步在小兴安岭林区建立伊春林业管理局,在长白山北部林区建立松花江、合江、牡丹江3个林业管理局,在大兴安岭林区加格达奇建立大兴安岭林业管理局。除大兴安岭林业管理局及所辖8个大型林业局归原国家林业部直属外,黑龙江省森林工业总局管辖伊春、松花江、合江、牡丹江林业管理局及所辖的40个林业局、627个林场(所)和林产工业、林机修造以及公检法、科研院所、文教卫生、森林调查、建筑施工等处级以上企事业单位140个。林业人口155.8万,职工36.9万,离退休人员24.8万。40个林业局跨全省10个地市、37个县(市),其中跨省分布的有4个局、跨2个以上县(市)分布的有19个局。

黑龙江省森工林区经营总面积1009.8万公顷,占全省国土面积的22%;有林地面积846万公顷,占全国国有林面积的11.7%;活立木总蓄积7.7亿立方米,占全国国有林区的31%;森林覆盖率83.9%。分布在小兴安岭、完达山等山系的广袤森林，是东北亚陆地自然生态系统之一，是东北大粮仓的天然生态屏障，是六大水系（黑龙江、乌苏里江、松花江、嫩江、牡丹江、绥芬河）主要发源地和涵养地，生态地位十分重要。

黑龙江省森工林区管理体制经历了四次大的变动：一是 1962 年 11 月，国家决定在哈尔滨设立东北林业总局，负责东北、内蒙古国有林区林业全面工作，整个森工国有林区实际是由国家直接管理。二是 1967 年 9 月，国家将东北林业总局下放给省政府，实行国家和省双重领导，省里负责人事、财务管理；国家负责林业生产计划、基建投资、产品调拨、物资供应、森林资源管理等，林业总局自此成为"下放直供"单位。三是 1983 年 4 月，黑龙江省进行省级行政机关机构改革，将省林业总局更名为省森林工业总局，把其负责地方林业的营林局独立出来，组建省林业厅。森工总局行使重点国有林区的行政管理和森工行业管理职能。四是 1991 年 10 月，根据国务院国发〔1991〕71 号文件要求，东北、内蒙古等四大森工同时被列入国家第一批 57 户试点企业集团，成立中国龙江森林工业集团和中国龙江森林工业（集团）总公司。1995 年 11 月，经七届 109 次省委常委会决定，中国龙江森工集团和中国龙江森工（集团）总公司授牌，保留省森工总局，实行一个机构两块牌子，统管全省森工系统工作。1998 年省委八届 2 次常委会议，将黑龙江省森工总局以"省级授权、部门派出、系统管理、内部分开"的形式予以职能定位，依照地方性法规授权省森工总局行使所辖重点国有林区的行政管理职能，具有八大类 149 项行政执法职能，总局资源局行使所辖林区的森林资源管理职能。2012 年 6 月 14 日，黑龙江省第十一届人民代表大会常务委员会第三十三次会议通过了《黑龙江省国有重点林区条例》，2012 年 8 月 1 日起，《黑龙江省国有重点林区条例》正式施行，进一步明确了森工总局的管理体制。

黑龙江省森工总局在生态建设方面，坚持以营林为基础的方针，大力进行人工造林，人工造林保存面积达到 293.8 万公顷。在经济发展方面，木材产量最高时占全国 33.5%，累计为国家生产木材 5.19 亿立方米，占全国产量的 21%，上缴利税 119 亿元。这些木材装入 60 吨标准火车皮，首尾相接，可绕地球三圈多。在社会发展方面，在昔日人迹罕至、基础设施近于零的原始林区，建起了星罗棋布的小城镇。

三、吉林森工

吉林森工集团前身是吉林省采伐公司，始建于 1950 年 4 月，隶属于东北森林工业局。1952年8月，改为由东北人民政府林业部直接领导。1954年6月改称吉林森林工业管理局，直属国家林业部领导。1958年5月开始，森工集团与吉林省林业厅历经了三合三分的发展历程，到1993年，国家进行首批57户大型企业集团建立现代企业制度试点，经省政府同意、国家三部委批准，吉林森工集团于1994年3月正式运营，正厅级建制，直接归属省政府管理。2004年，吉林省成立省国有资产监督管理委员会，代表吉林省政府行使对集团的出资人职能，集团成为省国资委管理的省属大企业集团之一。

吉林森林工业是伴随着共和国前进的脚步发展起来的。新中国成立初期，百业待举，百废待兴，国家建设急需大量木材。林业建设者使用弯把子锯、牛马套等原始生产工具，在长白山林区开始了"我为祖国献栋梁"的第一次创业。"木刻楞，草泥拉，三年五载就搬家""火烤胸前暖，风吹背后寒"，是当时建设者生活情形的真实写照。随着生产力的发展，吉林森林工业经历了由手工业到半机械化，再到全面实现机械化和现代化的发展历程，劳动生产率逐步提高。广大林业创业者，伴随着"顺山倒""哈腰"的林工号子，"献了青春献子孙"，前赴后继，用生命和汗水谱写了一曲绿色奉献之歌。据统计，吉林森林工业诞生以来，累计生产商品材1.5亿立方米，上缴利税100亿元，更新造林100多万公顷，提取育林基金100亿元，承担社会费用100多亿元，为国家建设作出了巨大贡献。人民大会堂、毛主席纪念堂等一大批国家重点项目，都有吉林森工人采下的优质林木，留下了森工人奉献的印记。

2005年，按照吉林省委、省政府要求，在国家林业局指导下，吉林森工集团实施了重大改革，将中国吉林森林工业（集团）总公司改制为中国吉林森林工业集团有限责任公司，建立了现代企业制度。2006年11月16日，新公司正式揭牌成立，以此为标志，中国吉林森工集团进入了第二次创业新的历史阶段。集团全面贯彻落实科学发展观，坚持"生态优先，产业优化，产品优良"三优方针，发展森林资源经营、林木精深加工、森林矿产水电、森林保健食品、森林生态旅游和以金融证券、建筑地产、仓储商贸为主的现代服务六大产业，培育九大龙头板块，实现八个目标，努力把吉林森工集团建设成结构优化、管理科学、效益显著、具有国际竞争力的大型综合性森林工业集团。

四、长白山森工

长白山森工集团经营管理的重点国有林区位于吉林省东部长白山区，是图们江、松花江、牡丹江、鸭绿江的发源地，地处中、朝、俄三国交界的核心地带，分布在延边朝鲜族自治州行政区域，"八山一水半草半分田"。1947年汪清林业局正式成立，1984年前，延边朝鲜族自治州行政区域内的黄泥河、敦化、大石头、白河、和龙、八家子、汪清、大兴沟、天桥9户国有森工企业（珲春林业局未建局）由省林业厅直管，延边朝鲜族自治州政府组成部门中设有州林业局，管辖8个县（市）林业局和安图森林经营局。1984年9月，为贯彻中央领导同志的指示精神，省委、省政府决定，将9户国有森工企业划归延边朝鲜族自治州管理，成立了延边林业管理局，为省直二级局建制。1985年9月，经省政府批准，将延林管局与州林业局合并，成立延边朝鲜族自治州林业管理局，管辖10户国有森工企业（珲春林业局90年代建局）、1户森林经营局，对8个县（市）林业局进行行业指导。1998年，经省政府批准，组建延边林业集团，与州林管局一套机构、两块牌子、合署办公。2006年6月，延边朝鲜族自治州政府将延边林业国有资产授权给延边林业集团公司经营，依法行使出资人职能，与州林管局实行合署办公，人员、职能、资产三分开的体制。2013年6月吉林延边林业集团变更为长白山森工集团。

长白山森工集团总经营面积406.6万公顷，有林地面积326.3万公顷，有林地蓄积3.89亿立方米，全口径森林覆盖率80.8%。有9个自然保护区，总面积57.64万公顷，12处森林、湿地公园，总面积10.97万公顷。长白山森工集团所辖10户国有森工企业、1户森林经营局、3户林产工业加工企业。集团现有在册职工73775人，户籍人口22万人，在林区生活的社会人口150万人，占延边朝鲜族自治州220万人口的68.1%，拥有总资产79.77亿元。

长白山森工既是国家重要的商品材基地、林业产业基地、木材战略储备基地，又是国家东北生态屏障。新中国成立以来，长白山森工仅10户国有森工企业、1户森林经营局就累计为国家生产商品材1.18亿立方米，创造林业产业总产值800亿元，工业总值300亿元。随着一、二期天然林资源保护工程相继实施，长白山森工集团综合实力及在全国林业的地位和影响力日益提升，森林资源持续增长。森林蓄积由3.94亿立方米增加到4.05亿立方米，每公顷蓄积由137.18立方米增加到142.07立方米，森林覆盖率达 80.8%，实现了连续 34 年无重大森林火灾。成千上万的林区建设者，披荆斩棘，艰苦创业，为国民经济和社会发展作出了历史性贡献。在岗职工年人均工资由 2005 年的 6730 元增加到 2014 年年底的 38388 元。2008 年，在全国重点国有林区率先启动棚户区改造工程，已建设 358 万平方米、64045 户职工已经住进了新房，林区人均居住面积从不足 10 平方米增加到 20 平方米，林区面貌正在发生历史性的变化。

五、大兴安岭森工

大兴安岭古称大鲜卑山，是中华古文明发祥地之一。早在旧石器时代，就已经有人类在这里繁衍生息。东汉后期至两晋时期为鲜卑拓跋部辖区。1695 年，康熙皇帝降旨开通嫩江到漠河的驿道，沿途设驿站 33 处。清朝后期，大兴安岭采金业崛起，年产黄金最高达 10 万两，古驿路由此被誉为"黄金之路"。民国时期，大兴安岭先后受黑龙江、黑河、呼伦贝尔等地方政府管辖。抗战时期，陈雷等老一辈革命家率领抗日联军与日寇转战于密林深处。抗战胜利后，于 1947 年建立了人民政权。新中国成立后，分别于 1955—1956 年、1958—1959 年先后两次开发建设大兴安岭。1964 年，党中央、国务院决定以会战的方式开发大兴安岭林区。1965 年，林业部和国家经委批准成立大兴安岭林业管理局，林业管理局与特区人民委员会实行政企合一。大兴安岭是中国最北、纬度最高的边境地区，平均海拔 573 米，年平均气温 -2.6℃，极端最低气温 -52.3℃，年平均降水量 428.6~526.8 毫米，全年冰封期 180~200 天。北为黑龙江上游水域，与俄罗斯隔江相望；东南与黑龙江省黑河市、嫩江县接壤；西南与内蒙古自治区鄂伦春族自治旗毗邻；西北与内蒙古自治区额尔古纳左旗为界。边境线长 786 千米。大兴安岭行政公署和大兴安岭林业集团公司（林管局）所在地加格达奇区，距首都北京铁路交通 2131 千米，距省城哈尔滨铁路交通 719.5 千米。

大兴安岭地区总面积 8.3 万平方千米，总人口 51.2 万人，居住着满、蒙、达斡、鄂伦春、鄂温克、俄罗斯、朝鲜、回等 28 个少数民族。管辖呼玛县、漠河县、塔河县 3 县，加格达奇、松岭、新林、呼中 4 区和 10 个林业局、35 个乡（镇）、52 个林场。行政公署与大兴安岭林业集团公司（林管局）实行政企合一的管理体制，大兴安岭林业集团公司为国家林业局唯一直属企业，大兴安岭行政公署为省政府派驻机构，所辖加格达奇和松岭两区地权属内蒙古自治区，面积 1.82 万平方千米，占全区总面积 21.9%。

大兴安岭是我国重点国有林区，有林地面积678.4万公顷，森林覆盖率81.23%，活立木蓄积5.38亿立方米，是国家生态安全重要保障区和木材资源战略储备基地，每年仅制氧纳碳、涵养水源、吸收二氧化硫、滞尘和杀菌等生态服务价值就达1940亿元。林下适生经济植物540多种、药材1475种。区内矿产资源富集，是国家16个重点成矿带和3个重要矿靶区之一，有煤炭、有色金属和贵金属等矿产资源40多种、矿产地584处，潜在经济价值逾万亿元。境内有大小河流500多条，水资源总量160.76亿立方米，水能资源理论储藏量78.04万千瓦。

自天然林资源保护工程实施以来，大兴安岭天保一期共调减1836.88万立方米采伐量，减少森林资源经营性消耗3051.82万立方米。按照天保二期工程要求，从2011年开始全面停止主伐生产，分3年将木材产量调减到56.5万立方米。1998—2011年，大兴安岭累计完成中幼林抚育103.26万公顷，人工造林6.56万公顷，更新造林3.91万公顷，人工促进天然更新24.75万公顷，义务植树1655.18万株。2012年，森林面积和活立木蓄积分别增加2.32万公顷、1146万立方米，森林覆盖率提高0.28个百分点，连续实现"三增长"，各类森林、湿地和野生动植物物种保护类型的自然保护区达到28处，总面积98.2万公顷。

为贯彻落实党的十八大精神，将生态文明建设纳入中国特色社会主义事业"五位一体"总布局，国家林业局构建生态文明建设战略部署，大兴安岭加快转型，全力打造林区生态文明建设五大格局：一是以森林管育为重点，实施森林保护、资源培育及环境综合治理等工程，打造林区生态安全格局；二是以经济转型为核心，着力培育绿色矿业、生态旅游、绿色食品等生态主导型产业，打造林区生态产业格局；三是以宜居宜业为方向，加大棚户区改造和基础设施建设，打造林区生态人居格局；四是以文明理念为引领，挖掘地域文化内涵，打造林区生态文化格局；五是以共享成果为宗旨，实施民生工程，打造林区生态民生格局。力争到2020年，全面建成生态型花园式新林区。

六、西南森工

四川森工始建于1950年。1981年以前，建立了28个森工企业，1981年以后，下放到地方。1998年前主要从事林木采伐，1998年后，以天然林资源保护工程建设为主，兼顾发展水电、旅游、种植、养殖和冶炼等。阿坝藏族羌族自治州川西林业局是四川省建局最早的森工企业之一，原名川西伐木公司，1953年更名为西南森林工业局川西分局，1955年更名为四川森林工业管理局川西森林工业局，1971年更名为四川省林业厅川西林业局，1981年4月省属森工统一下放阿坝州人民政府管辖，更名为阿坝藏族羌族自治州川西林业局。现辖施业区面积25万公顷，森林覆盖率45.18%，常年管护森林面积11.46万公顷，辖3个林场。在册职工226人，离退休职工1445人，其他733人。四川森工阿坝藏族羌族自治州马尔康林业局、松潘林业局、南坪林业局、新龙林业局、甘孜藏族自治州道孚林业局、甘孜藏族自治州炉州林业局、雷波林业局、木里林业局等森工企业从建局至1998年，按照"边生产，边建设""先生产，后建设"方针，采伐木材、造林植树、保护生态，为国家建设和民族地区发展作出了应有贡献。

1998年天然林资源保护工程启动以来，四川森工全面停止经营性原木采伐，职工由"砍树人"转变为"植树人""护林人"。大力实施人工造林、封山育林，全省2400万公顷林地中公益林占73.25%，森工企业所有林地几乎全是公益林。同时，开展野生动植物保护、森林防火、森林病虫害防治，使天然林得到有效保护。森林覆盖率逐年上升，生态环境明显改善，生物多样性有效恢复，林业在生态建设中的地位得到彰显。森林资源实现了数量增加和质量的提高，森林生态系统得到了有效的修复，生态屏障作用更加突出，对长江中上游生态屏障的建立，确保国土生态安全，促进国民经济持续发展起到了积极作用。

第二节 国有林场发展历程

新中国成立初期，国家为了改善生态环境，绿化祖国，在一些大规模荒山荒地上建设专门从事保护和培育森林资源的国有林场。经过60多年的艰苦创业，这些国有林场职工白手起家艰苦创业，营造起大规模集中连片的森林资源，现在全国发展4855个国有林场，面积5800万公顷，占全国林地总面积的19%；森林面积4467万公顷，占全国森林总面积的23%；森林蓄积23.4亿立方米，占全国森林总蓄积的17%。到国有林改革前按隶属关系划分，省级管理的占10%，地市级管理的占15%，县级管理的占75%。按预算管理方式划分：全额拨款的占9%，差额拨款的占39%，自收自支（含企业性质）的占52%。

一、初建试办阶段(1949—1957年)

新中国成立后,接管了旧中国各级政府、教育界、资本家办的林场(公司、农林牧试验场、苗圃)50多处,后都改为国有林场。为加快新中国林业的发展,提高国有林业的比重,国家在宜林荒山面积较大的无林少林地区陆续试办了一批以造林为主的国有林场,同时,在天然次生林区建立了一批护林站、森林抚育站和森林经营所。50年代中期前后,各地在试办的基础上,兴办了新中国第一批国有林场。到1957年年底,全国共建立国有林场1387处。通过新建试办,为后来国有林场的发展积累了经验。

二、快速发展阶段(1958—1965年)

1958年4月,中共中央、国务院颁发《关于在全国大规模造林的指示》,各地兴起了大建国营林场的高潮。1963年,林业部明确提出了国营林场实行"以林为主、林副结合、综合经营、永续作业"的经营方针。林业部成立了国营林场管理总局,将32处国营林场改为实验林场,由部省双重领导,5处机械造林林场由林业部直接管辖。各省(区、市)也普遍建立了国营林场管理机构。1965年年底,全国国营林场达到3564处,经营面积达到6733万公顷。

三、停滞萎缩阶段(1966—1976年)

"文化大革命"十年动乱期间,林业部国营林场总局被撤销,各省(自治区、直辖市)的国营林场管理机构均被撤并,83%的国营林场被下放到县、公社或大队。加上管理秩序混乱,随意侵占国有林地、偷砍滥伐国有林木之风盛行,致使国营林场经营面积缩小,有林地面积和森林蓄积量锐减,山林权属纠纷剧增。到1976年,国有林场经营总面积萎缩到4627万公顷,其中森林面积2300万公顷、森林蓄积量10.46亿立方米,比1965年分别减少32.03%、21.05%和43.79%,损失惨重。

四、恢复稳定阶段(1977—1997年)

党的十一届三中全会以后,实行改革开放,国有林场扭转了长达十年的动荡混乱局面,逐步恢复并进入了稳定发展的新时期。国家颁布了《森林法》,为国有林场健康发展提供了法制保障,并逐步形成了省、地、县三级管理的国营林场体系格局。1986年、1990年、1997年林业部先后三次召开全国国有林场工作会议,提出了不同阶段国有林场工作的指导思想、奋斗目标、重点任务、主要措施和具体要求,对国有林场的发展起到了重要的推动作用。国家和各级政府制定了许多优惠政策,为国有林场发展创造了比较宽松的外部环境,国有林场规模和经济实力都得到了恢复发展。

五、困难加剧阶段(1998—2002年)

随着市场经济的不断完善、林业工作指导思想的转变以及相关政策的调整,国有林场原有的发展方向、目标、任务已不能适应新形势发展的要求。以生态建设为主的林业发展战略的实施,采取了禁伐限伐政策,不少国有林场木材产量大幅度调减,收入明显减少,木材加工类项目受到制约,富余职工增加,待岗下岗人员占职工总数的一半以上。同时,长期积累的管理体制不顺,经营机制不活,相关配套政策跟不上等根本性问题逐步显露出来,林场发展面临的困难加剧。1998年开始出现全行业亏损,经营总收入从1997年的83亿元下降到2002年的59亿元。

六、改革推进阶段(2003年至今)

2003年,中共中央国务院下发了《关于加快林业发展的决定》(中发〔2003〕9号),特别是2010年国务院第111次常务会议对国有林场改革进行了明确部署。国家林业局会同国家发展和改革委员会、财政部等部门开展了大量的调查研究,启动了国有林场改革试点工作。同时,充分结合本地实际,在国有林场改革方面做了大量的探索,积累了一定的经验,不少林场通过改革理顺了体制,激活了机制,加强了管理,扭转了长期贫困落后的局面,正在步入改革推进的黄金时期。

第二章

国有林发展面临的困境

经过长期建设和发展,国有林区和国有林场成为我国最重要的生态安全屏障和森林资源培育战略基地,发挥着为生态安全守底线、为民生福祉作保障、为经济发展拓空间、为科技进步作示范的重要作用,在维护国家生态安全、淡水安全、国土安全、物种安全、气候安全,促进国家经济建设等方面作出了重大贡献。但是国有林场和国有林区在发展中也付出了惨重代价,面临的困难和问题日益严重。

国有林场和国有林区管理体制不顺,经营机制不活,投入渠道不畅。国有林场主要承担保护培育森林资源任务,虽为事业单位却实行企业化管理,经费自收自支,"不城不乡、不工不农、不事不企",没有明确的支持政策和稳定的公共财政投资渠道。国有林区产权虚置,政事企不分,林区经济发展长期过度依赖森林资源消耗,导致可采资源枯竭、森林和湿地面积减少、自然生态系统严重退化、产业结构单一、经济转型困难,陷入"资源危机、经济危困"的局面。国有林场和国有林区普遍面临着资源管理弱化、基础设施落后、债务负担沉重、职工生活困难、发展陷入困境等问题。推进国有林场和国有林区改革势在必行。

党的十八大特别是十八届三中全会以来,党和国家将生态文明建设提高到了前所未有的战略高度,提出要建立系统完整的生态文明制度体系,健全自然资源资产产权制度和用途管制制度,划定生态保护红线,为国有林场林区改革进一步明确了方向。随着我国经济发展已经进入新常态,国家更加注重生态建设。习近平总书记多次指出,"绿水青山就是金山银山",保护生态就是保护生产力,改善生态就是发展生产力,人民群众对优质生态产品的需求也越来越迫切,期盼更多的蓝天白云、绿水青山,渴望更清新的空气、更清洁的水源。我国仍然是一个缺林少绿的国家,人民群众期盼山更绿、水更清、环境更宜居,造林绿化、改善生态任重而道远。在 2014 年 12 月 25 日中央政治局常委会上，习近平总书记语重心长地说："森林是我们从祖宗继承来的，要留给子孙后代，上对得起祖宗，下对得起子孙。""必须从中华民族历史发展的高度来看待这个问题，为子孙后代留下美丽家园，让历史的春秋之笔为当代中国人留下正能量的记录。"按照党和国家的战略要求，《国有林场改革方案》和《国有林区改革指导意见》明确提出，森林是陆地生态系统的主体，是国家、民族生存的资本和根基，国有林场林区是维护国家生态安全最重要的基础设施，主要功能是保护培育森林资源、维护国家生态安全。要推动林业发展模式由木材生产为主转变为生态修复和建设为主，由利用森林获取经济利益为主转变为保护森林提供生态服务为主。这是对林业使命的新判断和对国有林场、林区功能作用的新定位。在新形势下，大力推进国有林场、林区改革，是维护国家生态安全、守住中华民族发展根基的战略举措，是解放和发展生产力的必然要求，是保障人民群众生态福祉、改善林区民生的重大任务，对保护好、发展好我国珍贵的国有森林资源，为子孙后代留下美丽家园，实现全面建成小康社会，建设生态文明和美丽中国，实现中华民族伟大复兴的中国梦有着重要意义。

第一节　国有林区"两危"严重

历史地看，国有林区为新中国资本原始积累和国民经济建设作出了重大的贡献。据不完全统计，木材生产累计达 12 亿立方米，占同期全国商品材产量的近 1/2，累计上缴利税 400 多亿元，承担社会支出上千亿，形成了以木材生产为核心的森林工业体系，成为我国最重要的林产品生产基地。

从我国林业发展的基础看——国有林区具有举足轻重的地位。即使在开采了近 60 多年后的今天，依然是全国森林资源最集中、最丰富的地区。第八次森林资源清查结果显示，我国国有林区森林面积 3266.67 万公顷（4.9 亿亩），森林蓄积 35.39 亿立方米。面积、蓄积分别占全国森林面积、蓄积的 15.73% 和 23.38%。国有林区也是我国林业职工最多的区域，职工人数占全部林业在册职工人数的 40%。换言之，只拥有国土面积的二十分之一的国有林区，拥有着全国森林面积的六分之一、全国森林蓄积的四分之一、全部林业在册职工的五分之二。

从我国林业建设的全局看——国有林区是我国林业建设的主战场。天然林资源保护、退耕还林、三北防护林、速生丰产林及野生动植物保护等林业重点工程，基本覆盖了国有林区。从建设资金的投向来看，2013年138个林业局总建设资金占林业全部投资的5.21%，其中国家投资占林业全部投资的11.59%，即国家投资的近八分之一给了国有林区。因此，国有林区是全国林业建设的战略重点，地位十分重要。只有加快国有林区发展速度，只有国有林区重振雄风，才能再铸中国林业新的辉煌。

内蒙古森工集团、吉林森工集团分别属内蒙古、吉林省（自治区）直属企业，由本省（自治区）国资委分别管理。长白山森工集团归属延边朝鲜族自治州政府管理。大兴安岭林业集团属于原林业部直属企业，名义上由国家林业局代行领导职能，但集团与黑龙江省大兴安岭地区行政公署实行政企合一，行政领导交叉任职、合署办公，投资、计划和资源管理等关系在中央；人事关系在地方，干部由黑龙江省管理和任命。龙江森工集团作为黑龙江省政府直属企业，名义上管理松花江、牡丹江、合江和伊春4个林管局及其下属的40个国有林业局，实际上只行使对"三江"林管局及其下属的23个国有林业局的林区社会、经济和森林资源的管理权；其中，伊春林管局与伊春市政企合一，其下辖的17个国有林业局中有13个政企合一。龙江森工集团公司对伊春林管局仅负责林业计划投资、木材生产计划等工作的申报和下达，实质上只起着与国家林业局衔接的作用。

由于"先有林区、后有社会"，国有林区逐渐形成了相对独立、封闭，对内全包全管、对外自成体系的特殊社会区域，政企、政事、事企、管办不分，森林资源过度开发，基础设施欠账太多，民生问题突出，严重制约了生态安全保障能力：一是可采森林资源枯竭，生态功能严重退化。东北重点国有林区目前可采资源面积只有179万公顷，可采资源蓄积量只有2.68亿立方米。与开发初期相比，大小兴安岭林区林缘向北退缩了100多公里，湿地面积减少了一半以上，局部地区特大洪水等自然灾害频发，直接威胁着林区的生存发展。二是民生问题比较突出。2012年东北重点国有林区职工年平均工资2.2万元，仅相当于当地社会人均工资的58%。特别是天然林资源保护工程一期一次性安置职工52万人，约50%的一次性安置人员目前生活困难，因无力缴纳社会保险费而"断保"。三是森工企业债务负担重。目前，各重点国有林区累计拖欠金融机构债务209.9亿元，其中无力偿还的金融机构债务133.1亿元，每年需要承担利息等大量的财务费用。"资源危机、经济危困"是国有林区的真实写照。

第二节 国有林区"政企社"不分

政企社不分的问题在国有林区普遍存在。根据政府作用的强度不同，主要有 3 种表现形式：

第一种是政企合一。政、社、企完全在一起，林业局是政府，辖公检法司、财贸商税，管理医院、学校、卫生，负责供水、供暖、供电、修路等城市基础设施等；地方政府和林业局是两块牌子一套人马。黑龙江省伊春市是政企合一的典型，伊春市长也是伊春林业局局长，财政收入主要来源于木材采伐收入；伊春市所辖的 16 个局中，有 13 个是这种政企合一组织结构。

第二种是企业肩负许多政府职能的组织结构。形式上政企分开，实际上企业承担许多政府职能，企业办社会，社会依赖于企业而存在。林区设有相对独立的政府，但资源依赖型的林区社会，林管局比较强势，而政府的基本财力不足，职能减弱。医院、学校等仍然由按照企业方式运转的林管局承担。东北大多数国有林区都是这样。

第三种是政府主导组织结构。虽然没有庞大的公检法司、文教卫生等的负担，但企业不是完全意义上的企业，主管部门对企业一直拥有较强的控制力，主管部门习惯于用管理行政单位的体系、程序、手段来管理并约束企业的经济活动。政府的作用贯穿于林业生产的始终，这些组织以完成政府下达的任务为主要使命，同时企业又具有某些政府的职能，如林业公安、林政执法、木材稽查等。这是国有林区存在的通病，像西南、西北的森工企业。国有林场虽然没有像东北国有林区的林业企业那样承担着许多社会的政府职能，但经营方向、经营强度受制于政府的行政指挥，没有长期的预期。

第三节 国有森林资源管理体制不顺

国有森林主管部门担负政府监管和企业经营两种职能。常会发生混淆和界限不清的情况。政府行为目标往往挤压国有林经营者的目标。作为国有林微观经营主体的企业（事业单位）被赋予过多的义务，这就产生了企业和政府行为间的矛盾。为了保证政府目标的实现，政府干预企业经营，企业行为的短期化与资产所有者追求的持续发展形成矛盾。政府作为国有资产的运营主体,习惯性地用行政手段干预林业经济的运行,忽视经济手段,使得国有森林资源资产运营的微观目标(企业盈利能力、竞争能力和扩大现有生产能力)被淡化。

政资不分,容易导致以政挤资,不利于资源监督管理和产业的长远发展,并产生以下两方面的问题。一是资源监督不力。国有林监督机构和林业经济宏观管理机构合一,使得外部监督内部化,在国有林的监督上,用宏观经济监督代替了所有者的内部监督。由于宏观经济监督的动力不足、约束不规范、能力不够等,加之森林资源的特点导致监督力,无法约束森林资源的过量采伐,而其制度上的漏洞还为过量消耗森林资源提供了可能。同时,也无法认真检查和验收营林成果,导致营林效益低下。二是营林工作弱化。围绕森林资源所发生的最基本关系是森林资源培育和森林资源开发利用,即营林和森工工业的关系。在我国国有林的实际经营管理工作中,林业局没有实现营林与采运生产的统一核算;营林生产的决策权主要集中于林业主管部门,林业局没有完全的自主权;林业主管部门没有独立的营林生产微观组织体系,而是从属于某个林业企业或某个林业局,其结果是林业局内部的营林生产实行事业预算制,而采运生产和整个企业则实行经济核算制。无法真正保证其营林任务的落实。

第四节　国有林业经营机制不活

国有林地资源属于国家所有,由国务院委托相关部门代为行使所有权。在东北国有林区政企不分的管理体制下,森工企业代表各级地方政府行使森林资源的所有权。因此,究竟所有权该由哪一级地方政府来行使,与所有权相关的各项权益如何分配,存在着权益不清、利益冲突,加之缺乏相应约束、协调和保障机制,致使产权主体虚置、权能不明晰,国家的利益得不到体现。

严格意义上的国有林地产权主要指包括林地和林木及其他生物和非生物资源的所有权。在此之上,派生出了包括国有林地的使用权、经营权和受益权等各项权利。然而事实上,森林资源所有权、使用权以及经营权都分属不同法人主体,而这些主体间的权益关系却极其复杂,各级政府之间、政府各部门之间、政府与林地使用者之间,既存在许多共同利益,又各有自己的权益要求。林业局作为使用者可能侵占所有者(国家)和经营者(林场)的权益。而作为森林所有者的国家,也常常扮演的不是资产管理者的角色，而是扮演行政管理者的角色，力图用行政的力量去干涉国有林生产经营活动，以及对林场财产的支配。企资不分，国有林的所有权、使用权、受益权和处置权就不能理顺。

森工企业是依据森林资源状况建立的，企业追求利益最大化，因而会尽最大生产能力去采伐森林资源，对造林和管护没有积极性。新中国成立以来，我国国有森工企业一直存在着重采轻育的事实，究其根源是两方面因素：一是来自企业外部。主要是国家政策和管理制度。一直以来，国家对国有森工企业通过下达指令性计划指标，通常是在超过企业森林资源持续供给能力的情况下（主要是1986年以前），要求企业为国家提供木材；执行无原料成本的定价原则，只计算采运成本，产品定价低。提取的育林基金在本身不能满足森林培育需要的同时，还被常常乱用。森林生态效益外部性强，但未获合理补偿；国家对森林培育投入不足等。二是来自企业内部。林业企业执行国家计划责无旁贷。木材生产见效快，企业有动力。营林投资回收期长，企业无积极性等。另外，企业超采的问题难以控制。既是企业又是政府的制度安排使资源控制管理权和木材采伐经营权集于一身。企业一方面具有政府的提供公共物品、维护生态安全的职责，要管好森林资源资产，确保森林资源面积不减少，蓄积增加；另一方面又具有采伐木材，获取直接经济收益的目标和任务。在一定的阈值空间内，这两者的目标是相冲突的，左手管右手。政府的生态收益是非排他性的、长远的、间接的，企业的经济收益是直接的、具体的、现实的。资源是国家的，攫取资源的收入是企业的，这些收入直接关系到企业现有管理层、职工的收入、福利及在职消费的水平，因而企业管理者就必然会存在超采多伐森林资源的偏好，企业超采成为常态。

尽管国家制定了采伐限额的控制政策，要求各地政府将本地区内采伐总量控制在国家确定的限额之内。但在实际操作上采伐限额制度实施效果差。在林业主管部门和国有林区企业之间的博弈中，企业具有先占优势，通常采取瞒报、少报、隐匿信息的策略，达到自己的目的。

第五节 国有林区难以融入区域经济社会发展

政府与林业的结合形式越紧密，国有林区的政府权能范围越大、管理强度越高，林区的制度设定越不均衡，林区存在的资源枯竭、社会包袱沉重、经济发展滞后、生活贫困问题越是突出、明显。

政企不分的制度安排，林区的社会管理职能体现在森工企业的管理体系中，实际上是弱化了林区的政府职能。林区的行政管理部门，承担了政府的职责，林业局变成了"虚拟的政府"。但虚拟政府毕竟不是政府，在国有林区需要行使政府职能的时候，却没有政府部门的权限，造成管理中的空缺和虚位。例如，林地流转、宜林荒山荒地的长期承包经营，从理论上是"谁承包，谁治理，谁受益"，但实际操作过程中，由于国有林区林业管理局没有政府职能，林地林权为国家所有，企业不能给林地的经营者核发林权证。只有承包合同，没有林权证，投资造林者的合法权益得不到保障，山林的二次流转受阻，森林资源资产不能抵押，更不能变现。

林区的基础设施发展缓慢。政府的公共管理和公共服务功能难辐射到大林区，因而林区基础建设缓慢。国有林区场部的道路、电网、通信设施落后；林场用电没有纳入到基础电网，有些营林区至今不通电的现象较为普遍。吉林汪清林业局局场址的水、电、暖及职工住房等都有欠账，至今还有两个林场没有通上电。黑龙江的沾河林业局，到目前为止还有18个林场（所）不通电。行路难、就医难、受教育难、受高等教育更难的现象在国有林区普遍存在。

第六节 国有林场举步维艰

国有林场为我国生态建设发挥着不可替代、举足轻重的作用，但是自身生存和发展面临较突出的问题，可以概括为政策边缘化、民生贫困化、发展弱势化、经营粗放化。

政策边缘化。国有林场既非城市，又非农村，林场职工和家属既非工人又非农民，既不是典型意义的事业单位，也不是企业单位。国有林场多年来事实上承担保护培育资源，提供生态公益服务的主导职能，自身的经济功能被限制。这也是导致政策边缘化和民生贫困化的原因。

民生贫困化。国有林场的经济功能服从生态功能，生态功能是全民共有共享，是为提高全民生态福祉发挥作用，但它是典型的公共产品，应该由公共财政保障，但是由于我国体制的原因还没有完全理顺，所以导致保障不到位，这是国有林场民生贫困化的主要原因。例如，公益林场培育最主要的产品木材，因为服从国家生态建设的需要，木材不能砍伐，把经济功能锁住了，同时公共财政对国有林场保障没有及时跟上，现在大部分林场都是事业单位实行企业化管理，自收自支为主的财政体制。

发展弱势化。国有林场地处偏僻，基础设施建设没有及时跟上，生产、生活条件差。另外，配置资源、发展产业的能力也非常弱。因为地处偏远，要想吸引一个项目，首先是"三通一平"，这么偏远的地方，基础设施本身就较差，用市场手段配置资源，产业发展能力也非常有限。再加上国有林场75%是县属，导致它在维护自身权益、争取有关优惠政策话语权上非常有限，所以发展面临弱势化的趋势。

经营粗放化。因为国有林场现在的主要精力集中在找饭吃，因为吃不饱，且自收自支财政没有保证，用市场手段配置资源发展产业能力非常有限，导致林场难以将主要精力集中在保护和培育森林资源上来。温饱问题面临威胁时，就不可能集中精力保护和培育森林资源。

以上问题必然制约着国有林场在我们国家生态建设，应对气候变化，维护生态安全等方面力量的发挥。

第三章

国有林业改革实践探索

为了改变国有林区和国有林场的困境,各地开展了积极的改革探索。2004年,国家林业局决定在内蒙古、吉林、黑龙江、大兴安岭地区选择6个具有代表性的森工企业局进行重点国有林区森林资源管理体制改革试点。

第一节 森林资源管理体制改革探索

在林区开发初期,政企社合一的管理体制对稳定林区、节约资金、强化地方政权、保证林区开发、保护和发展森林资源发挥了一定的作用,并初步形成了比较完备的林区社会发展体系。但是随着社会主义市场经济体制的建立和不断完善,这种体制的弊端越来越明显,森林资源产权经营主体不落实、权责利不明确、监管服务不到位等一系列问题越来越不能适应林区的经济社会发展和林业发展。到20世纪80年代中期,森工企业出现了森林资源危机和企业经济危困,有的已经到了难以为继的地步,职工生存和资源保护的矛盾逐渐显现,森林资源管理的问题也日益突出。

为贯彻《中共中央 国务院关于加快林业发展的决定》,2004年,国家林业局启动了东北、内蒙古重点国有林区的森林资源管理体制改革试点,目的是要建立权责利相统一,管资产和管人、管事相结合的森林资源管理体制。按照政企分开的原则,把森林资源管理职能从森工企业中剥离出来,由国有林管理机构代表国家行使,并履行出资人职责,享有所有者权益。试点改革的主要内容:一是建立省级以下垂直领导的森林资源管理体系;二是依法赋予国有林管理机构管理森林资源的职能;三是合理制定人员编制,理顺经费渠道;四是建立科学的运转机制,委托森工企业局经营国有森林资源。此次试点是由政府主管部门主导的森林资源管理体制改革，试图按照政企分开的原则，把森林资源管理职能从森工企业中剥离出来；将森林资源管理权与经营权分开，建立垂直的国有林管理体制。

一、试点改革的方向和原则

在改革试点过程中，要遵循"国家所有、强化监管、产权清晰、责权明确、资企分开、委托经营"的总原则，坚持科学发展观，以人为本，促进国有林区全面、协调、可持续发展；坚持实施以生态建设为主的林业发展战略；坚持依法明晰产权主体，做到责权利相统一，管资产和管人、管事相结合；坚持实行资企分开、社企分开，实行资源所有权与经营权、资源管理、社会管理与企业经营职能相分离；坚持总体设计、系统推进，先行试点、分步实施；坚持统一领导，分类指导，依法治林，科学管理，处理好改革、稳定与发展的关系。

二、改革的主要内容

一是建立省级以下垂直领导的森林资源管理体系。试点森工企业局组建国有林管理机构，原则上以现有森工企业中的森林资源与林政管理、森林资源监督机构为基础，经过系统整合后建立。国有林管理机构设定为正处级，实行省级以下垂直领导的管理体制，分别由吉林省林业厅、内蒙古大兴安岭林业管理局、黑龙江省森工总局和大兴安岭林业管理局直接管理。

二是依法赋予国有林管理机构森林资源管理职能。国有林管理机构负责辖区国有森林资源的调查、监测，编制、上报国有森林资源经营利用规划和年度计划，并组织实施；审核辖区森林经营方案，编制、申报森林采伐限额；审查、上报伐区调查设计文件，负责伐区拨交、验收；负责辖区木材运输、木材经营（加工）的监督和管理；负责辖区林地、林权管理，征收森林植被恢复费等国家规定的费用；负责辖区造林（更新）、封山育林等营林的监督管理；监督、检查辖区林下资源的开发利用；依法行使林业行政处罚权；承担上级林业主管部门委托的其他工作。

三是合理确定人员编制和经费渠道。国有林管理机构根据履行职责的需要，设置内部科室，制定人员编制，实行定岗定员、优化配置。在试点阶段，原则上不新增人员，不新增编制，不新增经费。国有林管理机构的人员编制从现有企业局编制中调剂解决，可实行企业编制事业化管理，同时各地积极争取事业编制或行政编制。工作经费分别由吉林省林业厅、黑龙江省森工总局、内蒙古大兴安岭管理局和大兴安岭林业管理局负责安排，主要从天然林保护工程森林管护经费、育林基金和上级管理费等渠道予以解决。

四是建立科学的运转机制。在试点森工企业局，对国有森林资源实行委托经营新机制，由国有林管理机构负责委托森工企业经营，并实施监管。国有林管理机构加强业务建设、制度建设，制定规范的干部任免办法、考核聘任标准、监督管理工作规则、委托经营监管办法等，建立健全科学、高效的森林资源保护和经营管理的运行机制。

三、改革试点的措施与成效

按照国有森林资源管理体制改革试点方案要求，各试点管理分局积极探索，做了大量卓有成效的工作。

一是建立制度、完善机制。各分局都高度重视制度建设，力求用新的制度来约束人、激励人、塑造人、管理人。在机构设置、业务流程、科室职责、岗位责任等方面建立了相应的规章制度和管理办法。如吉林红石分局先后建立了8个方面18项规章制度；鹤北分局制定了各项管理办法24个，规章制度5个；西林吉分局制定出台了10项管理办法和6个管理制度；汪清分局建立了30个方面的制度，12个方面的管理办法，编制了《法律法规汇编》《森林资源管理指导手册》等书籍，满足工作人员日常学习和业务需要，不断提高他们森林资源管理的基础理论水平。

另外，建立工作约束机制和激励机制，确定了各项工作管理目标责任制，分解落实工作职责。如鹤北分局由主要领导与各部门负责人签订工作目标责任状，严格兑现奖罚。红石分局对试点方案中的9项工作职责，进行了层层分解和落实，从局领导到处、室、队、站，再到个人，都明确各自的工作职责和工作任务，为提升工作水平奠定了基础。

二是培训队伍、提高素质。各分局重视岗位培训工作，力求全面提高队伍的业务素质和技能，强化人员的思想与作风建设，以适应新形势下森林资源管理工作的需要。如西林吉分局自成立后，先后举办了机关工作人员、检查站执法人员、监督站工作人员培训班，确定集中学习时间，并要求各科室、各监督站、各检查站自行安排时间坚持长期学习，定期考试，检查效果。鹤北分局先后有110人次参加了省和分局主办的各级各类培训班，同时还举办了一期执法人员法律知识培训班，使分局工作人员依法执政能力和意识大大增强。2015年3月，由红石国有林管理分局牵头，会同红石林业局集中开展了首批林政执法人员考核录用工作。确保考核录用收到实效，目前，红石林业局、红石林业分公司和分局现有林政员、护林员近 800 人。在具体操作中，严格把住考核关、考试关。保障了行政执法人员的综合素质，促进了行政执法队伍综合素质和执法水平的提高。

三是管好资源、履行职责。各管理分局以控制采伐限额为核心，不断加强资源监督管理水平，提高依法经营水平。结合资源管理和监督的职能，各分局有重点地开展各项业务工作，加强了林地、林权管理，强化了伐区调查设计审核、申报和伐区拨交管理，严厉打击了破坏森林资源违法行为；加强了伐区设计质量和伐区作业质量的监督检查，组织开展了冬季采伐区的检查工作，开展了木材经营加工厂点的清理整顿，组织开展了"三总量"自检自查工作。

尽管各分局试点改革时间不长，但带来了一些可喜变化：一是森林资源管理权与经营权相对分开，企业经营者认识发生了转变，企业的资源保护意识进一步增强，初步扭转了"既是裁判员，又是运动员"的尴尬角色；二是分局依法保护管理森林资源的责任感明显加强，管理意识、管理手段明显提高，工作人员的积极性大大增强；三是森林经营的质量意识明显增强，初步形成了依法行政、守法经营，有序开发利用的森林资源管理经营格局，营造林质量和伐区作业质量有了提高；四是一些久治不愈的破坏森林资源的行为得到有效遏制，没有管理分局的意见和文件，林业局涉及林地和林木的生产经营活动不能进行，从程序上阻止了违法采伐林木和违法使用林地行为的发生。

四、改革面临的问题

国有林森林资源管理体制改革的方向是正确的，也取得了一定的成效。但是，从改革试点运行的情况看，改革的实际效果与改革的目标设计还有较大的距离。

一是工作经费依赖企业。改革试点的 6 个管理分局职工工资、福利等全部比照企业标准发放。企业发得多，他们得到的也多一些，实质上还是"一个锅里搅马勺"，是真正的利益共同体。有的管理局企业核定和提供的经费十分有限，难以开展正常工作；有的管理局经费保障程度降低，经费使用要到企业报账。这种状况，一方面说明改革还不到位，改革的一些关键问题还没有得到解决；另一方面也影响到管理职能的发挥。正因为存在着如此紧密的利益关系，资源管理要发挥对企业的监督职能，要实现试点目标，难度很大。并且，随着时间的推移，新问题会积累演变，甚至会向原有路径上回归，脱离改革的目的。

二是行政执法存在矛盾。试点意见规定："国有林管理机构可以依法行使林业行政处罚权。"但根据《行政处罚法》的规定，行使行政处罚权的主体应该是国务院确定的行政机关，法律法规授权的具有管理公共事务职能的组织，或受行政机关委托的组织。国有林管理分局既然被授权代表国家行使本辖区内的森林资源管理职责，就应该赋予其相应的行政处罚权，但各分局在实际工作中找不出相应的法律依据。

由于行政授权不充分，难以行使行政处罚权。

三是管理职责不完善。由于历史的原因，国有林业局形成了一套自上而下的森林资源监督管理体系，改革使森工企业原有的企资不分的机制发生了变化，改变了过去林业局"既是运动员又是裁判员"的管理模式。但由于森林资源管理体制改革不全面、不完善，如伐区调查设计，理应纳入管理分局的管理范围，现在仍由企业局继续行使，监督职责难以到位。

四是能力建设不适应。森林资源管理体制改革是新时期林业建设和发展中的一个新探索，没有现成的经验可以遵循。试点单位干部的综合素质不高，没有掌握我国林业发展的最新动态和最新成果，特别是掌握森林资源管理方面的改革发展动态和相关政策。

五是改革单项推进成效不明显。国有森工企业是政企事合一的具有林区社会性质的综合体。资源管理体制改革的目标是资企分开。但随着改革的深入，必定要涉及政企分开、政事分开、司企分开、社企分开的问题。要构建林区和谐社会，必须在改革森林资源管理体制的同时，积极推进林区其他方面的改革。

第二节 国有林权制度改革探索

在国有林区政企社合一的管理体制下，名义上国家是森林资源的所有者，实质上却没有获取应得利益和行使充分的权利，国有林区林业产权虚置，表现为国有林经营与责任主体的缺位。其后果是：一方面林区人"靠山吃山""资源依赖症"严重，毁林、盗伐等现象屡禁不止，陷入了"越穷越砍、越砍越穷"的怪圈；另一方面林业投入严重不足，社会办林业的渠道不畅通，这就使得林业越来越缺乏发展的内在动力和投资吸引力，林区经济萎缩。如果不从制约林区发展的深层次矛盾上突破，国有林区将失去发展动力。

为保林地经营权责利相一致，在保持林地国家所有权不变的前提下，伊春等地开始推动国有林权制度改革。赋予承包职工的林地经营权、林木及林下资源的所有权、收益权和处置权，探索对国有林地的多种承包经营模式。2006年1月14日，国务院正式批准伊春作为国有林区林权制度改革试点单位，进行国有林区林权制度改革的尝试。2006年4月29日，国有林区林权制度改革试点在黑龙江省伊春市5个林业局的15个林场8万平方千米施业区林地上展开。改革的主要内容，是在保证林地用途和重点国有林区国有森林资源主体地位不变的前提下，按照"远封近分"的原则，对浅山区林农交错、相对分散、零星分布、易于分户经营的部分国有商品林，根据一沟一系一坡的自然界限并结合森林经营区划，按每户5~10公顷的规模，由林业职工家庭承包经营，承包经营期限为50年。林地的经营权和林木的所有权可以流转。建立活立木市场。通过把林木、林地资产变成资本，促进林业发展，增加职工收入。对80%大面积集中连片的公益林和远山区的商品林，仍由伊春林业管理局依法进行管理经营。

一、伊春改革的主要做法

确定国有林权改革的内容和原则。在全面开展林地调查和区划工作的基础上开展一系列改革。一是确认森林资源的产权归属。二是落实森林资源产权主体的权利和责任。一方面，在保持林地国家所有权不变的前提下，赋予承包职工的林地经营权、林木及林下资源的所有权、收益权和处置权；另一方面，落实承包职工的生态保护与建设责任：在承包经营期内，必须保证林地不逆转，不得变成非林地，及时更新荒山、荒地和采伐迹地，做好森林防火和病虫害防治工作。三是保护承包职工的利益，引导承包经营职工成立自律联防合作组织，保证承包经营职工的权益不受侵害。四是构建国有森林资源产权交易平台。建立市级活立木产权交易中心，各试点林业局也成立林权制度改革服务中心，出台了《伊春林权制度改革试点职工内部交易管理办法》。

二、探索多种林地承包经营模式

一是家庭承包，自主经营。6149户职工以户为单位进行承包经营，形成独立的森林资源产权主体。二是共同合作，联户经营。474户林地承包职工结成经营管护联合体，在提高生产力、降低森林资源管护成本方面发挥了明显的优势。三是利益组合，股份经营。承包职工在自愿的基础上，成立了股份合作制组织，实行分利不分林、分股不分山，投资均摊、集体管护、利益共享、风险同担。四是预留地块，代管经营。为使部分困难职工不失去承包林地的机会，按每户5~10公顷标准，由林场(所)经营公司托管经营，保证他们随时承包经营林地。

三、出台政策维护承包职工利益

一是林业普通职工优先承包。在实施林地承包经营伊始，改革试点的8万公顷林地的承包经营主体必须是普通林业职工，外部投资者暂不得进入，各级领导干部一律不准参与承包经营。二是林木资产流转费优惠。试点期间，凡是购买天然林的，流转费优惠20%；一次性付款的优惠10%，对一次性付款有困难的可分期付款。三是林地承包经营费优惠。一次性交齐全部林地承包经营费用的按每年每公顷45元收取；逐年支付的按每年每公顷60元收取；有收益时支付的按每年每公顷75元收取。四是无息借款。对有承包林地意愿但又缺少购买资金的职工，试点林业局予以无息借款，额度不超过林木资产流转费用的70%，对少数特困林业职工采取全额无息借款。五是抵顶拖欠工资。凡是承包经营林地的职工均可用林业局拖欠的工资抵顶林木流转费用。六是专项资金支持。伊春市政府专门建立了国有林权制度改革发展基金，主要用于扶持承包职工进行森林经营和发展林下经济。七是造林补贴。黑龙江省政府对伊春林权制度改革试点承包职工造林给予250万元补贴，各试点林业局也对承包职工造林提供不同额度的资金补贴。

四、搞好林改后续服务

一是强化营林服务。建立了林权制度改革试点森林培育服务机构，组建营林技术服务队伍，为承包职工提高造林、抚育质量和森林病虫害防治水平提供了有效的帮助。二是强化管护服务。各试点林业局组织建立了以林地承包职工为主体的联合管护组织，重点加强了试点场(所)承包经营林地的资源林政管理。同时引导他们组建了管护协会或建立托管中心，落实了管护责任。三是强化经营服务。出台了《伊春市鼓励林地承包户发展自营经济优惠政策》，引导帮助承包职工发展林下经济，探索了林药、林果间作，管林、养殖结合，近、中、远期效益兼顾的发展路子。组织试点场(所)建立木耳、平贝养殖等各类协会，并充分发挥其为承包职工发展自营经济提供信息、技术、营销等方面服务的作用。

伊春的改革试点因公益林划入改革范畴，不符合国务院的试点要求，被暂停，国有林权制度改革没有推广。

第三节 国有林业经营体制改革探索

为适应社会经济的发展，各地从实际出发，大胆探索，不断加大国有林改革，探索各地国有林发展的路子。

一、西北森工改革

天然林资源保护工程实施进入中后期，新疆的阿尔泰山、天山西部林业局和青海的玛可河林业局先后转为以生态保护为主、从事国有林管理的事业单位。他们的做法和经验，对重点生态区域的其他森工企业转型改制提供了有益借鉴。

（一）明确林业局的事业单位职能

新疆维吾尔自治区党委和政府明确"森工企业改为国有林管理机构，行使森林资源管理职能"，并在机构编制方案中进一步确定了国有林管理局的具体职责。青海省编制委员会给玛可河林业局定性为"由森工企业转为社会公益类县级事业单位"。新的国有林管理机构，负责本辖区森林资源培育、林地林权管理、野生动植物保护等行政管理职能，从而确立了行政执法主体资格，改变了过去林业局作为森工企业，在执法工作中的被动局面。

（二）优化林业局的内部机构设置

根据林业经营方向的改变和新机构的职能，新疆三个国有林管理局内部均设置了资源和林政管理处、天然林保护工程管理处、森林防火处、野生动植物保护处等职能管理机构，传统的木材生产组织机构已不复存在。过去的林场、工区变成森林管护所、站，林业职工由"伐木人"变成了"护林人"。

（三）经费预算纳入省级财政

新疆3个国有林管理局机关及直属的机关服务中心、离退休职工管理中心等机构，其经费由自治区财政实行全额预算管理。玛可河林业局机关和林场职工全部转为事业编制，经费为省级财政全额预算，连过去按企业退休入社保的职工，也都转为事业单位职工进入财政渠道，领取退休金，彻底解决了在职和退休人员的待遇问题。

(四) 妥善解决改制中的人员矛盾

天山西部国有林管理局机关实有职工 108 人，核定事业编制 69 人，多出 39 人；阿尔泰山国有林管理局机关实有职工 103 人，核定事业编制 69 人，多出 34 人。自治区政府采取了过渡时期政策，把 108 人和 103 人全部作为事业人员，享受事业工资政策，3 年内采取自然退休减员或提前退休办法，3 年后保持在 69 人编制额内。经自治区编制委员会批准，阿尔泰山国有林管理局又成立了直属"两河源头自然生态保护区管理中心"和"有害生物防治检疫站"，分别核定事业编制 18 人和 9 人，使局机关及所属事业单位事业编制总数增加到 96 名，现已基本上完成了过渡任务。天山西部国有林管理局也采取同样的措施完成改革。

(五) 重新区划生态公益林

在天保工程区划禁伐区、限伐区和商品林经营区的基础上，按照森林生态效益补偿政策区划的要求，阿尔泰山、天山西部国有林管理局分别将天保工程区划的 3.8% 和 4.7% 的商品林全部划为公益林，实行全面保护，并进一步加强森林管护队伍建设，落实了各项管护措施和管护责任。

二、内蒙古森工集团改革

2008 年内蒙古大兴安岭林管局(森工集团)按照深入贯彻科学发展观的要求，提出了"解放思想抓机遇，毫不动摇保生态，只争朝夕谋发展，关注民生促和谐"为主要内容的改革发展总体思路，明确了"强化两个职能，理顺一个关系"的体制改革方向，强化和完善林管局的生态建设与保护职能，强化森工集团的企业经营职能；理顺林管局(森工集团)与属地政府的关系，理顺国有林区公益、公共事业建设和管理体制。主要改革内容和措施包括：

(一) 剥离企业办社会职能，全面理顺林区社会事业管理体制

一是平稳有序地开展剥离企业办社会职能。按照自治区政府批复的改革方案，森工集团承担的教育、卫生、电视、报社、公安、后勤、消防、社保、环卫、计生、无线电管理、供水供暖等企业办社会职能全部纳入剥离范围。人员为 2007 年 11 月 30 日前在册全部人员，资产以 2007 年年底决算为准，全部移交属地管理。全部债权、债务归森工集团。经费在三年过渡期内分别由自治区财政和森工集团按比例承担，三年后由自治区全部承担。与以往改革调整相比，在移交范围、人员确定、编制核定、过渡期、经费承担方式、增资机制、后期达标投入七个方面实现了突破。二是全面理顺林区社会保障体系。在林区企业办社会职能剥离取得重大进展后，抓住职能改革的机遇，同步理顺了林区职工、居民的社会保障体系。在全民职工养老保险纳入自治区省级统筹的基础上，林区大集体职工养老保险由森工集团企业内部统筹转为属地政府统筹，并协调自治区和呼伦贝尔市明确了因病丧失劳动能力和特繁工种退休的优惠政策。2008年7月1日起，将林区16万名职工的医疗保险、工伤保险、生育保险、失业保险全部纳入属地统筹，享受属地参保人员同等待遇。把林区职工家属和已脱离森工企业的包括"4050"人员、零就业家庭、最低生活保障人群、一次性安置人员、灵活就业人员等各类群体的林区居民纳入属地保障，享受与呼伦贝尔市居民同类人员政策待遇，享受城镇居民医疗保险、困难人员救助医疗、特困人员最低生活保障政策。三是林区基础公共设施建设与管理职能有序移交属地政府，纳入属地整体建设规划和投入范围。经与呼伦贝尔市、兴安盟多次协商，明确将林区主干线生产防火公路的升级改造纳入地方公路交通投资建设范围，林管局在林区公路升级改造政策上给予支持。2008年，林区公路建设加快，根河－漠河、乌奴耳－柴河、阿拉山、毕拉河－莫旗等干线公路建设相继开工。将森工集团自建改造的牙克石－伊图里河、根河－白鹿岛油路的维护和管理移交属地。林区通信网络建设加快，重点景区阿拉山实现了移动通信80%覆盖。协商将林区通信网络全部移交联通公司。偏远林场通电工程纳入属地"村村通"工程范围。与属地明确了林业中心城镇的绿化、街区道路、文化广场建设由林业企业根据城镇规划参与投资建设后交付地方政府管理维护。率先将牙克石林业热电厂、阿拉山林业局局址供热机构协议移交属地政府，按市场化模式统一管理。与属地政府明确了原有林业居民小区物业管理按政府主导、市场化、社会化运作方向进行剥离改制。经过努力，林区公共设施建设管理逐步纳入属地政府的职能范围，基础设施建设与属地同步改善，步入了正常发展轨道。

（二）全力实施辅业改制工作

在社会事业管理体制改革取得重大突破后，森工集团抓住国家主辅分离、改制，分流安置富余人员政策到2008年年底的机遇，用四个月时间解决辅业体制问题，突出强化森工主业，以期尽快建立适应市场经济发展需要的现代企业制度。企业改制以产权制度改革为核心，改制范围包括林区森林采伐以外的所有辅助产业、林产工业、多种经营产业，改制的目标是实现国有资产、国有职工身份"双退出"。

改革的方式，一是按照主辅分离政策以国有资产补偿职工全民身份，企业改制为股份制民营企业，职工与改制企业签订劳动合同，成为股东加员工双重身份，继续在改制企业就业；二是对于不愿意以资产补偿安置的国有企业职工，森工集团按照天保工程补偿标准一次性以现金进行补偿，职工脱离森工企业自谋职业；三是对国有资产数额较大，资产补偿职工后有剩余的，通过公开的方式广泛吸纳社会资本，进行企业股份制改造。

三、吉林森工集团改革

吉林森工集团施业区位于吉林省东南部长白山区，总经营面积134.8万公顷，有林地面积120万公顷；共建设18个大中型国有林业局、4个森林经营局及8个围墙工厂，18个国有林业局分由吉林森工集团总公司和延边朝鲜族自治州林管局管理。由于长期以来单一以木材采伐为主的粗放经营方式，致使林区陷入了资源危机和经济危困的"两危"局面，林业企业多数处于停产、半停产状态。2005年，按照省委、省政府"整体改制到位，债权债务清理到位，职工身份转换到位，国有资本退出到位，基本建立现代企业制度"的总体要求，吉林森工集团提出了"四全、一改"的思路，加工业（除上市公司）国有资本全部退出，辅业全部转制民营，社会职能全部移交，职工全部转换劳动关系，对吉林森工集团进行股份制改造，成为产权多元、主业突出、结构优化的具有国际竞争力的大型森林工业集团公司。

（一）产权改革，国有资本全部退出

针对天然林资源保护工程实施，木材减产后林产工业开工不足、资产大量闲置、企业包袱沉重的实际情况，吉林省在近年来持续推进国有企业产权制度改革，对全省除保留的控股公司外的加工企业，通过采取政策性破产、管理层收购改制、经营者持大股，职工参股的股份制改造等多种形式，盘活存量资产，引进增量资产，推进国有资本全部退出，全省96户加工企业，涉及资产3.05亿元全部完成产权分离，实现了加工业国有资本全部退出。

（二）精简主业，辅业全部转制民营

为进一步增强林业企业市场竞争力和国有资本控制能力，使主业更加精干，积极利用天保工程政策对工程区现有职工医院、资源综合开发单位、机修厂及供水、供暖、供汽、网络传输、宾馆、商业、环卫等95个辅

业单位，全部转制民营，实行市场化运作。涉及资产 3.4 亿元，职工 15591 人，吉林森工集团总公司所属 65 个辅业单位已全部完成改制任务。

（三）减轻负担，社会职能属地移交

为解决森工企业社会负担过重，职能错位问题，吉林省提出要变企业办社会为社会办企业，通过社会职能全部移交，使企业真正成为完全的市场经济主体。近年来，全省森工企业共分离社会事业单位 87 个，收回资金 7000 多万元，企业减少支出 4000 余万元。吉林森工集团所属的 60 所中小学成建制移交所在地政府；24 个公检法机构的 2721 人纳入地方财政开支；对原企业管理的林业勘察设计院、三个林业技校等事业单位移交省林业厅管理，理顺了管理体制。

（四）用工改革，劳动关系全部转换

借助天保工程政策，各实施单位普遍狠抓了精简机构，压缩管理人员，减少管理费支出，实行竞争上岗和减员增收。特别是抓住一次安置的有利契机，引导职工转变择业观念，积极主动进入市场，实现再就业。从 2005 年下半年开始，对全部在册林业职工按有关政策，分别采取支付现金、用有效净资产量化抵顶、国有承债和争取国家优惠政策等经济补偿办法，全部转换劳动关系，由国有职工变为企业员工。坚持一手抓劳动关系转换，一手抓妥善安置，通过鼓励职工到民营企业重新就业，发展资源综合开发产业，组织旅游服务和劳务输出，最大限度地解决好职工就业问题，保持了林区社会的和谐稳定。

四、龙江森工集团清河林业局改革

清河林业局是我国国有林区第一个探索区域管理、内部政企分开的林业局，成功走出了一条改革和发展的新路子，为国有林区由传统林业向现代林业迈进提供了生动的实践教材。1998 年以来，清河林业局坚持不懈地进行林区经济改革，以渐进式的改革方式，实现了林区资源、经济、社会相协调的局面。其主要创新做法包括：

（一）林区行政管理体制创新

在清河林区设立局（林业局）、场（林场）两级管理委员会。局级管委会是在原林业局机构的基础上精简机构和人员而设立的行政主体。作为政府的派出机构，人大授予相应的政府职能，在林区内独立行使地方政府管理资源和林区社会各项职能。同时，局级管委会实行林区区域管理，在林业局所辖区域内进行生态、经济和社会发展的管理，但不突破现行林业局管

辖范围。改革提高了行政效率，节约了行政成本。

（二）政府与企业关系创新

清河林业局实行内部政企分开。政府部分（局、场两级管委会）负责管理林区行政、社会事业和森林资源，监督企业生产经营活动，促进林区社会进步与发展等职能。企业部分，将原林业局的企业职能剥离出来，企业部分成立林业经营公司，承接木材生产经营、营造林生产两大主营业务，成为自主经营的市场主体。政企在职能、机构、人员、资产、费用，预算上实行六分开。林业经营公司按有关政策向管委会缴纳育林基金、资源补偿费和社会保险等费用。

（三）森林资源管理体制创新

在森林资源管理体制上，实现"管资源的"和"用资源的"彻底分开。局级管委会内设资源管理局（"管资源的"），行使国有林区森林资源的相关管理、监督职能，对施业区内的森林资源依法管理。无论是木材生产还是营林生产，资源管理局都有专人进行全程监督。并根据当期市场价格核定森林资源补偿费和育林基金基数指标。林业经营公司（"用资源的"）对采伐和迹地更新造林负责。这一体制理清了森林资源监督管理、培育利用的关系。在森林资源管护上，全面推行责任制。职工群众在管护森林的同时，允许他们利用林下资源。

（四）企业制度创新

2002年开始，清河林业局先后对具备条件的厂家实行股份制改造，林业局以各种形式的投资及其收益为全民所有，构成国有股；各基层厂家的资产，为各厂家集体所有，构成集体股；职工及其自然人投入的为个人所有，构成个人股。成立以公有制为主体，外部法人和自然人入股的林产工业有限公司，原各厂家为子公司。通过折股量化和产权界定，形成了投资主体多元化、多种经济并存的格局。股份后的企业，按市场机制运作，用工、分配等各项经营管理活动完全由企业自主决策。如分配，企业除以固定返利的形式上缴部分利润与林业局外，其余利润企业自主决策用于股本分红或用于再生产。

（五）林区劳动分配制度创新

在用工方面，清河林业局实行了全员劳动合同化管理。建立林区劳动力市场，各企事业单位用工实行"双向选择，自主择业"，没有签订劳动合同的职工，一律进入劳动力市场，原单位不再保留这部分职工的劳动人事关系，由劳动、人事部门统一管理。学校也改革人事制度，从校长到教师一律竞聘上岗，择优录用。在分配方面，制定方案与细则，2000年以来，制定了《森林资源管护经营责任制实施方案与实施细则》等多个改革方案和规定，根据各项经营活动成本、利润核算，制定各种分配方式。通过分配方式的创新将责任和利益紧紧相连。

（六）社会事业经营方式创新

沿着面向市场，企业化经营、市场化运作的思路，清河林业局从2001年开始，对事业单位进行改革，把事业单位从林业局剥离出来。街道办事机构、自来水供应站、供热站、电厂、医院、广播电视局放开经营，物价部门制定详细收费明细，明码收费。管委会负责国有资产的保值增值，上缴利润完成后，其他经营业务活动完全由改制的事业单位自主决策。

通过一系列改革创新，清河林业局走出了困境，林业发展势头好，林区职工收入大幅增加。

五、黑龙江大兴安岭十八站林业局改革

大兴安岭十八站林业局始建于1974年，是大兴安岭林管局所属的一户大型森工企业。2008年12月，一场以国有林区森工企业实现政企分开、事企分开、资企分开为目标，构建国有林区管理新体制的综合改革在大兴安岭十八站林业局拉开序幕。改革的主要内容可以概括为"三分开""三建立"。"三分开"，即在保持目前林业局整体框架不变的条件下，实行内部政企分开、事企分开、资源管理与生产经营分开，并推动最终实现从外部彻底分开。"三建立"，即建立以企业为主体按市场运作的林业产业体系，建立以林业管理部门为轴心监管森林资源的林业生态体系，建立以政府为主导建设和谐的林区社会体系。

（一）分解机关职能，优化精简机关部门

改革前的林业局机关，管理内容无所不包。改革就是根据政企分开的要求，按照精简、统一、效能的原则，对林业局职能进行了重新定位，突出森林资源管理职能，剥离企业经营职能。通过划转等方式精干决策层，压缩管理层，充实经营层，有效实现了局机关的"瘦身"。改革后的林业局机关管理科室由原来的24个减到13个，机关人员由原来的346人减到152人，分别减少46%和56%。

（二）统筹社会事务，模拟企事分开管理

将林业局承担的教育卫生、广播电视、计划生育、疾病防治，以及民政、市政、街道、环卫、社会保障、殡葬服务、社区建设等具有政府职能

的单位和部门整合在一起，共535人，归类为社会事业部，模拟企事分开管理。明确了相应的管理职责，划清了编制、人员、经费、资产关系，由一名副局长归口分管，为最终实现政企分开奠定了基础。目前，林业局承担的粮食行政管理及所辖的粮食企业已移交给塔河县管理。

（三）剥离辅业单位，推行市场化经营

辅业单位改革的取向是产权多元化、经营市场化，增强社区服务功能，减轻企业经济负担。根据不同单位性质，采取不同处理办法，将商贸公司、物资公司实行捆绑式改革，两个单位合并为一个单位，用国有资产置换职工身份；将筑路工程处改制为私营企业；对长期依赖林业局补贴的供水、供暖单位进行整合，成立物业公司，实行自主经营；对暂不能推向市场的其他公益性单位，实行差额补贴，待条件成熟时再推向市场或移交给地方政府。

（四）组建专业公司，模拟法人独立经营

按照市场经济的要求，将原林业局承担的生产经营任务单位及相关管理部门整合，组建若干专业化公司，成为独立的经营主体。一是组建林业经营公司。由原林业局机关生产技术部、林产品经销公司（木材科）、木材验收队，以及贮木场、运输公司整合成立林业经营公司。二是组建资产经营公司。由原林业局机关产业开发部，以及煤炭公司、石油公司、华驿（林产工业）公司，绿色产业公司整合成立资产经营公司。三是由原林业局机关营林处改组成立营林公司。绿化任务由林业局发展规划科负责规划设计，森调队负责营造林任务的调查设计。林业局的营造林生产通过合同形式委托营林公司实施。四是组建境外采伐公司。适时联合省内外有实力和有经验的公司，共同开拓境外木材市场。

（五）实施林场转型，模拟事业化管理

过去林场的主要职能是组织木材生产和营造林活动，本质上是林业局的一个生产车间。将木材生产转到林业经营公司，营造林生产转到了营林公司后，全局5个林场全部由森工主伐型林场转为生态保护型管护区，在新挂森林资源管护区牌子时，仍保留林场牌子（主要考虑对外衔接的需要）。撤销了林业局驻林场的森林资源监督站，其职责划入森林资源管护区。管护区按事业单位管理，归林业局领导，主要职能是履行森林资源管理、野生动植物保护、森林病虫害防治、森林防火、林下资源管理等。目前主要资金来源是国家财政补助的天保工程森林管护费和林业局木材生产利润。管护区建立了森林资源管护体系，由管护区、中心管护站、家庭管

护站三级组成，以家庭管护为主，共有管护人员1114人。

（六）创新用工分配机制，综合配套推进改革

为适应管理体制改革，创新经营机制，十八站林业局对劳动用工和工资分配进行了配套改革。在劳动用工方面，推行全员竞聘上岗制度，干部实行聘用制，对竞聘落选的干部，档案中保留原级别。工人实行合同制。今后企业用人只认合同，不认身份，凡是不签订劳动合同的一律进入人力资源市场，真正实现企业用工自主化、劳动用工合同化。目前，全局已不存在职工在册不在岗、在编不在岗的现象。在收入分配方面，废止了职工原档案工资，实行岗位工资，按岗定薪，岗变薪变。林业局管理人员实行岗位技能工资，公司员工实行岗位绩效工资。改革后职工收入普遍提高。

第四章

国有林场改革实践

我国的国有林场是新中国成立后国家为加快森林资源培育，保护和改善生态，在重点生态脆弱地区和大面积集中连片的荒山荒地上，采取国家投资的方式建立起来，专门从事营造林和森林管护的林业单位。国有林场在我国林业发展中发挥了重要的骨干、示范和带动作用，特别是在森林培育和保护方面取得了巨大的成就，得到了社会的公认。但是，国有林场在长期发展过程中也积累了许多困难和问题，目前，全国共有国有林场4855个，职工75万人，其中在职职工48万人。各级政府对国有林场没有明确的政策支持和投资渠道。91%的林场自收自支或差额拨款，导致森林管护抚育投入不足，林场经济发展缓慢，职工就业困难、收入低下、生活贫困。2013年林场在职职工人均年收入1.8万元，仅为全国城镇非私营单位就业人员年平均工资的35.3%，为城镇居民年人均可支配收入的67%。在职职工中还有10.8万人没有参加基本养老保险，14.7万人没有参加基本医疗保险。下岗待业职工有6万多人，就业十分困难。国有林场的改革迫在眉睫。

第一节 国有林场改革历程艰难

我国国有林场改革从20世纪80年代中期至今，进行了多方面改革探索，大致可划分为三个阶段：

第一阶段为20世纪80年代中期至90年代初期。这一阶段的改革，主要是围绕着国有林场内部经营管理展开的。改革的主要内容包括：全面推行场长负责制，确立场长在生产、经营、管理中的中心地位，以实现责任和权力的统一。建立了多种形式的承包经营责任制，使责、权、利有机结合起来，以调动职工的积极性。缩小经济核算单位，推行一级管理、两级核算或两级管理、三级核算，以提高经济效益。在此期间，国家提出了国有林场实行"以林为主，多种经营，综合利用，以短养长"的办场方针，许多林场充分利用自身资源优势，广开生产门路，兴办多种产业，改变了长期以来单一营林的生产格局。由于当时处于物资短缺时期，国有林场通过开展多种经营，取得了较好的经济效益，收入显著增加，经济实力明显增强。

第二阶段为20世纪90年代初期至90年代后期。这一阶段改革是围绕强化内部管理，转换经营机制，适应市场经济体制要求展开的。重点改革内容：一是推行人事、劳动、分配"三项制度"改革。在人事制度上，打破干部与工人的界线，推行干部聘任制；在劳动制度上，推行全员劳动合同制；在分配制度上，实行按劳分配为主，推行多种形式的分配方式，按照效率优先、兼顾公平原则，根据岗位技能和实际劳动贡献确定职工的收入。二是强化内部管理，转换经营机制。按照"精简、效能"的原则，合理设置内部管理机构，压缩非生产人员，充实生产第一线，建立和完善各种岗位责任制、生产责任制和经济责任制，从生产经营的各个环节入手，规范内部管理，形成了有效的竞争机制、激励机制和约束机制，提高了管理水平和管理效益。三是大力提倡发展职工家庭自营经济。林场创造条件并提供优惠政策，允许并鼓励职工发展种植、养殖和小型加工项目，增加职工收入。通过上述改革，国有林场的内部管理得到一定加强，经营机制得到明显改善。但是，随着市场竞争的日益激烈，国有林场多种经营生产的初级产品市场竞争力下降，经济效益下滑，林场经济危困局面开始显现。1997年，全国国有林场出现全行业亏损。为此，中央财政从1997年开始安排国有林场扶贫专项资金，帮助国有林场解决面临的经济困难。

第三阶段为20世纪90年代后期至今。这一阶段的改革，主要围绕国有林场如何摆脱困境，建立健康发展的长效机制，进行了积极探索。随着国家经济社会的快速发展和综合实力的增强，人民的物质生活水平不断提高，精神文化需求日益增加，对林业的主导需求也发生了根本性的变化。国家对林业的指导思想进行了及时调整，提出了以生态建设为主的林业发展战略，林业工作的重点从以木材生产为主转向了以生态建设为主。为适应新形势，国家从90年代后期开始实施了天然林资源保护工程、退耕还林工程等重点生态工程。在加大对林业投入的同时，调减木材产量，特别是对地处长江上游、黄河中上游的省份实行了禁伐。国有林场以木材收入为主要经济来源，受此影响，国有林场的经济危困加剧，进入了长达6年的全行业亏损。国有林场面临的困难和问题,引起了社会的广泛关注,国务院领导同志对解决林场困难和问题作出了重要批示。各级政府和林业主管部门就如何解决国有林场面临的困难问题、建立国有林场稳定健康发展的长效机制,进行了多方面的积极探索。1999年山东省率先开展了国有林场分类经营改革,重点是在对林场进行分类的基础上,明确了将生态公益型林场所需经费纳入财政预算,对促进国有林场的健康发展起到了积极作用。2005年4月,重庆市人民政府出台了《关于深入推进国有林场改革与发展的意见》,提出了包括理顺管理体制,转换运行机制,解决职工分流安置和社会保障等一系列综合配套改革政策措施。近年来,各地从不同角度积极探索解决国有林场问题的措施和办法,为全面推进国有林场综合配套改革积累了丰富的经验。

第二节 探索管理体制改革

国有林场建立以来,管理体制几经变革。20世纪80年代以前,按全额拨款事业单位管理。80年代初,国家开始将国有林场逐步下放,成了差额拨款事业单位。90年代开始,国有林场进一步转为自收自支、企业化管理的事业单位。

20世纪80年代以来,国家财政体制改革实行"分灶"吃饭,原来由中央财政掌握的国有林场事业费和基本建设费切块下放,改由省、市、县财政管理,国有林场逐步形成了事业单位企业化管理、自收自支的管理体制。为了适应这种形势的变化,解决国有林场建设资金不足问题,各地国有林场进行了不同程度的改革,建立了多种形式的承包经营责任制,使责、权、利有机结合起来,调动广大职工的积极性。进入80年代中期以后,国有林场加快了产业结构调整步伐。许多国有林场充分利用自身各种资源优势,广开生产门路,兴办多种产业,改变了长期以来主要以单一营林生产的格局,形成了以林为主、多种经营的发展模式。同时在内部管理上推行了场长负责制,场长在生产、经营、管理中实现了责任和权力的统一。

20世纪90年代以来,各级政府和林业部门为适应建立社会主义市场经济体制的要求,在推进国有林场改革和管理方面,开展了人事、劳动、分配"三项制度"改革,通过建立场长任期目标管理和考核制度,进一步明确了责、权、利关系;下放经营自主权,提高了国有林场经营活力和自我发展的能力，经营机制得到明显改善；进行组织结构调整，发挥群体优势，实行规模经营，增强了国有林场的整体实力。

许多国有林场针对内部管理机构重叠、人浮于事、环节多、效率低的状况，进行大刀阔斧的改革，精简不必要的机构，压缩非生产人员，明确职责，建立精简、协调、高效的运营机制；建立和完善了各种岗位责任制、生产责任制和经济责任制，推行干部聘任制、全员劳动合同制和多种形式的分配制度，调动了职工的积极性；从生产经营的各个环节入手，规范内部管理，形成了有效的竞争机制、激励机制和约束机制，管理水平得到明显提高。

20 世纪 90 年代后期，随着林业建设的主要任务逐步转向以生态建设为主，以及国家对生态脆弱地区森林资源实行禁伐限伐政策，国有林场的木材产量由每年 1200 万立方米减少到 800 万立方米，绝大多数国有林场的森林资源纳入公益林管理，事业单位企业化管理的体制与国有林场承担的生态建设任务越来越不适应。为适应国家林业建设的需要，发展国有林场事业，1996 年林业部下发了《关于深化国有林场改革加快发展若干问题的决定》（林场字〔1996〕49 号），提出了科学划分国有林场类型，实行分类经营；推进国有林场组织结构调整，鼓励多种经济成分共同发展；转换经营机制，强化内部管理，提高经营水平；加速森林资源培育，科学合理利用森林资源；优化产业机构，办好绿色产业，增强经济实力；依照科技进步，推进科技兴场；依法维护国有林场合法权益；全面落实经济扶持政策，为国有林场发展创造良好外部环境等政策措施，对国有林场改革和发展起到了较好的指导和促进作用。

山东省按照分类经营、分类管理的要求，1999 年率先对国有林场进行了分类改革，生态公益型林场按照公益事业单位管理，纳入同级财政预算，基础设施和造林营林等建设项目纳入同级财政预算和基本建设计划，理顺了管理体制，在很大程度上缓解了国有林场的困难，为国有林场的发展带来了活力。到目前，全省有 30 处林场实行了全额拨款，90 处林场实行了差额拨款，80% 的在职职工、90% 以上的离退休人员纳入养老保险体系。

第三节 新世纪以来开展的改革

2003 年 6 月，中共中央、国务院下发了《关于加快林业发展的决定》，指出要深化国有林场改革,逐步将其分别界定为生态公益型林场和商品经营型林场,生态公益型林场按公益事业单位管理,商品经营型林场推行企业化管理。中央领导同志也多次就国有林场改革作出重要批示。为了落实中央林业决定和领导同志重要批示精神,各地以建立适应社会主义市场经济体制、有利于现代林业发展的国有林场管理体制和运行机制为目标,对推进国有林场改革进行了积极的探索和试点,取得了较好的成效。

安徽省黄山市黄山区于2004年9月在黄山林场进行国有林场综合改革试点,在取得初步成效后,及时在其他三个国有林场全面推行综合改革,到2006年年底,该区4个国有林场全部重新挂牌成立了公益型林场。在改革中,按照严管公益林、搞活商品林的要求,实行分类经营,采取不同的管理体制,激活了国有林场的经营机制。国有林场富余职工得到大幅度精简,在编人员由311人减少到57人,职工得到妥善分流安置,社保问题得到妥善解决;林场生产成本大幅度降低,经济效益明显增强,全区4个国有林场走上了良性发展道路。

重庆市人民政府于2005年4月出台了《关于深入推进国有林场改革与发展的意见》,全面展开国有林场综合配套改革,包括理顺管理体制,转换运行机制,解决职工分流安置和社会保障等问题。改革实施以来,全市国有林场数量由98个整合为73个,有72个林场全额或差额纳入财政预算管理。投入资金3715万元,改善国有林场基础设施。所有林场职工纳入了社会养老保险,补缴了拖欠的养老保险金1302.5万元,并通过多种渠道减免或核销林场负债1.3亿元,促进了国有林场的健康发展。

山西省从政策层面对省直林区的职能和性质进行了定位,赋予了国有林场保护和培育森林资源的社会公益职能,明确了省直九大林区公益事业性质,同时对省直林区管理机构进行了更名,将省直8个森林经营局更名为"国有林管理局",从机构和职能上为国有林场体制改革做好了准备,并落实了部分转制补贴。

湖南省深化国有林场税费改革,省农村综合改革领导小组办公室、财政厅、林业厅联合下发了《关于深化国有林场税费改革有关问题的通知》(湘农改办〔2007〕10号),确定省财政每年从中央财政转移支付的税费改革资金中安排8231万元,用于免除国有林场类似乡镇上交的五项统筹费,补助国有林场养老保险缴费和公共事业开支,为国有林场改革和发展奠定了坚实的基础。同时,省劳动保障厅、财政厅、林业厅于2007年11月7日联合下发了《关于未参保国有农业企事业场所和农户型国有林场参加基本养老保险有关问题的通知》(湘劳社政字〔2007〕15号)和《关于未参保国有林业事业场圃参加城镇企业职工基本养老保险有关问题的通知》(湘劳社政字〔2007〕16号)两个文件,要求从2007年10月1日起,将未参保国有林场职工全部纳入基本养老保险体系,实现"老有所养",解决了国有林场改革过程中一大难题,为全面推进国有林场改革创造了条件。

在税费改革方面,江西省政府办公厅于2007年9月印发了《江西省深化国有农场税费改革方案》(赣府厅发〔2007〕53号),将国有林场纳入税费改革范围,制定出台了免除土地承包费等8个方面的政策,为国有林场彻底剥离社会职能、"场带村"、纳入新农村建设规划提供了政策支撑。

另外,一些地方通过兴办家庭林场、发展自营经济等形式扩大职工就业门路。内蒙古自治区兴安盟部分国有林场采取统一规划,长期承包(一包70年)的形式组建家庭生态林场,以森林管护为主要任务,同时开展造林和森林经营活动,并通过发展种植、养殖和采集林副产品等增加收入,极大地调动了广大职工的积极性,通过劳动致富已成为职工的自觉行动。广西等省份制定优惠扶持政策,鼓励国有林场职工发展自营经济,职工收入大幅度提高。

第五章

国有林改革的国际借鉴

第一节 加拿大

加拿大是世界著名的林业大国，林业（含林产工业）对国民经济的发展具有重要的推动作用。根据1994年森林资源清查结果，加拿大林地面积为4.176亿公顷，占国土面积45%；森林面积为4.14亿公顷，森林总蓄积量为247亿立方米。森林资源按所有制划分，国有林占94%，其中，省有林占71%，联邦有林占23%，私有林仅占6%，并分属于42.5万个林主所有。

加拿大联邦政府只管理直辖的两个区及各地的印第安保护区、军事区和国家森林公园等森林。加拿大对国有森林实行"国家所有，公司经营"的经营管理制度，并制定了一系列法律规定。联邦政府的主要职责是制定国家林业发展战略、林业科技政策；负责国际关系、贸易与投资，促进企业和地区发展；开展林业统计及管理印第安事务等。省政府负责经营管理本省的森林资源。各省均设有自然资源主管部门，管理省有林和私有林。各省具有独立的林业立法权，可制定适合本地区的林业法规、标准和计划，并以此来分配省有林的采伐权，落实经营责任。

加拿大的林业法律执行得非常严格。林业执法管理机构采取评价和检查的方式对管理对象的经营过程随时进行检查监督，根据规定，林业经营者必须向林务局提交1年、5年和25年期的林业经营计划。每年度要提交一份报告，详细说明森林采伐和更新造林情况，林务局在广泛听取社会公众意见的基础上，对报告进行评价。林务局每5年要进行一次检查，核实经营者经营协议执行情况，对合格者，准予执行第二个5年计划，继续滚动享有25年的经营权；对不合格者，按规定终止经营协议，其后果会使林业经营者受到经济损失，甚至导致破产。因此，经营林业的企业能够严格执行国家政策和法律，接受社会各方面的监督，保持国有林可持续发展、公司可持续经营。

第二节 德国

德国林业发展历史悠久，在森林经营理论探索方面始终走在世界的前列。德国国土面积3570.30万公顷，森林面积1107.60万公顷，森林覆盖率31.70%，其中公有林占52.80%；林木总蓄积34亿立方米，平均每公顷蓄积量高达320立方米。德国森林所有权明晰，主要包括国有林（联邦林、州有林）、集体林（市、社区、教堂等）和私有林（个人、公司）；其中，国有林约占全国森林总面积的34.00%，在生态建设和林业产业发展中占有重要地位。

德国森林经营的历史过程，也是在不断探索中修正自己的认识，在实践中不断完善自己的理念与方法。他们也经历了原始林破坏殆尽，大面积营造人工纯林，按自然方法及规律营造森林的长达200多年的发展阶段，经历了由破坏自然—营造森林—改造森林—回归自然的曲折历程。在不断总结的过程中，目前的森林经营水平与其经济社会发展水平仍处于世界前列。

德国森林管理机构由五级构成，联邦农业及消费者保护部（消费、食品和农业三个部门），农业部下设林业司，负责全国林业政策、法律、方针和计划的制定，林业执行情况的统计，各州林业与相关部门的协调，国际合作与交流等。各州的农业部，主要负责政策制定。监督全州森林经营管理的合法性，管理全州的国有森林，指导全州私有林和社团林经营。州以下分区设立森林管理局，经营管理区域内的国有林并以森林经营的榜样示范，审批私有林经营的申报文件，对私有林主提供免费咨询。区级以下分片区设立森林管理科，职责类似于森林管理局。在科级以下设立森林管理小组，管理区域森林。

德国国有林绝大部分归各州所有，经营管理的责任在州政府。2008年以前，国有林投入预算分别由联邦政府和州政府负担40%和60%，实行收支两条线，盈亏均由国家承担。多年来，德国国有林一直处于亏损状态，给州财政带来了巨大压力。2008年开展了国有林改革，通过精简机构，压缩编制，实行经营与管理的分离，州政府行驶管理权，监督企业经营状况，企业自主经营，自负盈亏，扭转了国有林亏损的状况，森林资源实现了可持续经营。

德国没有林业公安，但法律赋予了林务官在林区行使警察的职能。林务官穿着绿色的制服，佩戴臂章，携带武器，在森林区域内对违法行为进行制止和处罚。

第三节 日本

日本是世界上森林资源恢复最好的国家之一。1945—1956年日本首先制定了恢复和保护森林资源的林业发展战略，以恢复在战争时期被破坏的森林资源和满足国民经济对木材的需要。1957年以后，由于工业用材急剧增加，木材供需矛盾日趋尖锐，森林资源过伐严重，日本又制定了以积极经营为主，开发和扩大森林资源的战略，并相应地制定了增加森林资源的法律。20世纪70年代初，随着经济的高速发展，木材和水的需要量不断增加，公害日趋严重，人们对森林生态效益和社会效益的要求越来越高，为了提高森林生产力，充分发挥森林生态效益和社会效益的林业发展战略，日本政府制定了《森林资源基本计划》和《重要林产品供需长期预测》，1972—2021年的林业长远规划主要指导思想是，从长远观点出发永续利用森林资源，提高森林质量，为社会提供更多更好的木材和林产品；充分发挥森林多种效益，保持水土，涵养水源，保护和改善自然环境，提供游憩和体育场所；振兴山区经济，改善山区居民生活水平。进入80年代后，人们对森林效益的要求是多方面的，因此，日本把林业发展战略调整为森林多效益综合经营发展战略，也称之为"新的林业经营方针"。

2005年，日本全国森林面积2486.80万公顷，占国土总面积的65.80%，林木蓄积量42.49亿立方米，单位面积蓄积量为171立方米/公顷(FAO，2005)。日本森林按权属分为三类：国有林(国家所有)、公有林(县、市、町、村所有)和私有林(个人、公司)。其中，国有林786.00万公顷，占全国森林总面积的31.61%，以天然林为主，在涵养水源和水土保持方面发挥着重要的作用，也是野生动物的栖息地和野生植物资源的宝库。

日本的国有林是各级政府根据治山、治水和生态保护的需要，逐渐购买形成的经历了100多年。日本国有林经营管理自成体系，由农林水产省林野厅全权负责管理和经营。林野厅下设国有林管理部和国有林经营部，前者负责国有林的组织、人事、工资、福利和培训等；后者负责国有林经营业务，主要包括计划、营造林、木材生产和特别会计。林野厅对国有林管理是通过分布在全国的9个营林局、5个管林支局和229个营林署实现的。

日本国有林属全民所有，以森林多种功能的持续发挥为主要目标，这就决定了以国家财政为主的投入体制和无偿向国民开放的利用模式。因此，国有林由中央林业主管部门（林野厅）直接管理，对人、财、物、产、供、销实行一元化领导，特别是对国有林业系统管理人员实行直接管理，地方政府在经济上对国有林既不投入也不收益。

第四节 俄罗斯

俄罗斯位于欧亚大陆北部，地跨东欧北亚的大部分地区。北临北冰洋，东濒太平洋，西滨波罗的海。国土面积1708万平方千米，是世界上地域最辽阔、面积最大的国家。

俄罗斯共有森林面积7.635亿公顷，约占全球森林面积的22%；林木总蓄积量807亿立方米，占全球森林总蓄积量的22%左右。森林覆盖率为45.2%，人均森林面积5.2公顷，是世界上森林资源第一大国。俄罗斯的森林主要为国有林，属俄罗斯林务局管辖的森林面积约占全国森林总面积的94%，按蓄积量计算，约占全国总蓄积量的91%。集体农庄和国有农场拥有的森林占全国森林总面积的4%。

俄罗斯林业在传统上一直分为两大部分，营林业和森林工业，森林工业包括木材采运、木材加工（含家具工业）、林产化学和制浆造纸。根据《俄罗斯森林法原则》规定，森林工业不从属于营林业，营林业的主要任务是从事森林的经营管理和造林更新（包括抚育）。俄罗斯将营林和森林工业分开的主要目的是实现互相监督和制约，以实现合理利用森林资源，防止森林资源的破坏和浪费的目的。

俄罗斯的营林业实行三级管理体制，俄罗斯林务局为中央单位，州、边区或自治共和国的林业管理局（或称森林委员会、林业部）为地方管理单位，林管区（或称林场）为基层单位。此外，在林管区下设施业区、营林小区和护林段。俄罗斯林务局的前身是原苏联林业部（后改为森林委员会）。全国现在共有83个地方级林业管理单位，其中属于共和国的有20个，属于各边疆区、各州的有63个。地方级林业管理机构均直接归林务局领导。

但是，地方林业机构领导人的任免，则需通过林务局与地方政府共同协商确定。

林务局的主要工作包括：制定全国性的有关森林利用、更新、保护和监督的法令和条例；组织森林资源状况和资源利用检查；组织林业研究和国际合作；制定全国林业发展规划；实施森林资源评估和监测；组织森林更新和造林，组建航空和地面森林保护基地，监督森林利用；审定和批准与地方施业单位及环境和自然资源部签订的协议；确定各种林业活动的经费额度；为各项林业活动提供资金；组织林业干部和林业职工培训；制定行业税收协定；向财政部、经济部、国家统计委员会及国家税务局提供情况简报。在林务局内设有一个由11人组成的战略决策委员会，其成员由林务局及各下属单位的负责人组成。

地方林业管理机构在林务局的直接领导下开展工作，资金来源于林务局和所在地区。地方林业管理机构的主要职责是：制定该地区的森林经营法规，协同地方政府和环保部门监控森林状况、森林利用、森林更新和森林保护，组织森林核算，开展森林更新、抚育和保护工作，为地方森工单位准备伐区分布建议书，在林务局的预算范围内为各林管区分配资金等。

林管区是实施各种森林经营活动的基层单位。其主要职责是：组织森林核算、参与森林调查、规划和科研工作。在国家规定的经营类型和保护等级范围内做好森林资源分类的前期工作。与森林利用单位签订协议并签发采伐证书，为森林利用单位划定采伐地点，组织森林间伐，更新改造低产林，建立种子园和苗圃。实施森林保护、监督、检查委托经营单位的森林利用、更新和保护工作，组织开展林副产品生产和抚育间伐材的加工等。

俄罗斯各州、边区或自治共和国林业管理局（森林委员会）拥有的林管区数量不等，林管区下设的施业区、营林小区和护林段的数量也不尽相同。林管区和施业区的数量及面积，主要取决于当地的资源状况和经济发展水平。如列宁格勒州林业委员会共拥有28个林管区、193个施业区，379个营林小区和2410个护林段；滨海边疆区设置了31个林管区和138个施业区。

林务局的经费由国家财政支出。全国各地出租或租赁森林资源所得款项，原则上一律上交国库。目前，林务局的各下属单位，包括科研和教学单位，以及各州、边区和共和国的林业主管机构，从林务局获得部分经费（其百分比因单位性质而异），不足部分需自己解决。

在原苏联时期，俄罗斯长期设置森林工业、木材加工工业和制浆造纸工业部(简称森工部)。苏联解体后，俄罗斯的森林工业管理体制变动很大。1992年年初，俄罗斯将森林工业划归工业部领导，在工业部内设木材采运、制浆造纸和木材加工工业局。为配合全国性的经济和管理体制改革，1992年年底，组建了俄罗斯森林工业公司。为了完善国家对森林工业的统一管理，1996年又成立了俄罗斯国家森林工业委员会。1997年国家森林工业委员会被撤销，重新以俄罗斯森林工业公司名义划归经济部统一管理。

俄罗斯森林工业公司对全国所有的森工企业实行统一管理，其管理方法主要是通过各种经济手段进行调节和控制。主要工作包括：改善森工企业资金投入、资助科技项目、组织签订税收协议、组织开展有效的市场营销、为季节性贮备(期货交易)发放贷款、组织签订(联合公司)协议、征收进出口税、支持优先发展项目等。目前，俄罗斯森林工业公司在全国各大林区共组建了47个森林工业控股公司，包括的企业已超过600家。此外，森林工业公司还积极组织资金投标和将国家股份拍卖给企业的活动。为了促进森林工业的发展，开展了大力吸引外资的工作。

俄罗斯的森林工业企业的所有制有3种类型，国有企业、国家持股的股份制企业和无国家持股的股份制企业。但是，事实上，俄罗斯现有的木材加工企业(包括家具、非单板型人造板和胶合板企业)和制浆造纸企业已全部实行了私有化。只有木材采运工业尚有一小部分企业未实行股份制。根据《特别股权法》和《联邦股票额法》的规定，对法定资本中含有国家成分的国家持股的公司(企业)，政府通过派驻代表参加公司管理机构的办法进行管理。

当前，俄罗斯森林工业共有各类企业1.8万家以上，其中3000多家为大、中型企业。在全部森林工业企业中，有445家(约占2.5%)为国有企业，其余的企业均为股份制企业。在586家国家持股的股份制企业(公司)中，国有股份所占比重在10%~80%。

第五节 瑞典

瑞典位于北欧斯堪的纳维亚半岛的东部，由波罗的海南部一直延伸到北极圈以北，总面积为4499.64公顷。1997年人口为880万，日耳曼族瑞典人约占90%。人口密度为21人/平方千米。瑞典地理位置虽然偏北，但受大西洋墨西哥暖流的影响，气候比较温和，年降水量差异较大，西南部达 1000~1200 毫米，而东北部仅 300~500 毫米，降水量的 50% 为冬季降雪。

瑞典属经济发达国家。工业在经济中占主要地位，主要工业部门有采矿、冶金、机械、木材、造船、化工和食品等，主要工业产品为钢铁、汽车、精密配件、食品加工、纸产品。科学技术发达。森林工业、汽车工业、通信设备、特种钢、滚珠轴承、制药业在国际上都处于领先地位。

瑞典土地总面积为 4100 多万公顷，其中森林面积为 2340 万公顷，森林覆盖率为 57%。森林资源以针叶树为主，约占森林总面积 84%，其中挪威云杉占 46%，欧洲赤松占 38%。阔叶林约占森林总面积的 16%，其中桦树占 11%，其他 5% 为欧洲山杨、英国栎、欧洲山毛榉、欧洲桤木等。由于严格执行本国的《森林法》，控制采伐量，重视林业教育和科研工作，进行科学经营，瑞典森林总蓄积量和总生长量不断提高。林木总蓄积量达 27 亿立方米，与 20 世纪 20 年代相比增加了 50% 以上。每公顷年均生长量达 3.6 立方米，南部轮伐期 60~80 年；北部轮伐期 120~150 年。

瑞典的林业相当发达，尤其是森林工业，在国民经济中起着至关重要的作用，在世界上也处于领先地位。瑞典林产品主要包括锯材、纸浆和纸等，林产品的 50% 以上供出口。90 年代以来，森林工业年产值占全国工业总产值的 8%，林产品出口总额占全国总出口额的 17%，是创汇最多的产业。瑞典森林只占全世界的 1%，但锯材产量占全世界的 6%，纸浆产量占 7%，纸产量占 3%。在世界贸易中，瑞典纸浆和纸出口均居第三位，锯材居第二位，主要出口市场是西欧国家。全国有近 25 万人直接从事林业工作，林业就业人数占全国就业总人数的 6%，林业生产总值已占国内生产总值的 5.5%。瑞典林业经过近百年的努力，已逐步走上可持续发展的轨道，森林的蓄积量、年生长量和年采伐量稳步增长。可持续的最大年采伐量可达 9300 万立方米，立木年生长量达 1 亿立方米。瑞典森林资源为森林工业的持续发展奠定了基础。

在全国森林面积中，国有林为 110 万公顷，约占总森林面积的 5%；私有林为 1150 万公顷，约占 50%；林业公司为 860 万公顷，约占 37%；其他公共林地 180 万公顷，约占 8%。国有林主要分布在立地条件较差的北部地区，私有林大部分在立地条件好的中部、南部地区。瑞典森林年采伐面积约 23 万公顷，仅占森林面积的 1%。年产木材 6500 万立方米，约占年生长量的 76%。森林采伐面积中，70% 为人工林。生产的木材，75%

由主伐获得，25%来自疏伐。森林始终是瑞典最重要的自然资源。

《森林法》的原则是保护森林资源，提高森林质量，确保森林永续利用。主要内容包括：森林采伐必须得到批准，限额采伐，采伐后3年内必须更新，更新质量不符合要求的，必须返工重造。国家对造林、修路、森林防火等给予支持，造林补贴可占投资总额的50%以上。

瑞典的林业管理工作以前在长时间一直归农业部负责，1991年后划归工业和商业部。该部下设国家林务局，全国24个省均成立省级林务局，并把全国划分为141个社区。工业和商业部主要负责制定林业政策，国家林务局则负责具体的林业管理工作。其职能包括：《森林法》的实施、咨询服务、政府补贴的分配、森林调查、宣传、生态问题和木材等级管理。

第六节　美国

美国森林总面积约3.03亿公顷，占全国土地面积的33.1%，其中公有林占42.4%；林木蓄积351.18亿立方米，单位面积林木蓄积量为116立方米/公顷（FAO，2005）。美国林地所有制分为国家所有、州所有、部族所有、社区所有和私人所有五种形式，国有林约占森林总面积的34.1%；森林所有权长期明确，从而避免了因为林权纠纷引起的森林破坏。

美国国有林经营注重发挥森林的生态和社会效益，在森林经营方面强调"森林生态系统经营"。为保障生态防护功能，国有林采伐以抚育伐和间伐为主，河流和湖泊周围的水源涵养林严禁商业性采伐，抚育间伐要保证不造成水土流失和水质污染。

美国联邦国有林由联邦政府实行垂直管理，机构设置分为四级：

第一级是农业部下属的林务局，管辖了接近一半的国有林。内设国有林管理司，负责全国国有林经营管理规划、年度计划、预算管理、经费划拨，森林资源管理和政策制定等工作。林务局对森林资源的监测和管理主要通过制定、实施、评价和修订各级林业计划来实现，形成对国家林业的宏观调控与指导。

第二级是按区域设置的8个大林区，主要职责是监督和指导下属国有林区，协调分配财政预算以及政策制定。每个林区设一个林业试验站或研究所，负责森林经营和科研管理工作。各大林区依据区域指南确定大林区内国有林的经营方向和管理目标，分析资源的产出和消耗水平等，起承上启下的作用，具有宏观指导意义。

第三级是按生态系统类型设置的155个林管区，负责分配财政预算，为营林区提供技术指导和服务，协调开展政策制定工作。每个林管区内设一个主管，负责该区的森林经营管理工作，并承担下属营林区的相互协调、预算分配和提供技术服务。林管区计划就是将区域指南的宏观目标具体落实到特定的林管区，并确定林管区的土地利用方案和具体的经营措施，如选点、制定采伐进度计划等。一般说来，制定林管区计划是一项复杂的系统工程，需要公关和调研，以了解公众舆论和供需情况，还需要利用现代科学技术，设计、评价和优选管理方案。

　　第四级是作为林业系统最基层600个营林区，负责森林培育和日常森林管护、野生动植物保护和森林防火等工作。每个营林区有职工10~100人不等，经营面积2万~40万公顷。营林区主要任务是森林经营、林道建设、森林植被和动物栖息地的管理。营林区计划将林管区计划的经营措施分解成具体的、可操作的实施计划加以落实。

　　美国林业管理体制的一个重要特点是：谁所有、谁管理、谁投入；所有权、经营权和资金投入一致。国有林财政管理实行"收支两条线"，投入预算每年要通过国会审查批准，采伐收入完全上缴财政。当年发生的森林火灾、病虫害等突发性灾害费用，林务局可申请专项拨款，然后转入下一年预算。税收上，美国对国有林收入全部免税。

第六章

开启国有林全面改革

国有林业如何走出困境,党中央、国务院高度重视。2010年5月12日,国务院召开第111次常务会议,对国家林业局起草的《关于加快国有林场改革的意见》进行了审议。会议决定由国家发展和改革委员会和国家林业局牵头,会同有关部门组成改革工作小组,就国有林场和国有林区改革问题作进一步深入调查研究、提出意见,通过试点、总结经验,有序推进,不断完善。

第一节 开展新的试点工作

根据2010年国务院第111次常务会议精神,国家林业局会同国家发展和改革委员会于2011年1月19日联合下发了《关于开展国有林场改革的指导意见》(发改办经〔2011〕142号)(以下简称《意见》),选择部分具有代表性省份先行开展国有林场改革试点,进一步总结经验,稳步推进改革工作。按照《意见》要求,正式提出试点申请的有河北、吉林、黑龙江、浙江、安徽、江西、山东、湖南、广东、重庆、贵州、云南、西藏、陕西、甘肃15个省(自治区、直辖市)。其中,浙江、江西、湖南、重庆为改革整省(直辖市)推进,其他省份选择部分市、县开展国有林场改革试点。

2011年9月5日,国家林业局会同国家发展和改革委员会召开了国有林场和国有林区改革工作小组第二次会议,原则上同意江西、湖南、浙江、安徽、河北、山东和甘肃7个省作为全国国有林场改革试点地区,并对下一步国有林场改革试点工作进行了部署。10月17日,国家林业局会同国家发展和改革委员会联合下发了《关于开展全国国有林场改革试点工作的复函》(发改办经〔2011〕2498号),同意江西、湖南、浙江、安徽、河北、山东和甘肃7个省开展全国国有林场改革试点,其中江西省和湖南省为整省范围开展试点，其他省份选择部分地区开展试点，国有林场改革试点工作正式启动。10月31日，国家林业局会同国家发展和改革委员会和财政部召开了国有林场改革座谈会，进一步明确了改革重点和应当把握的环节，对下一步国有林场改革试点工作提出了具体要求。

为加强国有林场管理，维护国有林场合法权益，保障改革顺利进行，国家林业局于2011年11月14日颁布实施了《国有林场管理办法》（林场发〔2011〕254号）（以下简称《办法》）。《办法》共分6章48条，主要内容：一是明确了国有林场性质，规定了新时期国有林场办场方针和主要任务；二是规定了国有林场管理机构主要职责；三是规范了国有林场设立、变更和撤销；四是加强了国有森林资源资产管理；五是规定了国有林场权利和义务；六是规定了国有林场组织机构。《办法》的实施，为保护我国珍贵国有森林资源提供了重要依据，为国有林场改革顺利推进提供了保障。

一、批复试点方案，明确改革方向

2013年8月5日，经国务院同意，国家发展和改革委员会和国家林业局正式批复了河北、浙江、安徽、江西、山东、湖南和甘肃7个省国有林场改革试点实施方案，我国国有林场改革试点进入了实质推进阶段。本次试点涉及865个国有林场，职工18万人，经营面积390.6万公顷，分别占全国国有林场的17.8%、24%、5.1%。8月30日，召开了国有林场和国有林区改革工作小组第三次（扩大）会议，部署了改革工作，明确了试点省政府在加强对国有林场的组织领导、加强国有林场资源保护、落实支持国有林场改革的各项政策、确保社会稳定等方面的责任。

二、开展调研督导，推动改革有效开展

国家林业局会同国家发展和改革委员会、中央编办、民政部、财政部、人社部、住建部和银监会组成调研督导组，赴江西、湖南、山东、安徽等省开展了国有林场改革调研，掌握国有林场改革试点进展情况，了解改革中出现的新情况、新问题，下发了《关于开展国有林场改革试点监测工作的通知》，对7个国有林场改革试点省工作进展情况进行监测。国家林业局会同人社部开展了国有林场岗位设置调研，形成《关于国有林场岗位设置管理的指导意见》（送审稿）。会同全国农林水利工会开展了国有林场职工生活困难情况调研，向中共中央和国务院分别呈报了《关于国有林场职工生活困难情况的调研报告》和《关于国有林场困难情况的报告》，汪

洋副总理作出重要批示，要求国务院办公厅召集有关部门研究相关支持政策。

三、起草改革方案，强化顶层设计

根据中央领导批示精神，国家林业局会同国家发展和改革委员会、财政部等部门在开展国有林场改革试点的基础上，抓紧起草国有林改革方案。福建、青海、新疆等省区制定了国有林场改革工作方案，并报国家发改委和国家林业局。贵州省毕节市出台了《关于进一步加快国有林场改革发展的意见》，全面启动了国有林场改革工作。海南省争取省财政安排800万元林场改革资金，下发了《国有林场改革方案》。

四、强化管理，确保改革顺利进行

为了切实加强对国有林场改革试点的管理，确保改革顺利进行，国家发改委和国家林业局及时下发了《关于做好当前国有林场改革试点工作的通知》（发改办经〔2013〕129号），就使用好中央财政补助资金、加强森林资源监管、维护林场稳定等提出了明确要求。同时，组成3个调研督导组，对《关于加强国有林场森林资源管理保障国有林场改革顺利进行的意见》（林场发〔2012〕254号）的实施情况进行了专题调研，督促各地切实保护好国有森林资源，防止在改革中出现乱砍滥伐、破坏森林资源的现象。

五、加大宣传引导，营造良好改革氛围

国家林业局通过一系列的宣传措施，营造了良好的改革氛围。一是组织新华社、人民日报、经济日报记者对国有林场改革进行了深入报道，赴浙江、江西等省开展了国有林场改革调研，先后在人民日报和经济日报刊登多篇报道文章。二是在中国绿色时报刊登专题报道，系统介绍国有林场改革的背景、现状及进展情况。三是会同浙江、山东、贵州、安徽等省就本地区国有林场改革进行了专题报道。

第二节 国有林场改革试点进展顺利

2014年，河北、浙江、安徽、江西、山东、湖南、甘肃7省国有林场改革试点工作，在24.6亿元国有林场改革财政补助资金支持下顺利推进。一是明确定位。绝大部分国有林场已定性为公益服务事业单位，纳入财政

预算管理。二是确定编制。根据所处区位、林地规模、管护难易程度等因素科学核定了国有林场事业编制。三是职工工资收入和社保参保率大幅提升。试点林场参加基本养老和医疗保险的职工占在职职工总数的比例均达到99%，分别比改革前提高15%和29%，改革前拖欠的社保费用绝大部分已解决。在岗职工年平均工资由2.5万元提高到3.4万元。四是分离办社会。许多林场将场办学校和医院、代管乡（镇）村的职责移交给当地政府，基本剥离了林场办社会的职能。五是强化资源管理。森林资源得到有效保护。纳入财政保障后，试点林场将更多的精力集中到森林资源培育和保护上来，森林资源规模和质量得到提升。在改革过程中，没有发生一起重大破坏国有林场森林资源的案件。六是增加资金投入和政策扶持。改善林场基础设施。有的地方将林场纳入"新农村建设""山区经济发展"等工程，享受相关扶持政策。

改革试点区域结合自身实际大胆创新，创造了许多好的经验与做法。青海省首开国有林场绩效考核评比先河，将其作为推动国有林场改革发展的有力手段和加快国有林场治理能力现代化的重要内容强力推进，取得了显著成效。青海省林业厅对全省102个国有林场绩效考核结果进行通报，通过建立导向明确、奖优罚劣、操作性强的绩效考核评比机制，极大地调动了地方政府推动国有林场改革发展的积极性，使青海省国有林场工作取得实效。

江西省在国有林场改革中重视分类施策、加快创新。在林场整合重组和性质界定方面，实现了林场由企业化管理向事业单位的转型。在公益型林场编制核定方面，按每人200公顷的标准核定事业编制，在现有职工中通过考试择优聘用。在筹措改革资金和化解债务方面，仅寻乌县、会昌县政府分别筹集改革资金4500万元和1.3亿元，用于职工安置补偿、社保医保以及化解林场债务等相关费用，目前两个县的改革任务基本完成。

到2014年年底，全国国有林场改革试点建设推进总体顺利，在国有林场定性、定编、分离办社会、富余职工安置等方面都积累了经验。全国试点地区865个国有林场，已有416个国有林场定性为公益服务事业单位，纳入财政预算管理，占试点地区国有林场总数的48%。试点地区国有林场职工参加基本养老保险人数为85620人，已参加基本医疗保险的职工人数达95560万人，分别比改革前增加了9937人和37263人，占国有林场在职职工总数的79%和88%。

河北、浙江、安徽、江西、山东、湖南、甘肃7个国有林场改革试点工作进展顺利，取得了显著成效。为起草出台《国有林场改革方案》创造了条件。2014年12月3日，国务院召开第72次常务会，审议通过了《国有林场改革方案》，12月25日，习近平总书记主持召开第89次中央政治局常务会，审议并原则通过了《国有林场改革方案》。2015年2月8日，中共中央、国务院正式出台了《国有林场改革方案》。

第三节 国有林场基础设施建设水平得到提升

解决国有林场的基础设施条件是推进国有林场改革发展的一项重要内容。国有林场危旧房改造推进顺利。2014年中央预算内投资3.8亿元，改造国有林场危旧房33616户。目前，全国国有林场危旧房改造累计开工54万户。国有林场饮水安全工作取得重大突破。经积极沟通协调，国家发展和改革委员会、水利部联合下发的《关于下达农村饮水安全工程2014年中央预算内投资计划的通知》，明确要求各省级发改委、水利部门要将国有林场饮水安全工程建设纳入2014、2015两年年度计划，并在分解年度投资计划时予以落实，确保在2015年年底前同步完成规划任务。国家林业局为此下发了《关于加快推进国有林场饮水安全工程建设的通知》，要求各省级林业行政主管部门配合省级发展和改革委员会、水利等部门制定本地区国有林场饮水安全工程实施方案。2014年，525个林场实施饮水安全项目，解决了18万人的饮水问题。

道路建设进一步得到落实。为改善国有林场职工生产生活条件，"十二五"期间，争取交通部支持了一批国有林场和国有林区道路建设，合计安排了28亿元车购税资金，建设了7790千米通国有林场（区）沥青（水泥）路，解决了1041个乡镇级别和80个建制村级别国有林场（区）的道路通畅问题。

第四节 资源培育取得成效

2014年，国家林业局重点探索国有林场森林资源培育新模式，确定了河北省木兰围场国有林场管理局等首批15个森林经营方案编制与实施示范林场，积极探索和总结国有林场森林经营模式，切实发挥示范引领作用。邀请森林经营专家对15个示范林场的森林经营方案进行评审，与相关省林业厅也签订了《森林经营方案实施示范林场建设工作责任书》，起草了《森林经营方案实施示范林场管理办法(试行)》,开展了国有林场森林经营方案编制与实施情况大调研,有效推进了国有林场森林经营方案实施。

第五节 国有林场改革政策不断完善

配合财政部下达国有林场改革补助资金24.6亿元,支持河北、江西、湖南等省国有林场改革试点工作。配合财政部、局计财司制定了《中央财政林业补助资金管理办法》,进一步明确了中央财政国有林场改革补助资金的安排标准和使用方向。

大力争取配套政策。一是会同人社部在深入调查研究的基础上,起草了《关于国有林场岗位设置管理的指导意见》,初步将国有林场岗位分为管理岗位、专业技术岗位和工勤技能岗位三种类别,适当提高了国有林场森林管护等林业技能岗位中高级技能岗位的比例。二是通过积极协调银监会和财政部等部门,就国有林场金融债务化解政策初步达成共识。

认真开展调查研究。国家林业局在山东省泰安市组织召开了国有林场改革座谈会,进一步明确了国有林场改革方向。会同中国农林水利工会开展了国有林场职工权益保障调研。同时,组织各省国有林场主管部门开展国有林场改革发展大调研活动,调研内容包括建立健全国有林场森林资源资产管理体制和监管体制研究等14个方面。开展了国家公园体制要求管理国有林场的研究。

第七章
国有林改革进入快车道

第一节　国有林改革意义重大

国有林场和国有林区是维护国家生态安全最重要的屏障，在经济社会发展和生态文明建设中发挥着不可替代的重要作用。推进国有林场和国有林区改革，既是林业改革发展的应有之义和必由之路，更是生态文明体制改革的重大突破和非凡创举，必将对建设美丽中国、实现中华民族永续发展产生极为深远的影响。

一、国有林改革是维护生存安全的战略举措

森林是陆地生态系统的主体，是国家、民族最大的生存资本，是人类生存的根基。我国国有林场和国有林区林地面积达1.24亿公顷，占全国林地面积的40%，是生态修复和建设的骨干力量。由于过去国有林场和国有林区定位不准、管理体制不顺、经营机制不活、支持政策不健全，严重制约了生存安全保障能力的提升。推进国有林场和国有林区改革，有利于增加森林资源总量，增强森林生态功能，保障生态产品供给，拓展生存发展空间，切实维护中华民族的生存安全。

二、国有林改革是维护淡水安全的根本举措

森林被誉为"绿色海洋"、看不见的"绿色水库"，森林及其土壤像"海绵"一样可吸收大量降水。保护森林资源就是保护水资源，破坏森林资源必然导致水资源短缺。推进国有林场和国有林区改革，加强植树造林和森林抚育，全面提高森林质量，对维护我国水资源安全具有重大意义。

三、国有林改革是维护国土安全的重要基础

扩大森林面积、提高森林质量,是治理水土流失、土地沙漠化、石漠化、盐渍化的重要手段。当前,我国已成为世界上水土流失、土地沙漠化、石漠化、盐渍化最严重的国家之一,严重威胁着国土安全。国有林场和国有林区大多处在江河源头、湖库周围、风沙前沿、丘陵山区和边疆地区,推进国有林场和国有林区改革,实行山水林田湖统筹治理,是有效恢复自然生态系统,维护国土安全的根本措施。

四、国有林改革是维护物种安全的重要保障

物种资源是众多药物和食物的来源,是人类未来的财富和可持续发展的重要基础。物种一旦消失就不可复生,人类就永远失去了这些基因。森林是"物种之家",国有林场和国有林区拥有丰富的物种资源。推进国有林场和国有林区改革,保护好占全国林地40%的生态资源,对于有效保护物种栖息地和物种资源,巩固发展"物种之家"将产生重大而深远的影响。

五、国有林改革是维护气候安全的重要支撑

森林是陆地生态系统中最大的储碳库和最经济的吸碳器,增加森林碳汇是我国应对气候变化的战略途径。增加森林碳汇既需要发挥集体林业的极大优势,更需要发挥国有林业的强力支撑。国有林场和国有林区具有增加森林碳汇的巨大能力,推进国有林场和国有林区改革,有利于壮大森林资源战略储备,维护气候安全。

六、国有林改革是改善林区民生的必然要求

当前,我国正处于全面建成小康社会的关键时期。国有林场和国有林区经济发展相对滞后,基础设施落后,社会保障水平低,林区职工生活水平与社会平均水平有较大差距。推进国有林场和国有林区改革,有利于消除束缚林业生产力发展的体制机制性障碍,有利于转变林业发展方式,激发发展活力,推动绿色增长,让林区人民群众与全国人民同步全面建成小康社会。

第二节　国有林改革的目标和原则

一、国有林场和国有林区改革的总体目标

一是保护生态。明确生态功能定位，以保护森林资源、维护生态功能作为改革的出发点和落脚点，切实保护好森林、湿地等自然生态系统，确保森林资源总量持续增加、生态功能持续增强、生态产品生产能力持续提高。二是保障民生。着力改善林场林区基础设施和生产生活条件，积极发展替代产业，优化产业结构，拓宽职工就业渠道，妥善安置富余职工，完善社会保障机制，确保职工就业有着落、基本生活有保障。三是创新体制。理顺各方关系，实现政企事分开，强化政府的社会管理和公共服务职能，剥离国有林场和森工企业承担的社会管理和办社会的职能，创新内部管理机制，完善国有林场和国有林区的社会管理体制和森林资源监管体制，转变发展方式，确保政府投入可持续、资源监管高效率、林场林区发展有后劲。

二、国有林改革要把握的基本原则

一是生态优先，保护为主。实行最严格的林地林木管理制度，坚决守住而不能逾越森林资源保护这条红线。二是以人为本，维护稳定。重点解决好职工基本生活、社会保障和人员安置等问题。按照"内部消化为主，多渠道解决就业"的原则妥善安置富余职工，不采取强制性买断方式，不搞一次性下岗分流。三是分类指导，分区施策。充分考虑林场和林区的不同情况，充分考虑各地实际，探索不同的改革模式，不搞"一刀切"。四是地方负责，中央支持。各省级政府对改革工作负总责，中央加强领导和指导，在政策和资金上予以适当支持。

第三节　国有林改革的关键

国有林场和国有林区改革必须坚持问题导向，加强顶层设计，着力解决长期以来困扰和制约国有林场和国有林区发展的一些突出问题。

一、准确把握国有林的功能定位

2015年中央6号文件(以下简称"6号文件")明确将国有林场主要功能定位于保护培育森林资源、维护国家生态安全,同时明确了国有林区"发挥生态功能、维护生态安全"的战略定位,并将"提供生态服务、维护生态安全"确定为国有林区的基本职能。这一定位,决定了国有林场和国有林区的改革方向。要求各地在此基础上,合理确定国有林场属性,推动国有林区转型发展,努力实现由以木材生产为主向以生态修复和建设为主转变,由利用森林获取经济利益为主向以保护森林提供生态服务为主转变。

二、准确把握国有林改革底线

保生态、保民生、确保国有资产不流失是国有林场和国有林区改革的底线。中央6号文件明确提出,改革要坚持生态为本、保护优先的原则,确保森林资源不破坏、国有资产不流失;坚持注重民生改善、保持稳定的原则,确保林区社会和谐稳定。妥善分流安置国有林场和国有林区富余职工,确保职工就业有着落、基本生活有保障。这是国有林场和国有林区改革的底线要求,必须严格坚守,不得逾越。

三、准确把握国有林改革总体目标

中央6号文件明确了国有林场和国有林区改革总体目标。各地通过改革,建立有利于保护和发展森林资源、有利于改善生态和民生、有利于增强林业发展活力的国有林场林区新体制,建设资源增长、生态良好、林业增效、职工增收、社会和谐稳定的社会主义新林区。

四、准确把握国有林改革重点任务

中央6号文件明确了国有林场和国有林区改革主要内容。国有林场改革重点要合理界定国有林场属性,在此基础上建立健全与之相适应的森林资源管护、监管体制机制,妥善安置富余职工。国有林区改革重点要推进政企分开,创新森林资源监管体制,强化地方政府保护森林、改善民生的责任,妥善安置富余职工。各地结合实际,准确掌握改革的重点和难点,增强改革举措的针对性、有效性。

五、准确把握国有林改革步骤安排

中央 6 号文件是对国有林场和国有林区改革作出的顶层设计，突出强调要分类指导，科学合理确定改革模式，不搞一刀切，并明确规定由省级人民政府负总责。各地根据实际情况，按照中央 6 号文件精神制定具体实施方案，细化工作措施和要求，制定改革时间表，明确改革试点范围和时间安排，确保实现 2020 年改革目标。

第四节 国有林改革的重点

一、国有林场改革的重点

一是明确功能定位。将国有林场主要功能明确定位于保护培育森林资源、维护国家生态安全。**二是合理界定属性**。分三类界定国有林场的属性：第一类，原为事业单位的国有林场，主要承担保护和培育森林资源等生态公益服务职责的，继续按公益服务事业单位管理，从严控制事业编制；第二类，原为事业单位的国有林场，基本不承担保护和培育森林资源而主要从事市场化经营的，推进转企改制，暂不具备转企改制条件的，剥离企业经营性业务；第三类，目前已经转制为企业性质的国有林场，原则上保持企业性质不变，或探索转型为公益性企业，有特殊情况的，可以由地方政府根据本地实际合理确定其属性。**三是创新管理机制**。在内部管理上，科学核定国有林场事业编制，用于聘用管理人员、专业技术人员和骨干林业技能人员，经费纳入同级财政预算。实行以岗位绩效为主要内容的收入分配制度，经营性活动实行"收支两条线"。公益林管护积极引入市场机制，可以通过合同、委托等方式面向社会购买服务。明确森林资源监管主体，由国家、省、市林业部门分级监管，对林地性质变更、采伐限额等强化多级联动监管。将森林资源考核结果作为综合考核评价地方政府和有关部门主要领导政绩的重要依据，对国有林场场长实行森林资源离任审计。实施森林资源经营管理制度，启动森林资源保护和培育工程，合理确定国有林场森林商业性采伐量，建立森林资源有偿使用制度。

二、国有林区改革的重点

一是有序实施"一停一转"。在黑龙江停伐试点的基础上，有序停止国有林区天然林商业性采伐，积极推进森林科学经营，加快发展林业产业，转变林区发展方式。这标志着重点国有林区从开发利用转入全面保护的新阶段。**二是逐步推进"一分一建"**。逐步推进政企事分开，逐步建立精简高效的国有森林资源管理机构。剥离企业的社会管理和办社会职能，移交给地方政府承担。按照"机构只减不增、人员只出不进"原则，实施森工企业改制，通过多种方式逐年减少管理人员，最终实现合理编制和人员规模，逐步整合规模小、人员少、地处偏远的林场所。**三是积极推进"两项创新"**。积极创新森林资源的管护机制和监管体制。森林资源管护凡能以购买服务方式实现的，要面向社会购买。重点国有林区的森林资源产权归国家所有，由国务院林业主管部门代表国家行使所有权，履行出资人职责。

第五节　国有林区改革任务

国有林区改革主要是围绕"两个确保、两个逐步、两个创新"进行。

两个确保：一是确保森林资源稳步增长，通过停止天然林商业性采伐，确保森林资源的稳步恢复和增长。在黑龙江省停伐试点基础上，有序停止内蒙古、吉林重点国有林区商业性采伐。二是确保职工基本生活有保障。据测算，停伐将导致14.3万名职工下岗，坚持"以时间换空间"妥善安置，其中，7万~8万人可以通过开发森林旅游、特色养殖种植等安置。对国有林区中从事特殊工种的林业职工，符合国家规定条件的，在职工本人意愿的基础上，可以办理提前退休。

两个逐步：一是逐步推进林区政企分开。对于经济社会管理相对独立的国有林区，在打破政企合一、企资合一、企社合一的格局后，必须有一个能够承接政府职能的机构来行使行政管理职能，否则会出现无政府状态。主要分两种情况，一种情况是，地方人民政府职能健全、财力较强的地区，政企分开一步到位，剥离企业的社会管理和公共服务职能，也就是按照属地化原则，将企业的政府职能移交给所在地政府，将学校、医院以及社会服务性机构移交给所在地政府，包括人员和经费一起移交；另一种情况是，无地方政府，企业行使政府职能的地区，先行在企业内部实行政企分开，逐步创造条件将行政职能移交当地人民政府。二是逐步建立精简高效的国有森林资源管理机构。将森林资源管理权和森林资源经营权分离：国有森林资源管理机构，履行出资人职责，享有所有者权益，实行事业化管理；国有林管理机构受国家（出资人）委托，依法负责森林、湿地、野生动植物资源和自然保护区管理、森林防火、有害生物防治等工作的同时，作为森林生产经营的组织发包方，授权经营。剥离后的企业，不再无偿使用森林资源。与国有林管理机构建立市场化的契约关系。借鉴波兰等东欧国家国有林管理模式，国有林管理机构与企业之间形成雇佣关系；或各自作为市场的主体，形成单纯的卖家与买家的关系。

剥离政府、社会、资源管理职能后的企业，成为自主经营、自负盈亏的市场主体。一是建立多元投资主体的林业企业，无论是营林、采伐、加工、服务等企业的国有资本与社会资本同等待遇，可以有进有退；二是企业经营方式由出资人自主决定，采取独资、控股、参股或全部转让股权或其他方式经营；三是在国有资本独大的企业，管理模式采取股东会—董事会—监事会—经理人"三权分立"的法人治理结构。

两个创新：一是创新森林资源管护机制。根据森林分布特点，采取行之有效的管护模式，凡能通过购买服务方式实现的要面向社会购买。国有林管理机构通过招标等方式，雇佣经营公司完成造林、管护、抚育、木材生产等生产任务。二是创新森林资源监管机制。重点国有林区森林资源产权归国家所有、全民所有，国务院林业行政主管部门负责管理重点国有林区的国有森林资源和森林资源资产产权变动的审批。研究制定重点国有林区森林资源监督管理制度措施。强化地方人民政府保护森林和改善民生的责任，地方各级人民政府对行政区域内的林区经济社会发展和森林资源保护负总责，实行目标、任务、资金、责任"四到省"。建立健全林区绩效管理和考核机制，实行森林资源离任审计。

第六节　国有林改革措施

一是加快推进国有林区政企、政事、事企和管办"四分开"，将不属于原森工企业和资源管理机构承担的社会职能剥离出去，移交属地政府管理，轻装上阵搞改革，逐步实现职能、机构、人员、资产、费用等完全分开。

二是创新国有森林资源管理体制与监管机制。将原来未纳入资源保护管理体系的执法等职能逐步扩充进来，建立精简高效的森林资源管理机构。在国有林区原森林资源监督机构基础上，进一步整合，优化结构，加强对重点林区森林资源保护管理的监督，实行森林资源监督与管理分开运行的监管机制。

三是制定科学合理的森林经营方案。在森林资源二类调查的基础上科学编制森林经营方案,所有森林经营活动严格按照森林经营方案实施。

四是高度重视全面停伐后的产业转型。产业转型要坚持有利于资源保护的正确方向,充分发挥林区丰富的绿色资源优势,通过积极争取政策支持,大力发展森林旅游、绿色食品等绿色产业。

五是妥善安置国有林区富余职工,加快林业棚户区改造和深山远山职工搬迁,多渠道促进职工转岗就业,确保职工基本生活有保障。

第七节 实施林场(所)撤并和生态移民政策

国有林场和国有林区建设先天投入不足,后续配套的基础设施和公共服务建设欠账很多,特别是林区道路通行条件差、缺电、住房条件十分艰苦,还存在着给排水配套设施不完善、饮水未达国家安全标准等问题,不利于职工生活居住,也不利于森林资源保护。实施生态移民势在必行。一是有利于改善职工群众的居住环境。偏僻的林场(所)大多缺水,教育、医疗、文化、科技普遍落后,基础设施非常差,职工群众生产生活极度困难。生态移民是改善生活质量的有效途径。二是有利于保护森林资源。实施生态移民减少人为活动对森林资源的消耗、破坏,有利于森林防火及生态系统的恢复,对生态保护、资源的合理利用将产生重要影响。三是有利于减少管理成本。国有林业局、林场(所)建设之初的布局是为了满足造林和木材生产的需要。目前,重点林区、国有林场已实施停止天然林商业性采伐,通过整合撤并林场(所),减少管理人员,实施生态移民,能够将有限的资金真正用于发展经济、提高人民生活水平和改善民生。

在实际操作中,遵循"以人为本、以林为主"的基本原则,尊重职工意愿,充分调动广大职工群众参加生态移民的积极性。一是从实际出发,因地制宜,对规模小、人员少、地处偏远、分布零散的林场(所),根据机构精简和规模经营的原则整合为较大林场(所)。积极推进生态移民,将位于生态环境极为脆弱、不宜人居地区的场部逐步就近迁到小城镇。二是充分考虑职工生产生活需求,尊重职工意愿,合理布局搬迁职工安置点,既要方便林区职工生产生活,又要有利于职工在不破坏森林资源的前提下,从事林特产品生产,发展多种经营,增加职工收入。同时,努力解决林场(所)职工群众的搬迁安置问题,从根本上解决林场(所)职工的后顾之忧。三是国家加大林场(所)撤并、生态移民政策支持力度。林场(所)撤并搬迁安置区配套基础设施和公共服务设施建设等参照执行独立工矿区改造政策。加快国有林区棚户区和国有林场危旧房改造力度，切实落实棚户区和危旧房改造住房税费减免政策，进一步加大中央支持力度，同时在安排保障性安居工程配套基础设施建设投资方面予以倾斜。省级政府对本地棚户区和危旧房改造负总责，加大补助支持力度。四是稳步推进，确保林区社会和谐稳定。严格按照政策办事，稳妥操作，稳步推进。急不得、快不得，不能以牺牲职工群众利益为代价换取一时的进度。妥善安置因林场（所）撤并形成的富余职工，省级及以下地方各级政府统筹解决符合政策的就业困难人员灵活就业问题。

国有林区改革涉及林业职工切身利益和国家生态安全，必须全面落实各项政策措施，让中央政策惠及广大林区职工，让林区职工在改革中获益，确保改革取得预期成效，最终实现改革总体目标。积极争取提前退休政策，尽快化解企业金融债务，争取天保工程提质扩面，努力提高国有林管护费标准，不断加大森林抚育力度，增加林区道路等基础设施建设投资，为重点国有林区改革与可持续发展创造条件。

参考文献

蔡晶晶. 2011. "分山到户"或"共有产权": 集体林权制度改革的社会——生态关键变量互动分析——以福建省 5 个案例村为例[J]. 经济社会体制比较(6): 154-160.

高京平. 2008. 巴西"三农"现代化历史进程及其引发的思考——兼谈对中国"三农"现代化发展的启示[D]. 天津: 天津师范大学.

郭祥泉, 林家杉, 郑经池. 2006. 国内外森林产权变革与永安市集体林权改革的探讨[J]. 林业经济问题, 26(5): 461-464.

国家林业局. 2012. 中国的绿色增长——党的十六大以来中国林业的发展[M]. 北京: 中国林业出版社.

国家林业局林业改革领导小组办公室. 2008. 中共中央国务院关于全面推进集体林权制度改革的意见辅导读本[M]. 北京: 中国林业出版社.

国家林业局, 中国银监会调研组. 2013. 完善林权抵押贷款工作的有关建议[J]. 林业经济(1): 54-55.

何得桂. 2013. 关于深化我国农村集体林权制度改革的思考[J]. 求实(11): 47-50.

贺东航. 2011. 我国集体林权制度改革视角下的农村基层治理[J]. 政治学研究(2): 108-114.

贺东航, 朱冬亮. 2008. 新集体林权制度改革对村级民主发展的影响——兼论集体林改中的群体决策失误的村民[J]. 当代世界与社会主义(6): 105-108.

胡荣. 2005. 经济发展与竞争性的村民委员会选举[J]. 社会, 25(3): 27-49.

贾治邦. 2006. 林改满足农民耕山致富的需求[J]. 半月谈.

贾治邦. 2006. 推进林权改革, 全面解放农村生产力[J]. 新华文摘(17): 21-22.

林毅夫. 2000. 再论制度、技术与中国农业发展[M]. 北京: 北京大学出版社.

刘珉. 2011. 林业投资研究. 林业经济(4): 56-58.

罗必良. 2000. 经济组织的制度逻辑[M]. 太原：山西经济出版社.

罗必良. 2005. 新制度经济学[M]. 太原：山西经济出版社.

[美]Y·巴泽尔. 1997. 产权的经济分析[M]. 费方域，段毅才译. 上海：上海三联书店.

[美]埃莉诺·奥斯特罗姆. 2000. 公共事务的治理之道-集体行动制度的演进[M]. 余逊达，陈旭东译. 上海：上海三联书店.

[美]道格拉斯·C·诺斯. 2008. 经济史上的结构和变革[M]. 厉以平译. 上海：商务印书馆

[美]科斯，阿尔钦，诺斯，等. 1991. 财产权利与制度变迁：产权学派与新制度学派译文集[M]. 上海：上海三联书店.

[美]塞缪尔.P.亨廷顿. 2008. 变化社会中的政治秩序[M]. 王冠华，刘为等译. 上海：上海人民出版社.

[秘鲁]赫尔南多.德.索托. 2007. 资本的秘密[M]. 于海生译. 北京：华夏出版社.

潘武林，赵猛，刘静. 2011. 基于深化改革目的的集体林权改革制度变迁类型研究[J]. 安徽农业科学，39(32)：20187-20189.

王珺，张蕾，冷慧卿. 2009. 关于开展政策性森林保险的建议[J]. 林业经济(4)：30-31.

吴水荣. 2005. 国外国有林管理体制与产权变革及对我国的启示[J]. 世界林业研究，18(2)：1-6.

项继权. 2014. 我国农地产权的法律主体与实践载体的变迁[J]. 华中农业大学学报，33(1)：5-14.

谢德新，张蕾，易哲，等. 推进农民专业合作组织建设促进现代林业持续快速发展——"推进现代农业组织制度创新"林业调研报告[J]. 林业经济，2012. 11：39-42.

谢军安，黄桂琴，刘硕. 2010. 瑞典森林法的主要内容及对我国的启示[C]. 2010全国环境资源法学研讨会(年会)论文集(上册).

邢红. 2015. 切实把握深化集体林权制度改革着力点[J]. 林业经济(1)：7-10.

[英]亚当斯密. 国富论[M]. 2009. 郭大力，王亚南译. 上海：上海三联书店.

张蕾，陈玉忠，齐联，等. 2011. 林下经济是全面深化林改的新活力[J]. 林业经济(3)：17-20.

张蕾,苗启华,齐联,等. 2013. 改革助推兵团走上生态与民生林业可持续发展之路[J]. 林业经济(10): 3.

张蕾,齐联,孙敬良. 2014. 关于新型林业生产经营主体培育与组织创新的思考[J]. 林业经济(10): 21-25.

张培刚. 2014. 农业与工业化[M]. 北京: 中国人民大学出版社.

中共中央马克思恩格斯列宁斯大林著作编译局. 2012. 马克思恩格斯选集[M]. 3版. 北京: 人民出版社.

ANNE M L, DEBORAH B, GANGA R D, et al. 2010. Forests for people: community rights and forest tenure reform[M]. London: Earthscan.

PABLO P, DEBORAH B, PETER C, et al. The recognition of forest right in Latin America: Progress and shortcomings of forest tenure reforms[J]. Society &Natural Resources, 25(6): 556-571.

ROMANO F. 2007. Forest tenure changes in Africa: making locally based forest management work[J]. Unasylva, 228(58): 11-17.

SUNDERLIN W D, HATCHER J, LIDDLE M. 2008. From exclusion to ownership? Challenges and opportunities in advancing forest tenure reform[M]. Washington DC: Rights and Resources Initiative.

附录一

重要文件

中共中央 国务院
关于加快林业发展的决定

中发〔2003〕9号
(2003年6月25日)

加强生态建设,维护生态安全,是21世纪人类面临的共同主题,也是我国经济社会可持续发展的重要基础。全面建设小康社会,加快推进社会主义现代化,必须走生产发展、生活富裕、生态良好的文明发展道路,实现经济发展与人口、资源、环境的协调,实现人与自然的和谐相处。森林是陆地生态系统的主体,林业是一项重要的公益事业和基础产业,承担着生态建设和林产品供给的重要任务,做好林业工作意义十分重大。为加快林业发展,实现山川秀美的宏伟目标,促进国民经济和社会发展,现作出如下决定。

一、加强林业建设是经济社会可持续发展的迫切要求

1. 我国林业建设取得了巨大成就。建国以来,特别是改革开放以来,党中央、国务院对林业工作十分重视,采取了一系列政策措施,有力地促进了林业发展。全民义务植树运动深入开展,全社会办林业、全民搞绿化的局面正在形成。"三北"防护林等生态工程建设成效明显,近几年实施的天然林保护、退耕还林、防沙治沙等重点工程进展顺利,部分地区的生态状况明显改善。森林、湿地和野生动植物资源保护得到加强。林业产业结构调整取得进展,各类商品林基地建设方兴未艾,林产工业得到加强,经

济林、竹藤花卉产业和生态旅游快速发展，山区综合开发向纵深推进。森林资源的培育、管护和利用逐渐形成较为完整的组织、法制和工作体系。建国以来，林业累计提供木材50多亿立方米，目前全国森林覆盖率已达到16.55%，人工林面积居世界第一位。林业为国家经济建设和生态状况改善作出了重要贡献，对促进新阶段农业和农村经济的发展，扩大城乡就业，增加农民收入，发挥着越来越重要的作用。

2. 经济社会可持续发展迫切要求我国林业有一个大转变。随着经济发展、社会进步和人民生活水平的提高，社会对加快林业发展、改善生态状况的要求越来越迫切，林业在经济社会发展中的地位和作用越来越突出。林业不仅要满足社会对木材等林产品的多样化需求，更要满足改善生态状况、保障国土生态安全的需要，生态需求已成为社会对林业的第一需求。我国林业正处在一个重要的变革和转折时期，正经历着由以木材生产为主向以生态建设为主的历史性转变。

3. 加快林业发展面临的形势依然严峻。目前我国生态状况局部改善、整体恶化的趋势尚未根本扭转，土地沙化、湿地减少、生物多样性遭破坏等仍呈加剧趋势。乱砍滥伐林木、乱垦滥占林地、乱捕滥猎野生动物、乱采滥挖野生植物等现象屡禁不止，森林火灾和病虫害对林业的威胁仍很严重。林业管理和经营体制还不适应形势发展的需要。林业产业规模小、科技含量低、结构不合理，木材供需矛盾突出，林业职工和林区群众的收入增长缓慢，社会事业发展滞后。从整体上讲，我国仍然是一个林业资源缺乏的国家，森林资源总量严重不足，森林生态系统的整体功能还非常脆弱，与社会需求之间的矛盾日益尖锐，林业改革和发展的任务比以往任何时候都更加繁重。

4. 必须把林业建设放在更加突出的位置。在全面建设小康社会、加快推进社会主义现代化的进程中，必须高度重视和加强林业工作，努力使我国林业有一个大的发展。在贯彻可持续发展战略中，要赋予林业以重要地位；在生态建设中，要赋予林业以首要地位；在西部大开发中，要赋予林业以基础地位。

二、加快林业发展的指导思想、基本方针和主要任务

5. 指导思想。以邓小平理论和"三个代表"重要思想为指导，深入贯彻十六大精神，确立以生态建设为主的林业可持续发展道路，建立以森林植被为主体、林草结合的国土生态安全体系，建设山川秀美的生态文明社会，大力保护、培育和合理利用森林资源，实现林业跨越式发展，使林业更好地为国民经济和社会发展服务。

6. 基本方针。

——坚持全国动员，全民动手，全社会办林业。

——坚持生态效益、经济效益和社会效益相统一，生态效益优先。

——坚持严格保护、积极发展、科学经营、持续利用森林资源。

——坚持政府主导和市场调节相结合，实行林业分类经营和管理。

——坚持尊重自然和经济规律，因地制宜，乔灌草合理配置，城乡林业协调发展。

——坚持科教兴林。

——坚持依法治林。

7. 主要任务。通过管好现有林，扩大新造林，抓好退耕还林，优化林业结构，增加森林资源，增强森林生态系统的整体功能，增加林产品有效供给，增加林业职工和农民收入。力争到 2010 年，使我国森林覆盖率达到 19% 以上，大江大河流域的水土流失和主要风沙区的沙漠化有所缓解，全国生态状况整体恶化的趋势得到初步遏制，林业产业结构趋于合理；到 2020 年，使森林覆盖率达到 23% 以上，重点地区的生态问题基本解决，全国的生态状况明显改善，林业产业实力显著增强；到 2050 年，使森林覆盖率达到并稳定在 26% 以上，基本实现山川秀美，生态状况步入良性循环，林产品供需矛盾得到缓解，建成比较完备的森林生态体系和比较发达的林业产业体系。

实现上述目标，必须努力保护好天然林、野生动植物资源、湿地和古树名木；努力营造好主要流域、沙地边缘、沿海地带的水源涵养林、水土保持林、防风固沙林和堤岸防护林；努力绿化好宜林荒山、地埂田头、城乡周围和道渠两旁；努力建设好用材林、经济林、薪炭林和花卉等商品林基地；努力发展好森林公园、城市森林和其他游憩性森林。同时，要加快林业结构调整步伐，提高林业经济效益；加快林业管理体制和经营机制创新，调动社会各方面发展林业的积极性。

三、抓好重点工程，推动生态建设

8. 坚持不懈地搞好林业重点工程建设。要加大力度实施天然林保护工程，严格天然林采伐管理，进一步保护、恢复和发展长江上游、黄河上中游地区和东北、内蒙古等地区的天然林资源。认真抓好退耕还林（草）工程，切实落实对退耕农民的有关补偿政策，鼓励结合农业结构调整和特色产业开发，发展有市场、有潜力的后续产业，解决好退耕农民的长远生计问题。继续推进"三北"、长江等重点地区的防护林体系工程建设，因地制宜、因害设防，营造各种防护林体系，集中治理好这些地区不同类型的生态灾害。切实搞好京津风沙源治理等防沙治沙工程，通过划定封禁保护区、种树种草、小流域治理、舍饲圈养、生态移民、合理利用水资源等综合措施，保护和增加林草植被，尽快使首都及主要风沙区的风沙危害得到有效遏制。高度重视野生动植物保护及自然保护区工程建设，抓紧抢救濒危珍稀物种，修复典型生态系统，扩大自然保护面积，提高保护水平，切实保护好我国的野生动植物资源、湿地资源和生物多样性。加快建设以速生丰产用材林为主的林业产业基地工程，在条件具备的适宜地区，发展集约林业，加快建设各种用材林和其他商品林基地，增加木材等林产品的有效供给，减轻生态建设压力。

9. 深入开展全民义务植树运动，采取多种形式发展社会造林。不断丰富和完善义务植树的形式，提高适龄公民履行义务的覆盖面，提高义务植树的实际成效。义务植树要实行属地管理，农村以乡镇为单位、城市以街道为单位，建立健全义务植树登记制度和考核制度。进一步明确部门和单位绿化的责任范围，落实分工负责制，并加强监督检查。绿色通道工程要与道路建设和河渠整治统筹规划，合理布局，加快建设。城市绿化要把美化环境与增强生态功能结合起来，逐步提高建设水平。鼓励军队、社会团体、外商造林和群众造林，形成多主体、多层次、多形式的造林绿化格局。

四、优化林业结构，促进产业发展

10. 加快推进林业产业结构升级。适应生态建设和市场需求的变化，推动产业重组，优化资源配置，加快形成以森林资源培育为基础、以精深加工为带动、以科技进步为支撑的林业产业发展新格局。鼓励以集约经营方式，发展原料林、用材林基地。积极发展木材加工业尤其是精深加工业，延长产业链，实现多次增值，提高木材综合利用率。突出发展名特优新经济林、生态旅游、竹藤花卉、森林食品、珍贵树种和药材培植以及野生动物驯养繁殖等新兴产品产业，培育新的林业经济增长点。充分发挥我国地域辽阔、生物资源和劳动力丰富的优势，大力发展特色出口林产品。

11. 加强对林业产业发展的引导和调控。根据市场需要、资源条件和产业基础，抓紧编制林业产业发展规划，制定产业政策，引导产业健康发展，避免低水平重复建设。鼓励培育名牌产品和龙头企业，推广公司带基地、基地连农户的经营形式，加快林业产业发展。扶持发展各种专业合作组织，完善社会化服务体系，培育、规范林产品和林业生产要素市场，对农民生产的木材允许产销直接见面，拓宽农民进入市场的渠道，增强林业产业发展活力。

12. 进一步扩大林业对外开放。充分利用国内外两个市场、两种资源，加快林业发展。针对我国林业基础薄弱、建设任务繁重的情况，要加大引进力度，着力引进资金、资源、良种、技术和管理经验。努力扩大林业利用外资规模，鼓励外商投资造林和发展林产品加工业。制定有利于扩大林产品出口的政策，完善林产品出口促进机制，提高我国林产品的国际竞争力。坚持实施"走出去"战略，加强海外林业开发。积极开展森林认证工作，尽快与国际接轨。采取有效措施，加强对我国种质资源的保护和输出管理，防止境外有害生物传入。认真履行有关国际公约，加强生态保护领域的国际交流与合作。

五、深化林业体制改革，增强林业发展活力

13. 进一步完善林业产权制度。这是调动社会各方面造林积极性，促进林业更好更快发展的重要基础。要依法严格保护林权所有者的财产权，维护其合法权益。对权属明确并已核发林权证的，要切实维护林权证的法律效力；对权属明确尚未核发林权证的，要尽快核发；对权属不清或有争议的，要抓紧明晰或调处，并尽快核发权属证明。退耕土地还林后，要依法及时办理相关手续。

已经划定的自留山，由农户长期无偿使用，不得强行收回。自留山上的林木，一律归农户所有。对目前仍未造林绿化的，要采取措施限期绿化。

分包到户的责任山，要保持承包关系稳定。上一轮承包到期后，原承包做法基本合理的，可直接续包；原承包做法经依法认定明显不合理的，可在完善有关做法的基础上继续承包。新一轮的承包，都要签定书面承包合同，承包期限按有关法律规定执行。对已经续签承包合同，但不到法定承包期限的，经履行有关手续，可延长至法定期限。农户不愿意继续承包的，可交回集体经济组织另行处置。

对目前仍由集体统一经营管理的山林，要区别对待，分类指导，积极探索有效的经营形式。凡群众比较满意、经营状况良好的股份合作林场、联办林场等，要继续保持经营形式的稳定，并不断完善。对其他集中连片的有林地，可采取"分股不分山、分利不分林"的形式，将产权逐步明晰到个人。对零星分散的有林地，可将林木所有权和林地使用权合理作价后，转让给个人经营。对宜林荒山荒地，可直接采取分包到户、招标、拍卖等形式确定经营主体，也可以由集体统一组织开发后，再以适当方式确定经营主体；对造林难度大的宜林荒山荒地，可通过公开招标的方式，将一定期限的使用权无偿转让给有能力的单位或个人开发经营，但必须限期绿化。不管采取哪种形式，都要经过本集体经济组织成员的民主决策，集体经济组织内部的成员享有优先经营权。

14. 加快推进森林、林木和林地使用权的合理流转。在明确权属的基础上，国家鼓励森林、林木和林地使用权的合理流转，各种社会主体都可通过承包、租赁、转让、拍卖、协商、划拨等形式参与流转。当前要重点推动国家和集体所有的宜林荒山荒地荒沙使用权的流转。对尚未确定经营者或其经营者一时无力造林的国有宜林荒山荒地荒沙，也可按国家有关规定，提供给附近的部队、生产建设兵团或其他单位进行植树造林，所造林木归造林者所有。森林、林木和林地使用权可依法继承、抵押、担保、入股和作为合资、合作的出资或条件。积极培育活立木市场，发展森林资源资产评估机构，促进林木合理流转，调动经营者投资开发的积极性。

要规范流转程序，加强流转管理。认真做好流转的各项服务工作，及时办理权属变更登记手续，保护当事人的合法权益。在流转过程中，要坚决防止出现乱砍滥伐、改变林地用途、改变公益林性质和公有资产流失等现象。要切实加强对流转后应当用于林业建设资金的监督管理。国务院林业主管部门要会同有关部门抓紧制定森林、林木和林地使用权流转的具体办法，报国务院批准后实施。

15. 放手发展非公有制林业。国家鼓励各种社会主体跨所有制、跨行业、跨地区投资发展林业。凡有能力的农户、城镇居民、科技人员、私营企业主、外国投资者、企事业单位和机关团体的干部职工等，都可单独或合伙参与林业开发，从事林业建设。要进一步明确非公有制林业的法律地位，切实落实"谁造谁有、合造共有"的政策。统一税费政策、资源利用政策和投融资政策，为各种林业经营主体创造公平竞争的环境。

16. 深化重点国有林区和国有林场、苗圃管理体制改革。建立权责利相统一，管资产和管人、管事相结合的森林资源管理体制。按照政企分开的原则，把森林资源管理职能从森工企业中剥离出来，由国有林管理机构代表国家行使，并履行出资人职责，享有所有者权益；把目前由企业承担的社会管理职能逐步分离出来，转由政府承担，使企业真正成为独立的经营主体，参与市场竞争。国有森工企业要按照专业化协作的原则，进行企业重组，妥善分流安置企业富余职工。国务院林业主管部门要会同有关省、自治区、直辖市人民政府和国务院有关部门研究制定具体改革方案，报国务院批准后实施。

深化国有林场改革，逐步将其分别界定为生态公益型林场和商品经营型林场，对其内部结构和运营机制作出相应调整。生态公益型林场要以保护和培育森林资源为主要任务，按从事公益事业单位管理，所需资金按行政隶属关系由同级政府承担。商品经营型林场和国有苗圃要全面推行企业化管理，按市场机制运作，自主经营，自负盈亏，在保护和培育森林资源、发挥生态和社会效益的同时，实行灵活多样的经营形式，积极发展多种经营，最大限度地挖掘生产经营潜力，增强发展活力。切实关心和解决贫困国有林场、苗圃职工生产生活中的困难和问题。加快公有制林业管理体制改革，鼓励打破行政区域界限，按照自愿互利原则，采取联合、兼并、股份制等形式组建跨地区的林场和苗圃联合体，实现规模经营，降低经营成本，提高经济效益。

17. 实行林业分类经营管理体制。在充分发挥森林多方面功能的前提下，按照主要用途的不同，将全国林业区分为公益林业和商品林业两大类，分别采取不同的管理体制、经营机制和政策措施。改革和完善林木限额采伐制度，对公益林业和商品林业采取不同的资源管理办法。公益林业要按照公益事业进行管理，以政府投资为主，吸引社会力量共同建设；商品林业要按照基础产业进行管理，主要由市场配置资源，政府给予必要扶持。凡纳入公益林管理的森林资源，政府将以多种方式对投资者给予合理补偿。要逐步改变现行的造林投入和管理方式，在进一步完善招投标制、报账制的同时，安排部分造林投资，探索直接收购各种社会主体营造的非国有公益林。公益林建设投资和森林生态效益补偿基金，按照事权划分，分别由中央政府和各级地方政府承担。加快建立公益林业认证体系。

六、加强政策扶持，保障林业长期稳定发展

18. 加大政府对林业建设的投入。要把公益林业建设、管理和重大林业基础设施建设的投资纳入各级政府的财政预算，并予以优先安排。对关系国计民生的重点生态工程建设，国家财政要重点保证；地方规划的区域性生态工程建设投资，要纳入地方财政预算；部门规划的配套生态工程建设投资，要纳入相关工程的总体预算。森林生态效益补偿基金分别纳入中央和地方财政预算，并逐步增加资金规模。以工代赈、农业综合开发等财政支农资金，也要适当增加对林业建设的投入。对重点地区速生丰产用材林基地建设和珍贵树种用材林建设中的森林防火、病虫害防治和优良种苗的开发推广等社会性、公益性建设,由国家安排部分投资。逐步规范各项生态工程建设的造林补助标准。随着重点国有林区改革的逐步深入,有关地方政府要承担起原来由森工企业承担的社会事业投入,国家给予必要支持。

19. 加强对林业发展的金融支持。国家继续对林业实行长期限、低利息的信贷扶持政策,具体贷款期限可根据林木的生长周期由银行和企业协商确定,并视情况给予一定的财政贴息。有关金融机构对个人造林育林,要适当放宽贷款条件,扩大面向农户和林业职工的小额信贷和联保贷款。林业经营者可依法以林木抵押申请银行贷款。鼓励林业企业上市融资。

20. 减轻林业税费负担。继续执行国家已经出台的各项林业税收优惠政策,并予以规范。按照农村税费改革的总体要求,逐步取消原木、原竹的农业特产税。取消对林农和其他林业生产经营者的各种不合理收费。改革育林基金征收、管理和使用办法,征收的育林基金要逐步全部返还给林业生产经营者,基层林业管理单位因此出现的经费缺口由财政解决。

七、强化科教兴林,坚持依法治林

21. 加强林业科技教育工作。要重视林业科学基础研究、应用研究和高新技术开发,提高林业的科技创新能力。重点研发林木良种选育、条件恶劣地区造林、重大森林病虫害防治、防沙治沙、森林资源与生态监测、种质资源保存与利用、林农复合经营、林火管理与控制及主要经济林产品加工转化等关键性技术。抓好林业重点实验室、野外重点观测台站、林业科学数据库和林业信息网络建设。林业重点工程建设与林业技术推广要同步设计、同步实施、同步验收。深化林业科技体制改革,国家在扶持基础性、公益性林业科学研究的同时,积极推动非公益性科学研究和技术推广走向市场。鼓励林业科研单位、大专院校和科技人员,通过创办科技型企业、建立科技示范点、开展科技承包和技术咨询服务等形式,加快科技成果转化。要加强林业技术推广服务体系建设,稳定科技工作队伍。对林业科学研究、新技术推广和新产品开发等方面有突出贡献的单位和个人,要给予重奖。完善相关政策,推动林科教、技工贸相结合。积极推进林业标准化工作,建立健全林业质量标准和检验检测体系。不断加强林业科技领域的国际合作。根据林业建设特点,建立各类林业人才教育和培训体系。切实加大对林业职工的培训力度,提高林业建设者的整体素质。

22. 加强林业法制建设。加快林业立法工作,抓紧制定天然林保护、湿地保护、国有森林资源经营管理、森林林木和林地使用权流转、林业建设资金使用管理、林业工程质量监管、林业重点工程建设等方面的法律法规，并根据新情况对现有法律法规进行修订。加大林业执法力度，严格森林和野生动植物资源保护管理，严厉打击乱砍滥伐林木、乱垦滥占林地、乱捕滥猎野生动物等违法犯罪行为，严禁随意采挖野生植物。加强林业执法监管体系，充实执法监督力量，改善执法监督条件，提高执法监督队伍素质。加强林业法制教育和生态道德教育，为执法人员依法办事创造良好的社会氛围和执法环境。

八、切实加强对林业工作的领导

23. 各级党委和政府要高度重视林业工作。要充分认识加强林业建设对实施可持续发展战略、全面建设小康社会的重要性和紧迫性，将其纳入国民经济和社会发展规划，做到认识到位，责任到位，政策到位，工作到位。各有关部门要认真履行职责，密切配合，支持林业发展。根据加快林业发展的需要，强化林业行政管理体系，加强各级政府的林业行政机构建设。建立完善的林业动态监测体系，整合现有监测资源，对我国的森林资源、土地荒漠化及其他生态变化实行动态监测，定期向社会公布。健全林业推广和服务体系，乡镇林业工作站是对林业生产经营实施组织管理的最基层机构，要充分发挥政策宣传、资源管护、林政执法、生产组织、科技推广和社会化服务等职能和作用。林业行业要继续发扬艰苦奋斗、无私奉献的精神，为促进林业发展再立新功。

24. 坚持并完善林业建设任期目标管理责任制。要合理划分中央和地方政府在林业建设方面的事权。中央政府领导全国林业工作，主要负责制定林业法规、政策和国家林业发展规划，指导和协调解决全国性或跨省、自治区、直辖市的重大林业和生态问题，帮助地方加快林业发展。各级地方政府对本地区林业工作全面负责，政府主要负责同志是林业建设的第一责任人，分管负责同志是林业建设的主要责任人。对林业建设的主要指标，实行任期目标管理，严格考核、严格奖惩，并由同级人民代表大会监督执行。各级地方党委组织部门和纪检监察机关，要把责任制的落实情况作为干部政绩考核、选拔任用和奖惩的重要依据。国家林业重点工程建设，要坚持规划落实到省、任务分解到省、资金分配到省、责任明确到省的管理制度。工程建设的进展情况，要定期检查，定期通报。建立重大毁林案件、违规使用资金案件和工程质量事故责任追究制度，对违反规定的，要严格追究有关领导人的责任。

25. 动员全社会力量关心和支持林业工作。各级工会、妇联、共青团和民兵、青年、学生组织及其他社会团体,要发挥各自作用,动员社会各界力量,投身国土绿化事业。人民解放军和武警部队为保护森林、绿化祖国作出了重要贡献,要继续发扬优良传统,积极承担造林绿化任务。要大力加强林业宣传教育工作,不断提高全民族的生态安全意识。中小学教育要强化相关内容,普及林业和生态知识。新闻媒体要将林业宣传纳入公益性宣传范围。

各地区各部门要紧密团结在以胡锦涛同志为总书记的党中央周围,高举邓小平理论伟大旗帜,认真贯彻"三个代表"重要思想,动员和组织全国人民,积极投身林业建设的伟大事业,为把我国建设成为山川秀美、生态和谐、可持续发展的社会主义现代化国家而努力奋斗!

中共中央 国务院
关于全面推进集体林权制度改革的意见

中发〔2008〕10号

(2008年6月8日)

新中国成立后,特别是改革开放以来,我国集体林业建设取得了较大成效,对经济社会发展和生态建设作出了重要贡献。集体林权制度虽经数次变革,但产权不明晰、经营主体不落实、经营机制不灵活、利益分配不合理等问题仍普遍存在,制约了林业的发展。为进一步解放和发展林业生产力,发展现代林业,增加农民收入,建设生态文明,现就全面推进集体林权制度改革提出如下意见。

一、充分认识集体林权制度改革的重大意义

(一)集体林权制度改革是稳定和完善农村基本经营制度的必然要求。集体林地是国家重要的土地资源,是林业重要的生产要素,是农民重要的生活保障。实行集体林权制度改革,把集体林地经营权和林木所有权落实到农户,确立农民的经营主体地位,是将农村家庭承包经营制度从耕地向林地的拓展和延伸,是对农村土地经营制度的丰富和完善,必将进一步解放和发展农村生产力。

(二)集体林权制度改革是促进农民就业增收的战略举措。林业产业链条长,市场需求大,就业空间广。实行集体林权制度改革,让农民获得重要的生产资料,激发农民发展林业生产经营的积极性,有利于促进农民特别是山区农民脱贫致富,破解"三农"问题,推进社会主义新农村建设。

(三)集体林权制度改革是建设生态文明的重要内容。建设生态文明、维护生态安全是林业发展的首要任务。实行集体林权制度改革,建立责权利明晰的林业经营制度,有利于调动广大农民造林育林的积极性和爱林护林的自觉性,增加森林数量,提升森林质量,增强森林生态功能和应对气候变化的能力,繁荣生态文化,促进人与自然和谐,推动经济社会可持续发展。

（四）集体林权制度改革是推进现代林业发展的强大动力。林业是国民经济和社会发展的重要公益事业和基础产业。实行集体林权制度改革，培育林业发展的市场主体，发挥市场在林业生产要素配置中的基础性作用，有利于发挥林业的生态、经济、社会和文化等多种功能，满足社会对林业的多样化需求，促进现代林业发展。

二、集体林权制度改革的指导思想、基本原则和总体目标

（五）指导思想。全面贯彻党的十七大精神，高举中国特色社会主义伟大旗帜，以邓小平理论和"三个代表"重要思想为指导，深入贯彻落实科学发展观，大力实施以生态建设为主的林业发展战略，不断创新集体林业经营的体制机制，依法明晰产权、放活经营、规范流转、减轻税费，进一步解放和发展林业生产力，促进传统林业向现代林业转变，为建设社会主义新农村和构建社会主义和谐社会作出贡献。

（六）基本原则。坚持农村基本经营制度，确保农民平等享有集体林地承包经营权；坚持统筹兼顾各方利益，确保农民得实惠、生态受保护；坚持尊重农民意愿，确保农民的知情权、参与权、决策权；坚持依法办事，确保改革规范有序；坚持分类指导，确保改革符合实际。

（七）总体目标。用5年左右时间，基本完成明晰产权、承包到户的改革任务。在此基础上，通过深化改革，完善政策，健全服务，规范管理，逐步形成集体林业的良性发展机制，实现资源增长、农民增收、生态良好、林区和谐的目标。

三、明确集体林权制度改革的主要任务

（八）明晰产权。在坚持集体林地所有权不变的前提下，依法将林地承包经营权和林木所有权，通过家庭承包方式落实到本集体经济组织的农户，确立农民作为林地承包经营权人的主体地位。对不宜实行家庭承包经营的林地，依法经本集体经济组织成员同意，可以通过均股、均利等其他方式落实产权。村集体经济组织可保留少量的集体林地，由本集体经济组织依法实行民主经营管理。

林地的承包期为70年。承包期届满，可以按照国家有关规定继续承包。已经承包到户或流转的集体林地，符合法律规定、承包或流转合同规范的，要予以维护；承包或流转合同不规范的，要予以完善；不符合法律规定的，要依法纠正。对权属有争议的林地、林木，要依法调处，纠纷解决后再落实经营主体。自留山由农户长期无偿使用，不得强行收回，不得随意调整。承包方案必须依法经本集体经济组织成员同意。

自然保护区、森林公园、风景名胜区、河道湖泊等管理机构和国有林（农）场、垦殖场等单位经营管理的集体林地、林木，要明晰权属关系，依法维护经营管理区的稳定和林权权利人的合法权益。

（九）勘界发证。明确承包关系后，要依法进行实地勘界、登记，核发全国统一式样的林权证，做到林权登记内容齐全规范，数据准确无误，图、表、册一致，人、地、证相符。各级林业主管部门应明确专门的林权管理机构，承办同级人民政府交办的林权登记造册、核发证书、档案管理、流转管理、林地承包争议仲裁、林权纠纷调处等工作。

（十）放活经营权。实行商品林、公益林分类经营管理。依法把立地条件好、采伐和经营利用不会对生态平衡和生物多样性造成危害区域的森林和林木，划定为商品林；把生态区位重要或生态脆弱区域的森林和林木，划定为公益林。对商品林，农民可依法自主决定经营方向和经营模式，生产的木材自主销售。对公益林，在不破坏生态功能的前提下，可依法合理利用林地资源，开发林下种养业，利用森林景观发展森林旅游业等。

（十一）落实处置权。在不改变林地用途的前提下，林地承包经营权人可依法对拥有的林地承包经营权和林木所有权进行转包、出租、转让、入股、抵押或作为出资、合作条件，对其承包的林地、林木可依法开发利用。

（十二）保障收益权。农户承包经营林地的收益，归农户所有。征收集体所有的林地，要依法足额支付林地补偿费、安置补助费、地上附着物和林木的补偿费等费用，安排被征林地农民的社会保障费用。经政府划定的公益林，已承包到农户的，森林生态效益补偿要落实到户；未承包到农户的，要确定管护主体，明确管护责任，森林生态效益补偿要落实到本集体经济组织的农户。严格禁止乱收费、乱摊派。

（十三）落实责任。承包集体林地，要签订书面承包合同，合同中要明确规定并落实承包方、发包方的造林育林、保护管理、森林防火、病虫害防治等责任，促进森林资源可持续经营。基层林业主管部门要加强对承包合同的规范化管理。

四、完善集体林权制度改革的政策措施

（十四）完善林木采伐管理机制。编制森林经营方案，改革商品林采伐限额管理，实行林木采伐审批公示制度，简化审批程序，提供便捷服务。严格控制公益林采伐，依法进行抚育和更新性质的采伐，合理控制采伐方式和强度。

（十五）规范林地、林木流转。在依法、自愿、有偿的前提下，林地承包经营权人可采取多种方式流转林地经营权和林木所有权。流转期限不得超过承包期的剩余期限，流转后不得改变林地用途。集体统一经营管理的林地经营权和林木所有权的流转，要在本集体经济组织内提前公示，依法经本集体经济组织成员同意，收益应纳入农村集体财务管理，用于本集体经济组织内部成员分配和公益事业。

加快林地、林木流转制度建设，建立健全产权交易平台，加强流转管理，依法规范流转，保障公平交易，防止农民失山失地。加强森林资源资产评估管理，加快建立森林资源资产评估师制度和评估制度，规范评估行为，维护交易各方合法权益。

（十六）建立支持集体林业发展的公共财政制度。各级政府要建立和完善森林生态效益补偿基金制度，按照"谁开发谁保护、谁受益谁补偿"的原则，多渠道筹集公益林补偿基金，逐步提高中央和地方财政对森林生态效益的补偿标准。建立造林、抚育、保护、管理投入补贴制度，对森林防火、病虫害防治、林木良种、沼气建设给予补贴，对森林抚育、木本粮油、生物质能源林、珍贵树种及大径材培育给予扶持。改革育林基金管理办法，逐步降低育林基金征收比例，规范用途，各级政府要将林业部门行政事业经费纳入财政预算。森林防火、病虫害防治以及林业行政执法体系等方面的基础设施建设要纳入各级政府基本建设规划，林区的交通、供水、供电、通信等基础设施建设要依法纳入相关行业的发展规划，特别是要加大对偏远山区、沙区和少数民族地区林业基础设施的投入。集体林权制度改革工作经费，主要由地方财政承担，中央财政给予适当补助。对财政困难的县乡，中央和省级财政要加大转移支付力度。

（十七）推进林业投融资改革。金融机构要开发适合林业特点的信贷产品，拓宽林业融资渠道。加大林业信贷投放，完善林业贷款财政贴息政策，大力发展对林业的小额贷款。完善林业信贷担保方式，健全林权抵押贷款制度。加快建立政策性森林保险制度，提高农户抵御自然灾害的能力。妥善处理农村林业债务。

（十八）加强林业社会化服务。扶持发展林业专业合作组织，培育一批辐射面广、带动力强的龙头企业，促进林业规模化、标准化、集约化经营。发展林业专业协会，充分发挥政策咨询、信息服务、科技推广、行业自律等作用。引导和规范森林资源资产评估、森林经营方案编制等中介服务健康发展。

五、加强对集体林权制度改革的组织领导

（十九）高度重视集体林权制度改革。各级党委、政府要把集体林权制度改革作为一件大事来抓，摆上重要位置，精心组织，周密安排，因势利导，确保改革扎实推进。要实行主要领导负责制，层层落实领导责任。建立县（市）直接领导、乡镇组织实施、村组具体操作、部门搞好服务的工作机制，充分发挥农村基层党组织的作用。改革方案的制定要依照法律、尊重民意、因地制宜，改革的内容和具体操作程序要公开、公平、公正。在坚持改革基本原则的前提下，鼓励各地积极探索，确保改革符合实际、取得实效。要加强对领导干部、林改工作人员包括农村基层干部的培训，强化调度、统计、检查、督导和档案管理工作。要严肃工作纪律，党员干部特别是各级领导干部，要以身作则，决不允许借改革之机，为本人和亲友谋取私利。要健全纠纷调处工作机制，妥善解决林权纠纷，及时化解矛盾，维护农村稳定。

（二十）切实加强和改进林业管理。各级林业主管部门要适应改革新形势，进一步转变职能，加强林业宏观管理、公共服务、行政执法和监督。要深入调查研究，认真总结经验，加强工作指导，改进服务方式。推行林业综合行政执法，严厉打击破坏森林资源的违法行为。要加强森林防火、病虫害防治等公共服务体系建设，健全政府主导、群防群治的森林防火、防病虫害、防乱砍滥伐的工作机制。建立科技推广激励机制，加大培训力度，实施林业科技入户工程。加强基层林业工作机构建设，乡镇林业工作站经费纳入地方财政预算。

（二十一）努力形成各方面支持改革的合力。集体林权制度改革涉及面广、政策性强。各有关部门要各司其职，密切配合，通力协作，积极参与改革，主动支持改革。各群众团体和社会组织要发挥各自作用，为推进集体林权制度改革贡献力量。加强舆论宣传，努力营造有利于集体林权制度改革的社会氛围。

集体林权制度改革是农村生产关系的重大变革，事关全局、影响深远。我们要紧密团结在以胡锦涛同志为总书记的党中央周围，高举中国特色社会主义伟大旗帜，以邓小平理论和"三个代表"重要思想为指导，深入贯彻落实科学发展观，解放思想，坚定信心，开拓进取，扎实推进集体林权制度改革，为夺取全面建设小康社会新胜利作出新的贡献。

中共中央 国务院
印发《国有林场改革方案》和《国有林区改革指导意见》

中发〔2015〕6号

(2015年2月8日)

国有林场改革方案

保护森林和生态是建设生态文明的根基,深化生态文明体制改革,健全森林与生态保护制度是首要任务。国有林场是我国生态修复和建设的重要力量,是维护国家生态安全最重要的基础设施,在大规模造林绿化和森林资源经营管理工作中取得了巨大成就,为保护国家生态安全、提升人民生态福祉、促进绿色发展、应对气候变化发挥了重要作用。但长期以来,国有林场功能定位不清、管理体制不顺、经营机制不活、支持政策不健全,林场可持续发展面临严峻挑战。为加快推进国有林场改革,促进国有林场科学发展,充分发挥国有林场在生态建设中的重要作用,制定本方案。

一、国有林场改革的总体要求

(一)指导思想。全面贯彻落实党的十八大和十八届三中、四中全会精神,深入实施以生态建设为主的林业发展战略,按照分类推进改革的要求,围绕保护生态、保障职工生活两大目标,推动政事分开、事企分开,实现管护方式创新和监管体制创新,推动林业发展模式由木材生产为主转变为生态修复和建设为主、由利用森林获取经济利益为主转变为保护森林提供生态服务为主,建立有利于保护和发展森林资源、有利于改善生态和民生、有利于增强林业发展活力的国有林场新体制,为维护国家生态安全、保护生物多样性、建设生态文明作出更大贡献。

(二)基本原则

——坚持生态导向、保护优先。森林是陆地生态的主体,是国家、民族生存的资本和根基,关系生态安全、淡水安全、国土安全、物种安全、气候安全和国家生态外交大局。要以维护和提高森林资源生态功能作为改革的出发点和落脚点,实行最严格的国有林场林地和林木资源管理制度,确保国有森林资源不破坏、国有资产不流失,为坚守生态红线发挥骨干作用。

——坚持改善民生、保持稳定。立足林场实际稳步推进改革,切实解决好职工最关心、最直接、最现实的利益问题,充分调动职工的积极性、主动性和创造性,确保林场稳定。

——坚持因地制宜、分类施策。以"因养林而养人"为方向,根据各地林业和生态建设实际,探索不同类型的国有林场改革模式,不强求一律,不搞一刀切。

——坚持分类指导、省级负责。中央对各地国有林场改革工作实行分类指导,在政策和资金上予以适当支持。省级政府对国有林场改革负总责,根据本地实际制定具体改革措施。

(三)总体目标。到2020年,实现以下目标:

——生态功能显著提升。通过大力造林、科学营林、严格保护等多措并举,森林面积增加1亿亩以上,森林蓄积量增长6亿立方米以上,商业性采伐减少20%左右,森林碳汇和应对气候变化能力有效增强,森林质量显著提升。

——生产生活条件明显改善。通过创新国有林场管理体制、多渠道加大对林场基础设施的投入,切实改善职工的生产生活条件。拓宽职工就业渠道,完善社会保障机制,使职工就业有着落、基本生活有保障。

——管理体制全面创新。基本形成功能定位明确、人员精简高效、森林管护购买服务、资源监管分级实施的林场管理新体制,确保政府投入可持续、资源监管高效率、林场发展有后劲。

二、国有林场改革的主要内容

(一)明确界定国有林场生态责任和保护方式。将国有林场主要功能明确定位于保护培育森林资源、维护国家生态安全。与功能定位相适应,明确森林资源保护的组织方式,合理界定国有林场属性。原为事业单位的国有林场,主要承担保护和培育森林资源等生态公益服务职责的,继续按从事公益服务事业单位管理,从严控制事业编制;基本不承担保护和培育森林资源、主要从事市场化经营的,要推进转企改制,暂不具备转企改制条件的,要剥离企业经营性业务。目前已经转制为企业性质的国有林场,原则上保持企业性质不变,通过政府购买服务实现公益林管护,或者结合国有企业改革探索转型为公益性企业,确有特殊情况的,可以由地方政府根据本地实际合理确定其属性。

(二)推进国有林场政事分开。林业行政主管部门要加快职能转变,创新管理方式,减少对国有林场的微观管理和直接管理,加强发展战略、规划、政策、标准等制定和实施,落实国有林场法人自主权。在稳定现行隶属关系的基础上,综合考虑区位、规模和生态建设需要等因素,合理优化国有林场管理层级。对同一行政区域内规模过小、分布零散的林场,根据机构精简和规模经营原则整合为较大林场。科学核定事业编制,用于聘用管理人员、专业技术人员和骨干林业技能人员,经费纳入同级政府财政预算。强化对编制使用的监管,事业单位新进人员除国家政策性安置、按干部人事权限由上级任命及涉密岗位等确需使用其他方法选拔任用人员外,都要实行公开招聘。

(三)推进国有林场事企分开。国有林场从事的经营活动要实行市场化运作,对商品林采伐、林业特色产业和森林旅游等暂不能分开的经营活动,严格实行"收支两条线"管理。鼓励优强林业企业参与兼并重组,通过规模化经营、市场化运作,切实提高企业性质国有林场的运营效率。加强资产负债的清理认定和核查工作,防止国有资产流失。要加快分离各类国有林场的办社会职能,逐步将林场所办学校、医疗机构等移交属地管理。积极探索林场所办医疗机构的转型或改制。根据当地实际,逐步理顺国有林场与代管乡镇、村的关系。

(四)完善以购买服务为主的公益林管护机制。国有林场公益林日常管护要引入市场机制,通过合同、委托等方式面向社会购买服务。在保持林场生态系统完整性和稳定性的前提下,按照科学规划原则,鼓励社会资本、林场职工发展森林旅游等特色产业,有效盘活森林资源。企业性质国有林场经营范围内划分为公益林的部分,由中央财政和地方财政按照公益林核定等级分别安排管护资金。鼓励社会公益组织和志愿者参与公益林管护,提高全社会生态保护意识。

(五)健全责任明确、分级管理的森林资源监管体制。建立归属清晰、权责明确、监管有效的森林资源产权制度,建立健全林地保护制度、森林保护制度、森林经营制度、湿地保护制度、自然保护区制度、监督制度和考核制度。按照林地性质、生态区位、面积大小、监管事项、对社会全局利益影响的程度等因素由国家、省、市三级林业行政主管部门分级监管,对林地性质变更、采伐限额等强化多级联动监管,充分调动各级监管机构的积极性。保持国有林场林地范围和用途的长期稳定,严禁林地转为非林地。建立制度化的监测考核体制,加强对国有林场森林资源保护管理情况的考核,将考核结果作为综合考核评价地方政府和有关部门主要领导政绩的重要依据。加强国家和地方国有林场森林资源监测体系建设,建立健全国有林场森林资源管理档案,定期向社会公布国有林场森林资源状况,接受社会监督,对国有林场场长实行国有林场森林资源离任审计。实施以提高森林资源质量和严格控制采伐量为核心的国有林场森林资源经营管理制度,按森林经营方案编制采伐限额、制定年度生产计划和开展森林经营活动,各级政府对所管理国有林场的森林经营方案编制和实施情况进行检查。探索建立国有林场森林资源有偿使用制度。利用国有林场森林资源开展森林旅游等,应当与国有林场明确收益分配方式;经批准占用国有林场林地的,应当按规定足额支付林地林木补偿费、安置补助费、植被恢复费和职工社会保障费用。启动国有林场森林资源保护和培育工程,合理确定国有林场森林商业性采伐量。加快研究制定国有林场管理法律制度措施和国有林场中长期发展规划等。探索建立国家公园。

(六)健全职工转移就业机制和社会保障体制。按照"内部消化为主,多渠道解决就业"和"以人为本,确保稳定"的原则妥善安置国有林场富余职工,不采取强制性买断方式,不搞一次性下岗分流,确保职工基本生活有保障。主要通过以下途径进行安置:一是通过购买服务方式从事森林管护抚育;二是由林场提供林业特色产业等工作岗位逐步过渡到退休;三是加强有针对性的职业技能培训,鼓励和引导部分职工转岗就业。将全部富余职工按照规定纳入城镇职工社会保险范畴,平稳过渡、合理衔接,确保职工退休后生活有保障。将符合低保条件的林场职工及其家庭成员纳入当地居民最低生活保障范围,切实做到应保尽保。

三、完善国有林场改革发展的政策支持体系

(一)加强国有林场基础设施建设。国有林场基础设施建设要体现生态建设需要,不能简单照搬城市建设。各级政府将国有林场基础设施建设纳入同级政府建设计划,按照支出责任和财务隶属关系,在现有专项资金渠道内,加大对林场供电、饮水安全、森林防火、管护站点用房、有害生物防治等基础设施建设的投入,将国有林场道路按属性纳入相关公路网规划。加快国有林场电网改造升级。积极推进国有林场生态移民,将位于生态环境极为脆弱、不宜人居地区的场部逐步就近搬迁到小城镇,提高与城镇发展的融合度。落实国有林场职工住房公积金和住房补贴政策。在符合

土地利用总体规划的前提下,按照行政隶属关系,经城市政府批准,依据保障性安居工程建设的标准和要求,允许国有林场利用自有土地建设保障性安居工程,并依法依规办理土地供应和登记手续。

(二)加强对国有林场的财政支持。中央财政安排国有林场改革补助资金,主要用于解决国有林场职工参加社会保险和分离林场办社会职能问题。省级财政要安排资金,统筹解决国有林场改革成本问题。具备条件的支农惠农政策可适用于国有林场。将国有贫困林场扶贫工作纳入各级政府扶贫工作计划,加大扶持力度。加大对林场基本公共服务的政策支持力度,促进林场与周边地区基本公共服务均等化。

(三)加强对国有林场的金融支持。对国有林场所欠金融债务情况进行调查摸底,按照平等协商和商业化原则积极进行化解。对于正常类金融债务,到期后依法予以偿还;对于国有或国有控股金融机构发放的、国有林场因营造公益林产生的不良债务,由中国银监会、财政部、国家林业局等有关部门研究制定具有可操作性的化解政策;其他不良金融债务,确因客观原因无法偿还的,经审核后可根据实际情况采取贷款展期等方式进行债务重组。符合呆账核销条件的,按照相关规定予以核销。严格审核不良债务,防止借改革逃废金融机构债务。开发适合国有林场特点的信贷产品,充分利用林业贷款中央财政贴息政策,拓宽国有林场融资渠道。

(四)加强国有林场人才队伍建设。参照支持西部和艰苦边远地区发展相关政策,引进国有林场发展急需的管理和技术人才。建立公开公平、竞争择优的用人机制,营造良好的人才发展环境。适当放宽艰苦地区国有林场专业技术职务评聘条件,适当提高国有林场林业技能岗位结构比例,改善人员结构。加强国有林场领导班子建设,加大林场职工培训力度,提高国有林场人员综合素质和业务能力。

四、加强组织领导,全面落实各项任务

(一)加强总体指导。有关部门要加强沟通,密切配合,按照职能分工抓紧制定和完善社会保障、化解债务、职工住房等一系列支持政策。国家发展改革委和国家林业局要做好统筹协调工作,根据不同区域国有林场实际,切实做好分类指导和服务,加强跟踪分析和督促检查,适时评估方案实施情况。方案实施过程中出现的重大问题及时上报国务院。

(二)明确工作责任。各省(自治区、直辖市)政府对国有林场改革负总责,按照本方案确定的目标、任务和政策措施,结合实际尽快制定具体方案,确保按时完成各项任务目标。加强国有林场管理机构建设,维护国有林场合法权益,保持森林资源权属稳定,严禁破坏国有森林资源和乱砍滥伐、滥占林地、无序建设。做好风险预警,及时化解矛盾,确保社会稳定。

国有林区改革指导意见

保护森林和生态是建设生态文明的根基,深化生态文明体制改革,健全森林与生态保护制度是首要任务。国有林区是我国重要的生态安全屏障和森林资源培育战略基地,是维护国家生态安全最重要的基础设施,在经济社会发展和生态文明建设中发挥着不可替代的重要作用,为国家经济建设作出了重大贡献。但长期以来,国有林区管理体制不完善,森林资源过度开发,民生问题较为突出,严重制约了生态安全保障能力。为积极探索国有林区改革路径,健全国有林区经营管理体制,进一步增强国有林区生态功能和发展活力,现提出如下意见。

一、国有林区改革的总体要求

(一)指导思想。全面贯彻落实党的十八大和十八届三中、四中全会精神,深入实施以生态建设为主的林业发展战略,以发挥国有林区生态功能和建设国家木材战略储备基地为导向,以厘清中央与地方、政府与企业各方面关系为主线,积极推进政事企分开,健全森林资源监管体制,创新资源管护方式,完善支持政策体系,建立有利于保护和发展森林资源、有利于改善生态和民生、有利于增强林业发展活力的国有林区新体制,加快林区经济转型,促进林区森林资源逐步恢复和稳定增长,推动林业发展模式由木材生产为主转变为生态修复和建设为主、由利用森林获取经济利益为主转变为保护森林提供生态服务为主,为建设生态文明和美丽中国、实现中华民族永续发展提供生态保障。

(二)基本原则

坚持生态为本、保护优先。尊重自然规律,实行山水林田湖统筹治理,重点保护好森林、湿地等自然生态系统,确保森林资源总量持续增加、生态产品生产能力持续提升、生态功能持续增强。

注重民生改善、维护稳定。改善国有林区基础设施状况,积极发展替代产业,促进就业增收,保障职工基本生活,维护林区社会和谐稳定。

促进政企政事分开、各负其责。厘清政府与森工企业的职能定位,剥离森工企业的社会管理和办社会职能,加快林区所办企业改制改革,实现政府、企业和社会各司其职、各负其责。

强化统一规划、融合发展。破除林区条块分割的管理模式，将林区纳入所在地方国民经济和社会发展总体规划，推动林区社会融入地方、经济融入市场。

坚持分类指导、分步实施。充分考虑国有林区不同情况，中央予以分类指导，各地分别制定实施方案，科学合理确定改革模式，不搞一刀切，循序渐进，走出一条具有中国特色的国有林区改革发展道路。

总体目标。到2020年，基本理顺中央与地方、政府与企业的关系，实现政企、政事、事企、管办分开，林区政府社会管理和公共服务职能得到进一步强化，森林资源管护和监管体系更加完善，林区经济社会发展基本融入地方，生产生活条件得到明显改善，职工基本生活得到有效保障；区分不同情况有序停止天然林商业性采伐，重点国有林区森林面积增加550万亩左右，森林蓄积量增长4亿立方米以上，森林碳汇和应对气候变化能力有效增强，森林资源质量和生态保障能力全面提升。

二、国有林区改革的主要任务

（一）区分不同情况有序停止重点国有林区天然林商业性采伐，确保森林资源稳步恢复和增长。明确国有林区发挥生态功能、维护生态安全的战略定位，将提供生态服务、维护生态安全确定为国有林区的基本职能，作为制定国有林区改革发展各项政策措施的基本出发点。研究提出加强国有林区天然林保护的实施方案。稳步推进黑龙江重点国有林区停止天然林商业性采伐试点，跟踪政策实施效果，及时总结经验。在试点基础上，有序停止内蒙古、吉林重点国有林区天然林商业性采伐，全面提升森林质量，加快森林资源培育与恢复。

（二）因地制宜逐步推进国有林区政企分开。在地方政府职能健全、财力较强的地区，一步到位实行政企分开，全部剥离企业的社会管理和公共服务职能，交由地方政府承担，人员交由地方统一管理，经费纳入地方财政预算；在条件不具备的地区，先行在内部实行政企分开，逐步创造条件将行政职能移交当地政府。

（三）逐步形成精简高效的国有森林资源管理机构。适应国有林区全面停止或逐步减少天然林商业性采伐和发挥生态服务主导功能的新要求，按照"机构只减不增、人员只出不进、社会和谐稳定"的原则，分类制定森工企业改制和改革方案，通过多种方式逐年减少管理人员，最终实现合理编制和人员规模，逐步建立精简高效的国有森林资源管理机构，依法负责森林、湿地、自然保护区和野生动植物资源的保护管理及森林防火、有害生物防治等工作。逐步整合规模小、人员少、地处偏远的林场所。

（四）创新森林资源管护机制。根据森林分布特点，针对不同区域地段的生产季节，采取行之有效的管护模式，实行远山设卡、近山管护，加强高新技术手段和现代交通工具的装备应用，降低劳动强度，提高管护效率，确保管护效果。鼓励社会公益组织和志愿者参与公益林管护，提高全社会生态保护意识。创新林业生产组织方式，造林、管护、抚育、木材生产等林业生产建设任务，凡能通过购买服务方式实现的要面向社会购买。除自然保护区外，在不破坏森林资源的前提下，允许从事森林资源管护的职工从事林特产品生产等经营，增加职工收入。积极推动各类社会资本参与林区企业改制，提高林区发展活力。

（五）创新森林资源监管体制。建立归属清晰、权责明确、监管有效的森林资源产权制度，建立健全林地保护制度、森林保护制度、森林经营制度、湿地保护制度、自然保护区制度、监督制度和考核制度。重点国有林区森林资源产权归国家所有即全民所有，国务院林业行政主管部门代表国家行使所有权、履行出资人职责，负责管理重点国有林区的国有森林资源和森林资源资产产权变动的审批。研究制定重点国有林区森林资源监督管理法律制度措施。进一步强化国务院林业行政主管部门派驻地方的森林资源监督专员办事处的监督职能，优化监督机构设置，加强对重点国有林区森林资源保护管理的监督。建立健全以生态服务功能为核心，以林地保有量、森林覆盖率、森林质量、护林防火、有害生物防治等为主要指标的林区绩效管理和考核机制，实行森林资源离任审计。科学编制长期森林经营方案，作为国有森林资源保护发展的主要遵循和考核国有森林资源管理绩效的依据。探索建立国家公园。

（六）强化地方政府保护森林、改善民生的责任。地方各级政府对行政区域内的林区经济社会发展和森林资源保护负总责。要将林区经济社会发展纳入当地国民经济和社会发展总体规划及投资计划。切实落实地方政府林区社会管理和公共服务的职能。国有林区森林覆盖率、森林蓄积量的变化纳入地方政府目标责任考核约束性指标。林地保有量、征占用林地定额纳入地方政府目标责任考核内容。省级政府对组织实施天然林保护工程、全面停止天然林商业性采伐负全责，实行目标、任务、资金、责任"四到省"。地方各级政府负责统一组织、协调和指导本行政区域的森林防火工作并实行行政首长负责制。

（七）妥善安置国有林区富余职工，确保职工基本生活有保障。充分发挥林区绿色资源丰富的优势，通过开发森林旅游、特色养殖种植、境外采伐、林产品加工、对外合作等，创造就业岗位。中央财政继续加大对森林管护、人工造林、中幼龄林抚育和森林改造培育的支持力度，推进职工转岗就业。对符合政策的就业困难人员灵活就业的，由地方政府按国家有关规定统筹解决社会保险补贴，对跨行政区域的国有林业单位，由所在的市级或省级政府统筹解决。

三、完善国有林区改革的政策支持体系

（一）加强对国有林区的财政支持。国有林区停止天然林商业性采伐后，中央财政通过适当增加天保工程财政资金予以支持。结合当地人均收入水平，适当调整天保工程森林管护费和社会保险补助费的财政补助标准。加大中央财政的森林保险支持力度，提高国有林区森林资源抵御自然灾害的能力。加大对林区基本公共服务的政策支持力度，促进林区与周边地区基本公共服务均等化。

（二）加强对国有林区的金融支持。根据债务形成原因和种类，分类化解森工企业金融机构债务。对于正常类金融债务，到期后应当依法予以偿还。对于确需中央支持化解的不良类金融债务，由中国银监会、财政部、国家林业局等有关部门在听取金融机构意见、充分调研的基础上，研究制定切实可行、有针对性的政策，报国务院批准后实施。严格审核不良债务，防止借改革逃废金融机构债务。开发适合国有林区特点的信贷产品，拓宽林业融资渠道，加大林业信贷投放，大力发展对国有林区职工的小额贷款。完善林业信贷担保方式，完善林业贷款中央财政贴息政策。

（三）加强国有林区基础设施建设。林区基础设施建设要体现生态建设需要，不能简单模仿城市建设、建造繁华都市。各级政府要将国有林区电网、饮水安全、管护站点用房等基础设施建设纳入同级政府建设规划统筹安排，将国有林区道路按属性纳入相关公路网规划，加快国有林区棚户区改造和电网改造升级，加强森林防火和有害生物防治。国家结合现有渠道，加大对国有林区基础设施建设的支持力度。

（四）加快深山远山林区职工搬迁。将林区城镇建设纳入地方城镇建设规划，结合林区改革和林场撤并整合，积极推进深山远山职工搬迁。充分考虑职工生产生活需求，尊重职工意愿，合理布局职工搬迁安置地点。继续结合林区棚户区改造，进一步加大中央支持力度，同时在安排保障性安居工程配套基础设施建设投资时给予倾斜。林场撤并搬迁安置区配套基础

设施和公共服务设施建设等参照执行独立工矿区改造搬迁政策。切实落实省级政府对本地棚户区改造工作负总责的要求，相关省级政府及森工企业也要相应加大补助力度。对符合条件的困难职工，当地政府要积极研究结合公共租赁住房等政策，解决其住房困难问题。拓宽深山远山林区职工搬迁筹资渠道，加大金融信贷、企业债券等融资力度。切实落实棚户区改造住房税费减免优惠政策。

（五）积极推进国有林区产业转型。推进大小兴安岭、长白山林区生态保护与经济转型，积极发展绿色富民产业。进一步收缩木材采运业，严格限制矿业开采。鼓励培育速生丰产用材林特别是珍贵树种和大径级用材林，大力发展木材深加工、特色经济林、森林旅游、野生动植物驯养繁育等绿色低碳产业，增加就业岗位，提高林区职工群众收入。利用地缘优势发展林产品加工基地和对外贸易，建设以口岸进口原料为依托、以精深加工为重点、以国内和国际市场为导向的林产品加工集群。支持国有优强企业参与国有林区企业的改革重组，推进国有林区资源优化配置和产业转型。选择条件成熟的地区开展经济转型试点，支持试点地区发展接续替代产业。

四、加强组织领导，全面落实各项任务

（一）加强对改革的组织领导。有关部门要明确责任，密切配合，按照本意见要求制定和完善社会保障、化解债务、职工住房等一系列支持政策。国家发展改革委和国家林业局要加强组织协调和分类指导，抓好督促落实。各有关省（自治区）要对本地区国有林区改革负总责，结合本地实际制定具体实施方案，细化工作措施和要求，及时发现和解决改革中出现的矛盾和问题，落实好各项改革任务。

（二）注重试点先行、有序推进。要充分考虑改革的复杂性和艰巨性，积极探索，稳妥推进改革。各有关省（自治区）可以按照本意见精神，选择部分工作基础条件较好的国有林业局先行试点，积累改革经验，再逐步推广。

（三）严格依法依规推进改革。要强化各级政府生态保护责任，加强森林资源监管，加强对森林资源保护绩效的考核，严格杜绝滥占林地、无序建设、乱砍滥伐、破坏森林资源的现象。要认真执行国有资产管理有关规定，严格纪律要求，防止国有资产流失。要依法保障林区职工群众的合法权益，维护林区和谐稳定。

中共中央 国务院
关于加快推进生态文明建设的意见

中发〔2015〕12号

(2015年4月25日)

生态文明建设是中国特色社会主义事业的重要内容,关系人民福祉,关乎民族未来,事关"两个一百年"奋斗目标和中华民族伟大复兴中国梦的实现。党中央、国务院高度重视生态文明建设,先后出台了一系列重大决策部署,推动生态文明建设取得了重大进展和积极成效。但总体上看我国生态文明建设水平仍滞后于经济社会发展,资源约束趋紧,环境污染严重,生态系统退化,发展与人口资源环境之间的矛盾日益突出,已成为经济社会可持续发展的重大瓶颈制约。

加快推进生态文明建设是加快转变经济发展方式、提高发展质量和效益的内在要求,是坚持以人为本、促进社会和谐的必然选择,是全面建成小康社会、实现中华民族伟大复兴中国梦的时代抉择,是积极应对气候变化、维护全球生态安全的重大举措。要充分认识加快推进生态文明建设的极端重要性和紧迫性,切实增强责任感和使命感,牢固树立尊重自然、顺应自然、保护自然的理念,坚持绿水青山就是金山银山,动员全党、全社会积极行动、深入持久地推进生态文明建设,加快形成人与自然和谐发展的现代化建设新格局,开创社会主义生态文明新时代。

一、总体要求

(一)指导思想。以邓小平理论、"三个代表"重要思想、科学发展观为指导,全面贯彻党的十八大和十八届二中、三中、四中全会精神,深入贯彻习近平总书记系列重要讲话精神,认真落实党中央、国务院的决策部署,坚持以人为本、依法推进,坚持节约资源和保护环境的基本国策,把生态文明建设放在突出的战略位置,融入经济建设、政治建设、文化建设、社会建设各方面和全过程,协同推进新型工业化、信息化、城镇化、农业现代化和绿色化,以健全生态文明制度体系为重点,优化国土空间开发格局，全面促进资源节约利用，加大自然生态系统和环境保护力度，大力推进绿色发展、循环发展、低碳发展，弘扬生态文化，倡导绿色生活，加快建设美丽中国，使蓝天常在、青山常在、绿水常在，实现中华民族永续发展。

（二）基本原则。

坚持把节约优先、保护优先、自然恢复为主作为基本方针。在资源开发与节约中，把节约放在优先位置，以最少的资源消耗支撑经济社会持续发展；在环境保护与发展中，把保护放在优先位置，在发展中保护、在保护中发展；在生态建设与修复中，以自然恢复为主，与人工修复相结合。

坚持把绿色发展、循环发展、低碳发展作为基本途径。经济社会发展必须建立在资源得到高效循环利用、生态环境受到严格保护的基础上，与生态文明建设相协调，形成节约资源和保护环境的空间格局、产业结构、生产方式。

坚持把深化改革和创新驱动作为基本动力。充分发挥市场配置资源的决定性作用和更好发挥政府作用，不断深化制度改革和科技创新，建立系统完整的生态文明制度体系，强化科技创新引领作用，为生态文明建设注入强大动力。

坚持把培育生态文化作为重要支撑。将生态文明纳入社会主义核心价值体系，加强生态文化的宣传教育，倡导勤俭节约、绿色低碳、文明健康的生活方式和消费模式，提高全社会生态文明意识。

坚持把重点突破和整体推进作为工作方式。既立足当前，着力解决对经济社会可持续发展制约性强、群众反映强烈的突出问题，打好生态文明建设攻坚战；又着眼长远，加强顶层设计与鼓励基层探索相结合，持之以恒全面推进生态文明建设。

（三）主要目标。到 2020 年，资源节约型和环境友好型社会建设取得重大进展，主体功能区布局基本形成，经济发展质量和效益显著提高，生态文明主流价值观在全社会得到推行，生态文明建设水平与全面建成小康社会目标相适应。

——国土空间开发格局进一步优化。经济、人口布局向均衡方向发展，陆海空间开发强度、城市空间规模得到有效控制，城乡结构和空间布局明显优化。

——资源利用更加高效。单位国内生产总值二氧化碳排放强度比 2005 年下降 40%～45%，能源消耗强度持续下降，资源产出率大幅提高，用水总量力争控制在 6700 亿立方米以内，万元工业增加值用水量降低到 65 立方米以下，农田灌溉水有效利用系数提高到 0.55 以上，非化石能源占一次能源消费比重达到 15% 左右。

——生态环境质量总体改善。主要污染物排放总量继续减少，大气环境质量、重点流域和近岸海域水环境质量得到改善，重要江河湖泊水功能区水质达标率提高到 80% 以上，饮用水安全保障水平持续提升，土壤环境质量总体保持稳定，环境风险得到有效控制。森林覆盖率达到 23% 以上，草原综合植被覆盖度达到 56%，湿地面积不低于 8 亿亩，50% 以上可治理沙化土地得到治理，自然岸线保有率不低于 35%，生物多样性丧失速度得到基本控制，全国生态系统稳定性明显增强。

——生态文明重大制度基本确立。基本形成源头预防、过程控制、损害赔偿、责任追究的生态文明制度体系，自然资源资产产权和用途管制、生态保护红线、生态保护补偿、生态环境保护管理体制等关键制度建设取得决定性成果。

二、强化主体功能定位，优化国土空间开发格局

国土是生态文明建设的空间载体。要坚定不移地实施主体功能区战略，健全空间规划体系，科学合理布局和整治生产空间、生活空间、生态空间。

（四）积极实施主体功能区战略。全面落实主体功能区规划，健全财政、投资、产业、土地、人口、环境等配套政策和各有侧重的绩效考核评价体系。推进市县落实主体功能定位，推动经济社会发展、城乡、土地利用、生态环境保护等规划"多规合一"，形成一个市县一本规划、一张蓝图。区域规划编制、重大项目布局必须符合主体功能定位。对不同主体功能区的产业项目实行差别化市场准入政策，明确禁止开发区域、限制开发区域准入事项，明确优化开发区域、重点开发区域禁止和限制发展的产业。编制实施全国国土规划纲要，加快推进国土综合整治。构建平衡适宜的城乡建设空间体系，适当增加生活空间、生态用地，保护和扩大绿地、水域、湿地等生态空间。

（五）大力推进绿色城镇化。认真落实《国家新型城镇化规划（2014—2020 年）》，根据资源环境承载能力，构建科学合理的城镇化宏观布局，严格控制特大城市规模，增强中小城市承载能力，促进大中小城市和小城镇协调发展。尊重自然格局，依托现有山水脉络、气象条件等，合理布局城镇各类空间，尽量减少对自然的干扰和损害。保护自然景观，传承历史文

化,提倡城镇形态多样性,保持特色风貌,防止"千城一面"。科学确定城镇开发强度,提高城镇土地利用效率、建成区人口密度,划定城镇开发边界,从严供给城市建设用地,推动城镇化发展由外延扩张式向内涵提升式转变。严格新城、新区设立条件和程序。强化城镇化过程中的节能理念,大力发展绿色建筑和低碳、便捷的交通体系,推进绿色生态城区建设,提高城镇供排水、防涝、雨水收集利用、供热、供气、环境等基础设施建设水平。所有县城和重点镇都要具备污水、垃圾处理能力,提高建设、运行、管理水平。加强城乡规划"三区四线"(禁建区、限建区和适建区,绿线、蓝线、紫线和黄线)管理,维护城乡规划的权威性、严肃性,杜绝大拆大建。

(六)加快美丽乡村建设。完善县域村庄规划,强化规划的科学性和约束力。加强农村基础设施建设,强化山水林田路综合治理,加快农村危旧房改造,支持农村环境集中连片整治,开展农村垃圾专项治理,加大农村污水处理和改厕力度。加快转变农业发展方式,推进农业结构调整,大力发展农业循环经济,治理农业污染,提升农产品质量安全水平。依托乡村生态资源,在保护生态环境的前提下,加快发展乡村旅游休闲业。引导农民在房前屋后、道路两旁植树护绿。加强农村精神文明建设,以环境整治和民风建设为重点,扎实推进文明村镇创建。

(七)加强海洋资源科学开发和生态环境保护。根据海洋资源环境承载力,科学编制海洋功能区划,确定不同海域主体功能。坚持"点上开发、面上保护",控制海洋开发强度,在适宜开发的海洋区域,加快调整经济结构和产业布局,积极发展海洋战略性新兴产业,严格生态环境评价,提高资源集约节约利用和综合开发水平,最大程度减少对海域生态环境的影响。严格控制陆源污染物排海总量,建立并实施重点海域排污总量控制制度,加强海洋环境治理、海域海岛综合整治、生态保护修复,有效保护重要、敏感和脆弱海洋生态系统。加强船舶港口污染控制,积极治理船舶污染,增强港口码头污染防治能力。控制发展海水养殖,科学养护海洋渔业资源。开展海洋资源和生态环境综合评估。实施严格的围填海总量控制制度、自然岸线控制制度,建立陆海统筹、区域联动的海洋生态环境保护修复机制。

三、推动技术创新和结构调整,提高发展质量和效益

从根本上缓解经济发展与资源环境之间的矛盾,必须构建科技含量高、资源消耗低、环境污染少的产业结构,加快推动生产方式绿色化,大

幅提高经济绿色化程度，有效降低发展的资源环境代价。

（八）推动科技创新。结合深化科技体制改革，建立符合生态文明建设领域科研活动特点的管理制度和运行机制。加强重大科学技术问题研究，开展能源节约、资源循环利用、新能源开发、污染治理、生态修复等领域关键技术攻关，在基础研究和前沿技术研发方面取得突破。强化企业技术创新主体地位，充分发挥市场对绿色产业发展方向和技术路线选择的决定性作用。完善技术创新体系，提高综合集成创新能力，加强工艺创新与试验。支持生态文明领域工程技术类研究中心、实验室和实验基地建设，完善科技创新成果转化机制，形成一批成果转化平台、中介服务机构，加快成熟适用技术的示范和推广。加强生态文明基础研究、试验研发、工程应用和市场服务等科技人才队伍建设。

（九）调整优化产业结构。推动战略性新兴产业和先进制造业健康发展，采用先进适用节能低碳环保技术改造提升传统产业，发展壮大服务业，合理布局建设基础设施和基础产业。积极化解产能严重过剩矛盾，加强预警调控，适时调整产能严重过剩行业名单，严禁核准产能严重过剩行业新增产能项目。加快淘汰落后产能，逐步提高淘汰标准，禁止落后产能向中西部地区转移。做好化解产能过剩和淘汰落后产能企业职工安置工作。推动要素资源全球配置，鼓励优势产业走出去，提高参与国际分工的水平。调整能源结构，推动传统能源安全绿色开发和清洁低碳利用，发展清洁能源、可再生能源，不断提高非化石能源在能源消费结构中的比重。

（十）发展绿色产业。大力发展节能环保产业，以推广节能环保产品拉动消费需求，以增强节能环保工程技术能力拉动投资增长，以完善政策机制释放市场潜在需求，推动节能环保技术、装备和服务水平显著提升，加快培育新的经济增长点。实施节能环保产业重大技术装备产业化工程，规划建设产业化示范基地，规范节能环保市场发展，多渠道引导社会资金投入，形成新的支柱产业。加快核电、风电、太阳能光伏发电等新材料、新装备的研发和推广，推进生物质发电、生物质能源、沼气、地热、浅层地温能、海洋能等应用，发展分布式能源，建设智能电网，完善运行管理体系。大力发展节能与新能源汽车，提高创新能力和产业化水平，加强配套基础设施建设，加大推广普及力度。发展有机农业、生态农业，以及特色经济林、林下经济、森林旅游等林产业。

四、全面促进资源节约循环高效使用，推动利用方式根本转变

节约资源是破解资源瓶颈约束、保护生态环境的首要之策。要深入推进全社会节能减排,在生产、流通、消费各环节大力发展循环经济,实现各类资源节约高效利用。

(十一)推进节能减排。发挥节能与减排的协同促进作用,全面推动重点领域节能减排。开展重点用能单位节能低碳行动,实施重点产业能效提升计划。严格执行建筑节能标准,加快推进既有建筑节能和供热计量改造,从标准、设计、建设等方面大力推广可再生能源在建筑上的应用,鼓励建筑工业化等建设模式。优先发展公共交通,优化运输方式,推广节能与新能源交通运输装备,发展甩挂运输。鼓励使用高效节能农业生产设备。开展节约型公共机构示范创建活动。强化结构、工程、管理减排,继续削减主要污染物排放总量。

(十二)发展循环经济。按照减量化、再利用、资源化的原则,加快建立循环型工业、农业、服务业体系,提高全社会资源产出率。完善再生资源回收体系,实行垃圾分类回收,开发利用"城市矿产",推进秸秆等农林废弃物以及建筑垃圾、餐厨废弃物资源化利用,发展再制造和再生利用产品,鼓励纺织品、汽车轮胎等废旧物品回收利用。推进煤矸石、矿渣等大宗固体废弃物综合利用。组织开展循环经济示范行动,大力推广循环经济典型模式。推进产业循环式组合,促进生产和生活系统的循环链接,构建覆盖全社会的资源循环利用体系。

(十三)加强资源节约。节约集约利用水、土地、矿产等资源,加强全过程管理,大幅降低资源消耗强度。加强用水需求管理,以水定需、量水而行,抑制不合理用水需求,促进人口、经济等与水资源相均衡,建设节水型社会。推广高效节水技术和产品,发展节水农业,加强城市节水,推进企业节水改造。积极开发利用再生水、矿井水、空中云水、海水等非常规水源,严控无序调水和人造水景工程,提高水资源安全保障水平。按照严控增量、盘活存量、优化结构、提高效率的原则,加强土地利用的规划管控、市场调节、标准控制和考核监管,严格土地用途管制,推广应用节地技术和模式。发展绿色矿业,加快推进绿色矿山建设,促进矿产资源高效利用,提高矿产资源开采回采率、选矿回收率和综合利用率。

五、加大自然生态系统和环境保护力度,切实改善生态环境质量

良好生态环境是最公平的公共产品,是最普惠的民生福祉。要严格源头预防、不欠新账,加快治理突出生态环境问题、多还旧账,让人民群众呼吸新鲜的空气,喝上干净的水,在良好的环境中生产生活。

(十四)保护和修复自然生态系统。加快生态安全屏障建设,形成以青藏高原、黄土高原-川滇、东北森林带、北方防沙带、南方丘陵山地带、近岸近海生态区以及大江大河重要水系为骨架，以其他重点生态功能区为重要支撑，以禁止开发区域为重要组成的生态安全战略格局。实施重大生态修复工程，扩大森林、湖泊、湿地面积，提高沙区、草原植被覆盖率，有序实现休养生息。加强森林保护，将天然林资源保护范围扩大到全国；大力开展植树造林和森林经营，稳定和扩大退耕还林范围，加快重点防护林体系建设；完善国有林场和国有林区经营管理体制，深化集体林权制度改革。严格落实禁牧休牧和草畜平衡制度，加快推进基本草原划定和保护工作；加大退牧还草力度，继续实行草原生态保护补助奖励政策；稳定和完善草原承包经营制度。启动湿地生态效益补偿和退耕还湿。加强水生生物保护，开展重要水域增殖放流活动。继续推进京津风沙源治理、黄土高原地区综合治理、石漠化综合治理，开展沙化土地封禁保护试点。加强水土保持，因地制宜推进小流域综合治理。实施地下水保护和超采漏斗区综合治理，逐步实现地下水采补平衡。强化农田生态保护，实施耕地质量保护与提升行动，加大退化、污染、损毁农田改良和修复力度，加强耕地质量调查监测与评价。实施生物多样性保护重大工程，建立监测评估与预警体系，健全国门生物安全查验机制，有效防范物种资源丧失和外来物种入侵，积极参加生物多样性国际公约谈判和履约工作。加强自然保护区建设与管理，对重要生态系统和物种资源实施强制性保护，切实保护珍稀濒危野生动植物、古树名木及自然生境。建立国家公园体制，实行分级、统一管理，保护自然生态和自然文化遗产原真性、完整性。研究建立江河湖泊生态水量保障机制。加快灾害调查评价、监测预警、防治和应急等防灾减灾体系建设。

（十五）全面推进污染防治。按照以人为本、防治结合、标本兼治、综合施策的原则，建立以保障人体健康为核心、以改善环境质量为目标、以防控环境风险为基线的环境管理体系，健全跨区域污染防治协调机制，加快解决人民群众反映强烈的大气、水、土壤污染等突出环境问题。继续落实大气污染防治行动计划，逐渐消除重污染天气，切实改善大气环境质量。实施水污染防治行动计划，严格饮用水源保护，全面推进涵养区、源头区等水源地环境整治，加强供水全过程管理，确保饮用水安全；加强重点流域、区域、近岸海域水污染防治和良好湖泊生态环境保护，控制和规范淡水养殖，严格入河（湖、海）排污管理；推进地下水污染防治。制定实施土壤污染防治行动计划，优先保护耕地土壤环境，强化工业污染场地治理，开展土壤污染治理与修复试点。加强农业面源污染防治，加大种养业特别是规模化畜禽养殖污染防治力度，科学施用化肥、农药，推广节能环保型炉灶，净化农产品产地和农村居民生活环境。加大城乡环境综合整治力度。推进重金属污染治理。开展矿山地质环境恢复和综合治理，推进尾矿安全、环保存放，妥善处理处置矿渣等大宗固体废物。建立健全化学品、持久性有机污染物、危险废物等环境风险防范与应急管理工作机制。切实加强核设施运行监管，确保核安全万无一失。

（十六）积极应对气候变化。坚持当前长远相互兼顾、减缓适应全面推进，通过节约能源和提高能效，优化能源结构，增加森林、草原、湿地、海洋碳汇等手段，有效控制二氧化碳、甲烷、氢氟碳化物、全氟化碳、六氟化硫等温室气体排放。提高适应气候变化特别是应对极端天气和气候事件能力，加强监测、预警和预防，提高农业、林业、水资源等重点领域和生态脆弱地区适应气候变化的水平。扎实推进低碳省区、城市、城镇、产业园区、社区试点。坚持共同但有区别的责任原则、公平原则、各自能力原则，积极建设性地参与应对气候变化国际谈判，推动建立公平合理的全球应对气候变化格局。

六、健全生态文明制度体系

加快建立系统完整的生态文明制度体系，引导、规范和约束各类开发、利用、保护自然资源的行为，用制度保护生态环境。

（十七）健全法律法规。全面清理现行法律法规中与加快推进生态文明建设不相适应的内容，加强法律法规间的衔接。研究制定节能评估审查、节水、应对气候变化、生态补偿、湿地保护、生物多样性保护、土壤环境保护等方面的法律法规，修订土地管理法、大气污染防治法、水污染防治法、节约能源法、循环经济促进法、矿产资源法、森林法、草原法、野生动物保护法等。

（十八）完善标准体系。加快制定修订一批能耗、水耗、地耗、污染物排放、环境质量等方面的标准，实施能效和排污强度"领跑者"制度，加快标准升级步伐。提高建筑物、道路、桥梁等建设标准。环境容量较小、生态环境脆弱、环境风险高的地区要执行污染物特别排放限值。鼓励各地区依法制定更加严格的地方标准。建立与国际接轨、适应我国国情的能效和环保标识认证制度。

（十九）健全自然资源资产产权制度和用途管制制度。对水流、森林、山岭、草原、荒地、滩涂等自然生态空间进行统一确权登记，明确国土空间的自然资源资产所有者、监管者及其责任。完善自然资源资产用途管制制度，明确各类国土空间开发、利用、保护边界，实现能源、水资源、矿产资源按质量分级、梯级利用。严格节能评估审查、水资源论证和取水许可制度。坚持并完善最严格的耕地保护和节约用地制度，强化土地利用总体规划和年度计划管控，加强土地用途转用许可管理。完善矿产资源规划制度，强化矿产开发准入管理。有序推进国家自然资源资产管理体制改革。

（二十）完善生态环境监管制度。建立严格监管所有污染物排放的环境保护管理制度。完善污染物排放许可证制度，禁止无证排污和超标准、超总量排污。违法排放污染物、造成或可能造成严重污染的，要依法查封扣押排放污染物的设施设备。对严重污染环境的工艺、设备和产品实行淘汰制度。实行企事业单位污染物排放总量控制制度，适时调整主要污染物指标种类，纳入约束性指标。健全环境影响评价、清洁生产审核、环境信息公开等制度。建立生态保护修复和污染防治区域联动机制。

（二十一）严守资源环境生态红线。树立底线思维，设定并严守资源消耗上限、环境质量底线、生态保护红线，将各类开发活动限制在资源环境承载能力之内。合理设定资源消耗"天花板"，加强能源、水、土地等战略性资源管控，强化能源消耗强度控制，做好能源消费总量管理。继续实施水资源开发利用控制、用水效率控制、水功能区限制纳污三条红线管理。划定永久基本农田，严格实施永久保护，对新增建设用地占用耕地规模实行总量控制，落实耕地占补平衡，确保耕地数量不下降、质量不降低。严守环境质量底线，将大气、水、土壤等环境质量"只能更好、不能变坏"作为地方各级政府环保责任红线，相应确定污染物排放总量限值和环境风险防控措施。在重点生态功能区、生态环境敏感区和脆弱区等区域划定生态红线，确保生态功能不降低、面积不减少、性质不改变；科学划定森林、草原、湿地、海洋等领域生态红线，严格自然生态空间征（占）用管理，有效遏制生态系统退化的趋势。探索建立资源环境承载能力监测预警机制，对资源消耗和环境容量接近或超过承载能力的地区，及时采取区域限批等限制性措施。

（二十二）完善经济政策。健全价格、财税、金融等政策，激励、引导各类主体积极投身生态文明建设。深化自然资源及其产品价格改革，凡是能由市场形成价格的都交给市场，政府定价要体现基本需求与非基本需求以及资源利用效率高低的差异，体现生态环境损害成本和修复效益。进一步深化矿产资源有偿使用制度改革,调整矿业权使用费征收标准。加大财政资金投入,统筹有关资金,对资源节约和循环利用、新能源和可再生能源开发利用、环境基础设施建设、生态修复与建设、先进适用技术研发示范等给予支持。将高耗能、高污染产品纳入消费税征收范围。推动环境保护费改税。加快资源税从价计征改革,清理取消相关收费基金,逐步将资源税征收范围扩展到占用各种自然生态空间。完善节能环保、新能源、生态建设的税收优惠政策。推广绿色信贷,支持符合条件的项目通过资本市场融资。探索排污权抵押等融资模式。深化环境污染责任保险试点,研究建立巨灾保险制度。

(二十三)推行市场化机制。加快推行合同能源管理、节能低碳产品和有机产品认证、能效标识管理等机制。推进节能发电调度,优先调度可再生能源发电资源,按机组能耗和污染物排放水平依次调用化石类能源发电资源。建立节能量、碳排放权交易制度,深化交易试点,推动建立全国碳排放权交易市场。加快水权交易试点,培育和规范水权市场。全面推进矿业权市场建设。扩大排污权有偿使用和交易试点范围,发展排污权交易市场。积极推进环境污染第三方治理,引入社会力量投入环境污染治理。

(二十四)健全生态保护补偿机制。科学界定生态保护者与受益者权利义务,加快形成生态损害者赔偿、受益者付费、保护者得到合理补偿的运行机制。结合深化财税体制改革,完善转移支付制度,归并和规范现有生态保护补偿渠道,加大对重点生态功能区的转移支付力度,逐步提高其基本公共服务水平。建立地区间横向生态保护补偿机制,引导生态受益地区与保护地区之间、流域上游与下游之间,通过资金补助、产业转移、人才培训、共建园区等方式实施补偿。建立独立公正的生态环境损害评估制度。

(二十五)健全政绩考核制度。建立体现生态文明要求的目标体系、考核办法、奖惩机制。把资源消耗、环境损害、生态效益等指标纳入经济社会发展综合评价体系,大幅增加考核权重,强化指标约束,不唯经济增长论英雄。完善政绩考核办法,根据区域主体功能定位,实行差别化的考核制度。对限制开发区域、禁止开发区域和生态脆弱的国家扶贫开发工作重点县,取消地区生产总值考核;对农产品主产区和重点生态功能区,分别实行农业优先和生态保护优先的绩效评价;对禁止开发的重点生态功能区,重点评价其自然文化资源的原真性、完整性。根据考核评价结果,对生态文明建设成绩突出的地区、单位和个人给予表彰奖励。探索编制自然资源资产负债表,对领导干部实行自然资源资产和环境责任离任审计。

(二十六)完善责任追究制度。建立领导干部任期生态文明建设责任制,完善节能减排目标责任考核及问责制度。严格责任追究,对违背科学发展要求、造成资源环境生态严重破坏的要记录在案,实行终身追责,不得转任重要职务或提拔使用,已经调离的也要问责。对推动生态文明建设工作不力的,要及时诫勉谈话;对不顾资源和生态环境盲目决策、造成严重后果的,要严肃追究有关人员的领导责任;对履职不力、监管不严、失职渎职的,要依纪依法追究有关人员的监管责任。

七、加强生态文明建设统计监测和执法监督

坚持问题导向,针对薄弱环节,加强统计监测、执法监督,为推进生态文明建设提供有力保障。

(二十七)加强统计监测。建立生态文明综合评价指标体系。加快推进对能源、矿产资源、水、大气、森林、草原、湿地、海洋和水土流失、沙化土地、土壤环境、地质环境、温室气体等的统计监测核算能力建设,提升信息化水平,提高准确性、及时性,实现信息共享。加快重点用能单位能源消耗在线监测体系建设。建立循环经济统计指标体系、矿产资源合理开发利用评价指标体系。利用卫星遥感等技术手段,对自然资源和生态环境保护状况开展全天候监测,健全覆盖所有资源环境要素的监测网络体系。提高环境风险防控和突发环境事件应急能力,健全环境与健康调查、监测和风险评估制度。定期开展全国生态状况调查和评估。加大各级政府预算内投资等财政性资金对统计监测等基础能力建设的支持力度。

(二十八)强化执法监督。加强法律监督、行政监察,对各类环境违法违规行为实行"零容忍",加大查处力度,严厉惩处违法违规行为。强化对浪费能源资源、违法排污、破坏生态环境等行为的执法监察和专项督察。资源环境监管机构独立开展行政执法,禁止领导干部违法违规干预执法活动。健全行政执法与刑事司法的衔接机制,加强基层执法队伍、环境应急处置救援队伍建设。强化对资源开发和交通建设、旅游开发等活动的生态环境监管。

八、加快形成推进生态文明建设的良好社会风尚

生态文明建设关系各行各业、千家万户。要充分发挥人民群众的积极性、主动性、创造性,凝聚民心、集中民智、汇集民力,实现生活方式绿色化。

(二十九)提高全民生态文明意识。积极培育生态文化、生态道德,使生态文明成为社会主流价值观，成为社会主义核心价值观的重要内容。从娃娃和青少年抓起，从家庭、学校教育抓起，引导全社会树立生态文明意识。把生态文明教育作为素质教育的重要内容，纳入国民教育体系和干部教育培训体系。将生态文化作为现代公共文化服务体系建设的重要内容，挖掘优秀传统生态文化思想和资源，创作一批文化作品，创建一批教育基地，满足广大人民群众对生态文化的需求。通过典型示范、展览展示、岗位创建等形式，广泛动员全民参与生态文明建设。组织好世界地球日、世界环境日、世界森林日、世界水日、世界海洋日和全国节能宣传周等主题宣传活动。充分发挥新闻媒体作用，树立理性、积极的舆论导向，加强资源环境国情宣传，普及生态文明法律法规、科学知识等，报道先进典型，曝光反面事例，提高公众节约意识、环保意识、生态意识，形成人人、事事、时时崇尚生态文明的社会氛围。

（三十）培育绿色生活方式。倡导勤俭节约的消费观。广泛开展绿色生活行动，推动全民在衣、食、住、行、游等方面加快向勤俭节约、绿色低碳、文明健康的方式转变，坚决抵制和反对各种形式的奢侈浪费、不合理消费。积极引导消费者购买节能与新能源汽车、高能效家电、节水型器具等节能环保低碳产品，减少一次性用品的使用，限制过度包装。大力推广绿色低碳出行，倡导绿色生活和休闲模式，严格限制发展高耗能、高耗水服务业。在餐饮企业、单位食堂、家庭全方位开展反食品浪费行动。党政机关、国有企业要带头厉行勤俭节约。

（三十一）鼓励公众积极参与。完善公众参与制度，及时准确披露各类环境信息，扩大公开范围，保障公众知情权，维护公众环境权益。健全举报、听证、舆论和公众监督等制度，构建全民参与的社会行动体系。建立环境公益诉讼制度，对污染环境、破坏生态的行为，有关组织可提起公益诉讼。在建设项目立项、实施、后评价等环节，有序增强公众参与程度。引导生态文明建设领域各类社会组织健康有序发展，发挥民间组织和志愿者的积极作用。

九、切实加强组织领导

健全生态文明建设领导体制和工作机制，勇于探索和创新，推动生态文明建设蓝图逐步成为现实。

（三十二）强化统筹协调。各级党委和政府对本地区生态文明建设负总责，要建立协调机制，形成有利于推进生态文明建设的工作格局。各有关部门要按照职责分工，密切协调配合，形成生态文明建设的强大合力。

(三十三)探索有效模式。抓紧制定生态文明体制改革总体方案,深入开展生态文明先行示范区建设,研究不同发展阶段、资源环境禀赋、主体功能定位地区生态文明建设的有效模式。各地区要抓住制约本地区生态文明建设的瓶颈,在生态文明制度创新方面积极实践,力争取得重大突破。及时总结有效做法和成功经验,完善政策措施,形成有效模式,加大推广力度。

(三十四)广泛开展国际合作。统筹国内国际两个大局,以全球视野加快推进生态文明建设,树立负责任大国形象,把绿色发展转化为新的综合国力、综合影响力和国际竞争新优势。发扬包容互鉴、合作共赢的精神,加强与世界各国在生态文明领域的对话交流和务实合作,引进先进技术装备和管理经验,促进全球生态安全。加强南南合作,开展绿色援助,对其他发展中国家提供支持和帮助。

(三十五)抓好贯彻落实。各级党委和政府及中央有关部门要按照本意见要求,抓紧提出实施方案,研究制定与本意见相衔接的区域性、行业性和专题性规划,明确目标任务、责任分工和时间要求,确保各项政策措施落到实处。各地区各部门贯彻落实情况要及时向党中央、国务院报告,同时抄送国家发展改革委。中央就贯彻落实情况适时组织开展专项监督检查。

国务院办公厅
关于加快林下经济发展的意见

国办发〔2012〕42号

(2012年8月2日)

近年来,各地区大力发展以林下种植、林下养殖、相关产品采集加工和森林景观利用等为主要内容的林下经济,取得了积极成效,对于增加农民收入、巩固集体林权制度改革和生态建设成果、加快林业产业结构调整步伐发挥了重要作用。为加快林下经济发展,经国务院同意,现提出以下意见。

一、总体要求

(一)指导思想。以邓小平理论和"三个代表"重要思想为指导,深入贯彻落实科学发展观,在保护生态环境的前提下,以市场为导向,科学合理利用森林资源,大力推进专业合作组织和市场流通体系建设,着力加强科技服务、政策扶持和监督管理,促进林下经济向集约化、规模化、标准化和产业化发展,为实现绿色增长,推动社会主义新农村建设作出更大贡献。

(二)基本原则。坚持生态优先,确保生态环境得到保护;坚持因地制宜,确保林下经济发展符合实际;坚持政策扶持,确保农民得到实惠;坚持机制创新,确保林地综合生产效益得到持续提高。

(三)总体目标。努力建成一批规模大、效益好、带动力强的林下经济示范基地,重点扶持一批龙头企业和农民林业专业合作社,逐步形成"一县一业,一村一品"的发展格局,增强农民持续增收能力,林下经济产值和农民林业综合收入实现稳定增长,林下经济产值占林业总产值的比重显著提高。

二、主要任务

(四)科学规划林下经济发展。要结合国家特色农产品区域布局,制定专项规划,分区域确定林下经济发展的重点产业和目标。要把林下经济发展与森林资源培育、天然林保护、重点防护林体系建设、退耕还林、防沙治沙、野生动植物保护及自然保护区建设等生态建设工程紧密结合,根据当地自然条件和市场需求等情况,充分发挥农民主体作用,尊重农民意愿,突出当地特色,合理确定林下经济发展方向和模式。

(五)推进示范基地建设。积极引进和培育龙头企业,大力推广"龙头企业+专业合作组织+基地+农户"运作模式,因地制宜发展品牌产品,加大产品营销和品牌宣传力度,形成一批各具特色的林下经济示范基地。通过典型示范,推广先进实用技术和发展模式,辐射带动广大农民积极发展林下经济。推动龙头企业集群发展,增强区域经济发展实力。鼓励企业在贫困地区建立基地,帮助扶贫对象参与林下经济发展,加快脱贫致富步伐。

(六)提高科技支撑水平。加大科技扶持和投入力度,重点加强适宜林下经济发展的优势品种的研究与开发。加快构建科技服务平台,切实加强技术指导。积极搭建农民、企业与科研院所合作平台,加快良种选育、病虫害防治、森林防火、林产品加工、储藏保鲜等先进实用技术的转化和科技成果推广。强化人才培养,积极开展龙头企业负责人和农民培训。

(七)健全社会化服务体系。支持农民林业专业合作组织建设,提高农民发展林下经济的组织化水平和抗风险能力。推进林权管理服务机构建设,为农民提供林权评估、交易、融资等服务。鼓励相关专业协会建设,充分发挥其政策咨询、信息服务、科技推广、行业自律等作用。加快社会化中介服务机构建设,为广大农民和林业生产经营者提供方便快捷的服务。

(八)加强市场流通体系建设。积极培育林下经济产品的专业市场,加快市场需求信息公共服务平台建设,健全流通网络,引导产销衔接,降低流通成本,帮助农民规避市场风险。支持连锁经营、物流配送、电子商务、农超对接等现代流通方式向林下经济产品延伸,促进贸易便利化。努力开拓国际市场,提高林下经济对外开放水平。

(九)强化日常监督管理。严格土地用途管制,依法执行林木采伐制度,严禁以发展林下经济为名擅自改变林地性质或乱砍滥伐、毁坏林木。要充分考虑当地生态承载能力,适量、适度、合理发展林下经济。依法加强森林资源资产评估、林地承包经营权和林木所有权流转管理。

(十)提高林下经济发展水平。支持发展市场短缺品种,优化林下经济结构,切实帮助相关企业提高经营管理水平。积极促进林下经济产品深加工,提高产品质量和附加值。不断延伸产业链条,大力发展林业循环经济。开展林下经济产品生态原产地保护工作。完善林下经济产品标准和检测体系,确保产品使用和食用安全。

三、政策措施

(十一)加大投入力度。要逐步建立政府引导,农民、企业和社会为主体的多元化投入机制。充分发挥现代农业生产发展资金、林业科技推广示范资金等专项资金的作用,重点支持林下经济示范基地与综合生产能力建设,促进林下经济技术推广和农民林业专业合作组织发展。通过以奖代补等方式支持林下经济优势产品集中开发。发展改革、财政、水利、农业、商务、林业、扶贫等部门要结合各地林下经济发展的需求和相关资金渠道,对符合条件的项目予以支持。天然林保护、森林抚育、公益林管护、退耕还林、速生丰产用材林基地建设、木本粮油基地建设、农业综合开发、科技富民、新品种新技术推广等项目,以及林业基本建设、技术转让、技术改造等资金,应紧密结合各自项目建设的政策、规划等,扶持林下经济发展。

(十二)强化政策扶持。对符合小型微型企业条件的农民林业专业合作社、合作林场等,可享受国家相关扶持政策。符合税收相关规定的农民生产林下经济产品,应依法享受有关税收优惠政策。支持符合条件的龙头企业申请国家相关扶持资金。对生态脆弱区域、少数民族地区和边远地区发展林下经济,要重点予以扶持。

(十三)加大金融支持力度。各银行业金融机构要积极开展林权抵押贷款、农民小额信用贷款和农民联保贷款等业务,加大对林下经济发展的有效信贷投入。充分发挥财政贴息政策的带动和引导作用,中央财政对符合条件的林下经济发展项目加大贴息扶持力度。

(十四)加快基础设施建设。要加大林下经济相关基础设施的投入力度,将其纳入各地基础设施建设规划并优先安排,结合新农村建设有关要求,加快道路、水利、通信、电力等基础设施建设,切实解决农民发展林下经济基础设施薄弱的难题。

(十五)加强组织领导和协调配合。地方各级人民政府要把林下经济发展列入重要议事日程,明确目标任务,完善政策措施;要实行领导负责制,完善激励机制,层层落实责任,并将其纳入干部考核内容;要充分发挥基层组织作用,注重增强村级集体经济实力。各有关部门要依据各自职责,加强监督检查、监测统计和信息沟通,充分发挥管理、指导、协调和服务职能，形成共同支持林下经济发展的合力。

各地区、各部门要结合实际，研究制定贯彻落实本意见的具体办法，加强舆论宣传，加大扶持力度，努力营造有利于林下经济健康发展的良好环境。

国务院办公厅
关于引导农村产权流转交易市场健康发展的意见

国办发〔2014〕71号

(2015年1月22日)

近年来,随着农村劳动力持续转移和农村改革不断深化,农户承包土地经营权、林权等各类农村产权流转交易需求明显增长,许多地方建立了多种形式的农村产权流转交易市场和服务平台,为农村产权流转交易提供了有效服务。但是,各地农村产权流转交易市场发展不平衡,其设立、运行、监管有待规范。引导农村产权流转交易市场健康发展,事关农村改革发展稳定大局,有利于保障农民和农村集体经济组织的财产权益,有利于提高农村要素资源配置和利用效率,有利于加快推进农业现代化。为此,经国务院同意,现提出以下意见。

一、总体要求

(一)指导思想。以邓小平理论、"三个代表"重要思想、科学发展观为指导,深入贯彻习近平总书记系列重要讲话精神,全面落实党的十八大和十八届三中、四中全会精神,按照党中央、国务院决策部署,以坚持和完善农村基本经营制度为前提,以保障农民和农村集体经济组织的财产权益为根本,以规范流转交易行为和完善服务功能为重点,扎实做好农村产权流转交易市场建设工作。

(二)基本原则。

——坚持公益性为主。必须坚持为农服务宗旨,突出公益性,不以盈利为目的,引导、规范和扶持农村产权流转交易市场发展,充分发挥其服务农村改革发展的重要作用。

——坚持公开公正规范。必须坚持公开透明、自主交易、公平竞争、规范有序,逐步探索形成符合农村实际和农村产权流转交易特点的市场形式、交易规则、服务方式和监管办法。

——坚持因地制宜。是否设立市场、设立什么样的市场、覆盖多大范围等，都要从各地实际出发，统筹规划、合理布局，不能搞强迫命令，不能搞行政瞎指挥。

——坚持稳步推进。充分利用和完善现有农村产权流转交易市场，在有需求、有条件的地方积极探索新的市场形式，稳妥慎重、循序渐进，不急于求成，不片面追求速度和规模。

二、定位和形式

（三）性质。农村产权流转交易市场是为各类农村产权依法流转交易提供服务的平台，包括现有的农村土地承包经营权流转服务中心、农村集体资产管理交易中心、林权管理服务中心和林业产权交易所，以及各地探索建立的其他形式农村产权流转交易市场。现阶段通过市场流转交易的农村产权包括承包到户的和农村集体统一经营管理的资源性资产、经营性资产等，以农户承包土地经营权、集体林地经营权为主，不涉及农村集体土地所有权和依法以家庭承包方式承包的集体土地承包权，具有明显的资产使用权租赁市场的特征。流转交易以服务农户、农民合作社、农村集体经济组织为主，流转交易目的以从事农业生产经营为主，具有显著的农业农村特色。流转交易行为主要发生在县、乡范围内，区域差异较大，具有鲜明的地域特点。

（四）功能。农村产权流转交易市场既要发挥信息传递、价格发现、交易中介的基本功能，又要注意发挥贴近"三农"，为农户、农民合作社、农村集体经济组织等主体流转交易产权提供便利和制度保障的特殊功能。适应交易主体、目的和方式多样化的需求，不断拓展服务功能，逐步发展成集信息发布、产权交易、法律咨询、资产评估、抵押融资等为一体的为农服务综合平台。

（五）设立。农村产权流转交易市场是政府主导、服务"三农"的非盈利性机构，可以是事业法人，也可以是企业法人。设立农村产权流转交易市场，要经过科学论证，由当地政府审批。当地政府要成立由相关部门组成的农村产权流转交易监督管理委员会，承担组织协调、政策制定等方面职责，负责对市场运行进行指导和监管。

（六）构成。县、乡农村土地承包经营权和林权等流转服务平台，是现阶段农村产权流转交易市场的主要形式和重要组成部分。利用好现有的各类农村产权流转服务平台，充分发挥其植根农村、贴近农户、熟悉农情的优势，做好县、乡范围内的农村产权流转交易服务工作。现阶段市场建设应以县域为主。确有需要的地方，可以设立覆盖地（市）乃至省（区、市）地域范围的市场,承担更大范围的信息整合发布和大额流转交易。各地要加强统筹协调,理顺县、乡农村产权流转服务平台与更高层级农村产权流转交易市场的关系,可以采取多种形式合作共建,也可以实行一体化运营,推动实现资源共享、优势互补、协同发展。

(七)形式。鼓励各地探索符合农村产权流转交易实际需要的多种市场形式,既要搞好交易所式的市场建设,也要有效利用电子交易网络平台。鼓励有条件的地方整合各类流转服务平台,建立提供综合服务的市场。农村产权流转交易市场可以是独立的交易场所,也可以利用政务服务大厅等场所,形成"一个屋顶之下、多个服务窗口、多品种产权交易"的综合平台。

三、运行和监管

(八)交易品种。农村产权类别较多,权属关系复杂,承载功能多样,适用规则不同,应实行分类指导。法律没有限制的品种均可以入市流转交易,流转交易的方式、期限和流转交易后的开发利用要遵循相关法律、法规和政策。现阶段的交易品种主要包括:

1. 农户承包土地经营权。是指以家庭承包方式承包的耕地、草地、养殖水面等经营权,可以采取出租、入股等方式流转交易,流转期限由流转双方在法律规定范围内协商确定。

2. 林权。是指集体林地经营权和林木所有权、使用权,可以采取出租、转让、入股、作价出资或合作等方式流转交易,流转期限不能超过法定期限。

3. "四荒"使用权。是指农村集体所有的荒山、荒沟、荒丘、荒滩使用权。采取家庭承包方式取得的,按照农户承包土地经营权有关规定进行流转交易。以其他方式承包的,其承包经营权可以采取转让、出租、入股、抵押等方式进行流转交易。

4. 农村集体经营性资产。是指由农村集体统一经营管理的经营性资产(不含土地)的所有权或使用权,可以采取承包、租赁、出让、入股、合资、合作等方式流转交易。

5. 农业生产设施设备。是指农户、农民合作组织、农村集体和涉农企业等拥有的农业生产设施设备,可以采取转让、租赁、拍卖等方式流转交易。

6. 小型水利设施使用权。是指农户、农民合作组织、农村集体和涉农企业等拥有的小型水利设施使用权,可以采取承包、租赁、转让、抵押、股份合作等方式流转交易。

7. 农业类知识产权。是指涉农专利、商标、版权、新品种、新技术等，可以采取转让、出租、股份合作等方式流转交易。

8. 其他。农村建设项目招标、产业项目招商和转让等。

（九）交易主体。凡是法律、法规和政策没有限制的法人和自然人均可以进入市场参与流转交易，具体准入条件按照相关法律、法规和政策执行。现阶段市场流转交易主体主要有农户、农民合作社、农村集体经济组织、涉农企业和其他投资者。农户拥有的产权是否入市流转交易由农户自主决定。任何组织和个人不得强迫或妨碍自主交易。一定标的额以上的农村集体资产流转必须进入市场公开交易，防止暗箱操作。农村产权流转交易市场要依法对各类市场主体的资格进行审查核实、登记备案。产权流转交易的出让方必须是产权权利人，或者受产权权利人委托的受托人。除农户宅基地使用权、农民住房财产权、农户持有的集体资产股权之外，流转交易的受让方原则上没有资格限制（外资企业和境外投资者按照有关法律、法规执行）。对工商企业进入市场流转交易，要依据相关法律、法规和政策，加强准入监管和风险防范。

（十）服务内容。农村产权流转交易市场都应提供发布交易信息、受理交易咨询和申请、协助产权查询、组织交易、出具产权流转交易鉴证书、协助办理产权变更登记和资金结算手续等基本服务；可以根据自身条件，开展资产评估、法律服务、产权经纪、项目推介、抵押融资等配套服务，还可以引入财会、法律、资产评估等中介服务组织以及银行、保险等金融机构和担保公司，为农村产权流转交易提供专业化服务。

（十一）管理制度。农村产权流转交易市场要建立健全规范的市场管理制度和交易规则，对市场运行、服务规范、中介行为、纠纷调处、收费标准等作出具体规定。实行统一规范的业务受理、信息发布、交易签约、交易中（终）止、交易（合同）鉴证、档案管理等制度，流转交易的产权应无争议，发布信息应真实、准确、完整，交易品种和方式应符合相应法律、法规和政策，交易过程应公开公正，交易服务应方便农民群众。

（十二）监督管理。农村产权流转交易监督管理委员会和市场主管部门要强化监督管理，加强定期检查和动态监测，促进交易公平，防范交易风险，确保市场规范运行。及时查处各类违法违规交易行为，严禁隐瞒信息、暗箱操作、操纵交易。耕地、林地、草地、水利设施等产权流转交易后的开发利用，不能改变用途，不能破坏农业综合生产能力，不能破坏生态功能,有关部门要加强监管。

(十三)行业自律。探索建立农村产权流转交易市场行业协会,充分发挥其推动行业发展和行业自律的积极作用。协会要推进行业规范、交易制度和服务标准建设,加强经验交流、政策咨询、人员培训等服务;增强行业自律意识,自觉维护行业形象,提升市场公信力。

四、保障措施

(十四)扶持政策。各地要稳步推进农村集体产权制度改革,扎实做好土地承包经营权、集体建设用地使用权、农户宅基地使用权、林权等确权登记颁证工作。实行市场建设和运营财政补贴等优惠政策,通过采取购买社会化服务或公益性岗位等措施,支持充分利用现代信息技术建立农村产权流转交易和管理信息网络平台,完善服务功能和手段。组织从业人员开展业务培训,积极培育市场中介服务组织,逐步提高专业化水平。

(十五)组织领导。各地要加强领导,健全工作机制,严格执行相关法律、法规和政策;从本地实际出发,根据农村产权流转交易需要,制定管理办法和实施方案。农村工作综合部门和科技、财政、国土资源、住房城乡建设、农业、水利、林业、金融等部门要密切配合,加强指导,及时研究解决工作中的困难和问题。

中国人民银行 财政部 银监会 保监会 林业局
关于做好集体林权制度改革与林业
发展金融服务工作的指导意见

银发〔2009〕170号

（2009年5月27日）

为深入贯彻落实《中共中央 国务院关于全面推进集体林权制度改革的意见》（中发〔2008〕10号）、《中共中央 国务院关于2009年促进农业稳定发展农民持续增收的若干意见》（中发〔2009〕1号）和《国务院办公厅关于当前金融促进经济发展的若干意见》（国办发〔2008〕126号）精神，积极做好集体林权制度改革与林业发展的金融服务工作，现提出如下意见：

一、充分认识做好集体林权制度改革与林业发展金融服务工作的重要意义

林业是一项重要的公益事业和基础产业，具有经济效益、生态效益和社会效益。长期以来，我国林业生产力水平低、林区发展滞后、林农收入增长缓慢，林业成为国民经济发展的薄弱环节。集体林权制度改革将集体林地经营权和林木所有权落实到农户，确立了农民的经营主体地位，实现了家庭承包经营制度从耕地向林地的拓展和延伸，有利于进一步解放和发展农村生产力，有利于充分调动和激发农民发展林业生产的内在积极性。全面推进集体林权制度改革是稳定和完善农村基本经营制度的必然要求，是促进农民就业增收、建设生态文明、发展现代林业的战略举措，事关广大农民的切身利益，事关经济与社会可持续发展，事关农业安全与生态安全，事关实现社会主义新农村建设和全面建设小康社会的战略目标。

积极做好集体林权制度改革与林业发展的金融服务工作，是金融部门深入学习实践科学发展观、实施强农惠农战略的重要任务之一，是当前实施扩内需、保增长、调结构、惠民战略的重要举措，对于增加就业、促进农业增产和农民增收，拓宽农村抵押担保物范围，改进和提升农村金融服务水平，增加对"三农"的有效信贷投入意义重大。

二、切实加大对林业发展的有效信贷投入

在已实行集体林权制度改革的地区，各银行业金融机构要积极开办林权抵押贷款、林农小额信用贷款和林农联保贷款等业务。充分利用财政贴息政策，切实增加林业贴息贷款、扶贫贴息贷款、小额担保贷款等政策覆盖面。对于纳入国家良种补贴的油茶林等林木品种，各金融机构要积极提供信贷支持。稳步推行农户信用评价和林权抵押相结合的免评估、可循环小额信用贷款，扩大林农贷款覆盖面。鼓励开展林业规模化经营，鼓励林农走"家庭合作"式、"股份合作"式、"公司＋基地＋农户"式等互助合作集约化经营道路，鼓励把对林业专业合作组织法人授信和对合作组织成员授信结合起来，探索创新"林业专业合作组织＋担保机构"信贷管理模式与林农小额信用贷款的结合，促进提高林业生产发展的组织化程度以及借款人的信用等级和融资能力。

银行业金融机构应根据林业的经济特征、林权证期限、资金用途及风险状况等，合理确定林业贷款的期限，林业贷款期限最长可为10年，具体期限由金融机构与借款人根据实际情况协商确定。

银行业金融机构应根据市场原则合理确定各类林业贷款利率。对于符合贷款条件的林权抵押贷款，其利率一般应低于信用贷款利率；对小额信用贷款、农户联保贷款等小额林农贷款业务，借款人实际承担的利率负担原则上不超过中国人民银行规定的同期限贷款基准利率的1.3倍。各级财政要加大贴息力度，充分发挥地方财政资金的杠杆作用，逐步扩大林业贷款贴息资金规模。

农村信用社要进一步发挥在林农贷款中的重要作用。农业银行要充分发挥自身优势，继续加大林业信贷投入，同时依托"惠农卡"，积极开展符合林业产业发展的多元化金融服务。中国邮政储蓄银行应利用结算网络完善、网点众多等优势，积极提供银行卡、资金结算、小额存单质押贷款等金融服务项目。其他各国有银行要采取直贷、贷款转让、信贷资金批发等多种形式积极参与林业贷款业务。其他各商业银行设在林业发达县域内的分支机构要结合实际积极开展林业贷款业务。

支持有条件的林业重点县加快推进组建村镇银行、农村资金互助社和贷款公司等新型农村金融机构。鼓励各类金融机构和专业贷款组织通过委托贷款、转贷款、银团贷款、协议转让资金等方式加强林业贷款业务合作，促进林区形成多种金融机构参与的贷款市场体系。

各银行业金融机构对林业重点县的县级分支机构要合理扩大林业信贷

管理权限,优化审贷程序,简化审批手续,推广金融超市"一站式"服务;要结合实际积极开展面向林区居民和企业的林业金融咨询和相关政策宣传。探索建立村级融资服务协管员制度。

三、引导多元化资金支持集体林权制度改革和林业发展

鼓励符合条件的林业产业化龙头企业通过债券市场发行各类债券类融资工具,募集生产经营所需资金。鼓励林区从事林业种植、林产品加工且经营业绩好、资信优良的中小企业按市场化原则,发行中小企业集合债券。

鼓励林区外的各类经济组织以多种形式投资基础性林业项目。凡是符合贷款条件的企业与个人,按法律和政策规定程序受让集体林权,从事规模化林业种植与加工的,资金不足时,均可申请银行信贷支持。鼓励和支持各类投资基金投资林业种植等产业。支持组建林业产业投资基金。

鼓励各类担保机构开办林业融资担保业务,大力推行以专业合作组织为主体,由林业企业和林农自愿入会或出资组建的互助性担保体系。银行业金融机构应结合担保机构的资信实力、第三方外部评级结果和业务合作信用记录,科学确定担保机构的担保放大倍数,对以林权抵押为主要反担保措施的担保公司,担保倍数可放大到10倍。鼓励各类担保机构通过再担保、联合担保以及担保与保险相结合等多种方式,积极提供林业生产发展的融资担保服务。

四、积极探索建立森林保险体系

各地要把森林保险纳入农业保险统筹安排,通过保费补贴等必要的政策手段引导保险公司、林业企业、林业专业合作组织、林农积极参与森林保险,扩大森林投保面积。各地可设立森林保险补偿基金,建立统一的基本森林保险制度。

保险公司要遵循政府引导、政策支持、市场运作、协同推进的原则,积极开展森林保险业务。在推进森林保险业务过程中,要结合不同地区不同林种的不同需求,不断完善森林保险险种和服务创新。在产品开发中,要综合考虑当地林业生产中面临的主要风险,有针对性地推出基本险种和可供选择的其他险种;在保险费率厘定中要充分考虑到林业灾害发生的概率和强度的差异性,设置不同的保险费率;在承保中要坚持"保障适度、林农承担保费低廉、广覆盖"的原则;在保险理赔服务中,要按照"公开、及时、透明、到户"的原则规范理赔服务,提升森林保险的服务质量。

加大森林保险宣传力度,普及保险知识,提高林农保险意识。鼓励和引导散户林农、小型林业经营者主动参与森林保险；创新投保方式，支持林业专业合作组织集体投保，支持以一定行政单位组织形式进行统一投保，提高林农参保率和森林保险覆盖率。探索建立森林保险风险分散机制，各参与森林保险的经办机构，要对森林保险实行一定比例的超赔再保，建立超赔保障机制，提高森林保险抗风险能力。

五、加强信息共享机制和内控机制建设

建立林业部门与金融部门的信息共享机制，加快林权证登记、抵押、采伐等信息的电子化管理进程，将上述信息纳入人民银行企业和个人信用信息基础数据库，方便银行查询及贷款管理。推进人民银行征信体系建设，逐步扩大企业和个人信用信息基础数据库在林区的信息采集和使用范围，引导金融机构建立健全林农、林业专业合作组织和林业企业的电子信用档案，设计客观、有效的信用信息指标体系，建立和完善科学、合理的信用评级和信用评分制度，充分发挥信息整合和共享功能。

正确处理加大支持和防范风险的关系。银行业金融机构要加强对林业产业发展的前瞻性研究和林业投资风险的基础性研究，建立符合林业贷款特点的内部控制和风险管理制度，认真落实贷后检查和跟踪服务，建立和完善风险监测信息系统，不断充实和完善林业企业、林业合作组织和林农的数据信息，切实提高风险防范的能力和林业金融服务的可持续发展水平。

六、积极营造有利于金融支持集体林权制度改革与林业发展的政策环境

加大人民银行对林区中小金融机构再贷款、再贴现的支持力度。对林业贷款发放比例高的农村信用社等县域存款类法人金融机构，可根据其增加林业信贷投放的合理需求，通过增加再贷款、再贴现额度和适当延长再贷款期限等方式，提供流动性支持。

鼓励和支持各级地方财政安排专项资金，增加林业贷款贴息和森林保险补贴资金，建立林业贷款风险补偿基金或注资设立或参股担保公司，由担保公司按照市场运作原则，参与林业贷款的抵押、发放和还贷工作。

各级林业主管部门要认真做好森林资源勘界、确权和登记发证工作，保证林权证的真实性与合法性。要加强森林资源资产评估和林木、林地经营权依法流转管理。各林权证登记管理部门要简化林权证办理手续，降低相关收费。要采取有效措施维护银行合法债权，对在抵押贷款期间所抵押的林木，未经抵押权人同意不予发放采伐许可证、不予办理林木所有权转让变更手续；贷款逾期时，积极协助金融机构做好抵押林权的处置工作。

加快建立林权要素交易平台，加强森林资源资产评估管理，大力推进林业专业评估机构、担保机构和森林资源收储机构建设，为金融机构支持林业发展提供有效的制度和机制保障。

林业贷款的考核适用《中国银监会关于当前调整部分信贷监管政策促进经济稳健发展的通知》（银监发〔2009〕3号）对涉农贷款的相关规定。林业贷款的呆账核销、损失准备金提取等适用财政部有关对涉农不良贷款处置的相关规定。

人民银行、财政部、银监会、保监会、林业局建立联合工作小组，加强对集体林权改革与林业发展金融服务工作的协调。人民银行各分支机构与同级财政部门、银监会派出机构、保监会派出机构及林业主管部门根据实际需要建立必要的协作与信息交流机制。

人民银行各分支机构要会同同级财政部门、银监会派出机构、保监会派出机构及林业主管部门根据本意见精神和辖区林业发展实际特点，制定和完善具体实施意见或管理办法，积极引导和支持辖区金融机构不断加强和改进对林业的金融支持和服务工作，并加强林业信贷政策的导向效果评估。各金融机构要逐步建立和完善涉林贷款专项统计制度，加强涉林贷款的统计与监测分析。

请人民银行上海总部，各分行、营业管理部、省会（首府）城市中心支行会同所在省（区、市）财政厅（局）、银监局、保监局、林业厅（局）将本意见联合转发至辖内相关机构，并结合当地实际完善和细化落实措施，切实抓好贯彻实施工作。

中国银监会 国家林业局
关于林权抵押贷款的实施意见

银监发〔2013〕32号
(2013年7月18日)

为改善农村金融服务,支持林业发展,规范林权抵押贷款业务,完善林权登记管理和服务,有效防范信贷风险,特制定如下实施意见。

一、银行业金融机构要积极开展林权抵押贷款业务,可以接受借款人以其本人或第三人合法拥有的林权作抵押担保发放贷款。可抵押林权具体包括用材林、经济林、薪炭林的林木所有权和使用权及相应林地使用权;用材林、经济林、薪炭林的采伐迹地、火烧迹地的林地使用权;国家规定可以抵押的其他森林、林木所有权、使用权和林地使用权。

二、银行业金融机构应遵循依法合规、公平诚信、风险可控、惠农利民的原则,积极探索创新业务品种,加大对林业发展的有效信贷投入。林权抵押贷款要重点满足农民等主体的林业生产经营、森林资源培育和开发、林下经济发展、林产品加工的资金需求,以及借款人其他生产、生活相关的资金需求。

三、银行业金融机构要根据自身实际,结合林权抵押贷款特点,优化审贷程序,对符合条件的客户提供优质服务。

四、银行业金融机构应完善内部控制机制,实行贷款全流程管理,全面了解客户和项目信息,建立有效的风险管理制度和岗位制衡、考核、问责机制。

五、银行业金融机构应根据林权抵押贷款的特点,规定贷款审批各个环节的操作规则和标准要求,做到贷前实地查看、准确测定,贷时审贷分离、独立审批,贷后现场检查、跟踪记录,切实有效防范林权抵押贷款风险。

六、各级林业主管部门应完善配套服务体系,规范和健全林权抵押登记、评估、流转和林权收储等机制,协调配合银行业金融机构做好林权抵押贷款业务和其他林业金融服务。

七、银行业金融机构受理借款人贷款申请后,要认真履行尽职调查职责,对贷款申请内容和相关情况的真实性、准确性、完整性进行调查核实,形成调查评价意见。尤其要注重调查借款人及其生产经营状况、用于抵押的林权是否合法、权属是否清晰、抵押人是否有权处分等方面。

八、申请办理林权抵押贷款时,银行业金融机构应要求借款人提交林权证原件。银行业金融机构不应接受未依法办理林权登记、权属不清或存在争议的森林、林木和林地作为抵押财产,也不应接受国家规定不得抵押的其他财产作为抵押财产。

九、银行业金融机构不应接受无法处置变现的林权作为抵押财产,包括水源涵养林、水土保持林、防风固沙林、农田和牧场防护林、护岸林、护路林等防护林所有权、使用权及相应的林地使用权,以及国防林、实验林、母树林、环境保护林、风景林,名胜古迹和革命纪念地的林木,自然保护区的森林等特种用途林所有权、使用权及相应的林地使用权。

十、以农村集体经济组织统一经营管理的林权进行抵押的,银行业金融机构应要求抵押人提供依法经本集体经济组织三分之二以上成员同意或者三分之二以上村民代表同意的决议,以及该林权所在地乡(镇)人民政府同意抵押的书面证明;林业专业合作社办理林权抵押的,银行业金融机构应要求抵押人提供理事会通过的决议书;有限责任公司、股份有限公司办理林权抵押的,银行业金融机构应要求抵押人提供经股东会、股东大会或董事会通过的决议或决议书。

十一、以共有林权抵押的,银行业金融机构应要求抵押人提供其他共有人的书面同意意见书;以承包经营方式取得的林权进行抵押的,银行业金融机构应要求抵押人提供承包合同;以其他方式承包经营或流转取得的林权进行抵押的,银行业金融机构应要求抵押人提供承包合同或流转合同和发包方同意抵押意见书。

十二、银行业金融机构要根据抵押目的与借款人、抵押人商定抵押财产的具体范围,并在书面抵押合同中予以明确。以森林或林木资产抵押的,可以要求其林地使用权同时抵押,但不得改变林地的性质和用途。

十三、银行业金融机构要根据借款人的生产经营周期、信用状况和贷款用途等因素合理协商确定林权抵押贷款的期限,贷款期限不应超过林地使用权的剩余期限。贷款资金用于林业生产的,贷款期限要与林业生产周期相适应。

十四、银行业金融机构开展林权抵押贷款业务，要建立抵押财产价值评估制度，对抵押林权进行价值评估。对于贷款金额在30万元以上（含30万元）的林权抵押贷款项目，抵押林权价值评估应坚持保本微利原则、按照有关规定执行；具备专业评估能力的银行业金融机构，也可以自行评估。对于贷款金额在30万元以下的林权抵押贷款项目，银行业金融机构要参照当地市场价格自行评估，不得向借款人收取评估费。

十五、对以已取得林木采伐许可证且尚未实施采伐的林权抵押的，银行业金融机构要明确要求抵押人将已发放的林木采伐许可证原件提交银行业金融机构保管，双方向核发林木采伐许可证的林业主管部门进行备案登记。林权抵押期间，未经抵押权人书面同意，抵押人不得进行林木采伐。

十六、银行业金融机构要在抵押借款合同中明确要求借款人在林权抵押贷款合同签订后，及时向属地县级以上林权登记机关申请办理抵押登记。

十七、银行业金融机构要在抵押借款合同中明确，抵押财产价值减少时，抵押权人有权要求恢复抵押财产的价值，或者要求借款人提供与减少的价值相应的担保。借款人不恢复财产也不提供其他担保的，抵押权人有权要求借款人提前清偿债务。

十八、县级以上地方人民政府林业主管部门负责办理林权抵押登记。具体程序按照国务院林业主管部门有关规定执行。

十九、林权登记机关在受理林权抵押登记申请时，应要求申请人提供林权抵押登记申请书、借款人（抵押人）和抵押权人的身份证明、抵押借款合同、林权证及林权权利人同意抵押意见书、抵押林权价值评估报告（拟抵押林权需要评估的）以及其他材料。林权登记机关应对林权证的真实性、合法性进行确认。

二十、林权登记机关受理抵押登记申请后，对经审核符合登记条件的，登记机关应在10个工作日内办理完毕。对不符合抵押登记条件的，书面通知申请人不予登记并退回申请材料。办理抵押登记不得收取任何费用。

二十一、林权登记机关在办理抵押登记时，应在抵押林权的林权证的"注记"栏内载明抵押登记的主要内容，发给抵押权人《林权抵押登记证明书》等证明文件，并在抵押合同上签注编号、日期，经办人签字、加盖公章。

二十二、变更抵押林权种类、数额或者抵押担保范围的，银行业金融机构要及时要求借款人和抵押人共同持变更合同、《林权抵押登记证明书》和其他证明文件,向原林权登记机关申请办理变更抵押登记。林权登记机关审查核实后应及时给予办理。

二十三、抵押合同期满、借款人还清全部贷款本息或者抵押人与抵押权人同意提前解除抵押合同的,双方向原登记机关办理注销抵押登记。

二十四、各级林业登记机关要做好已抵押林权的登记管理工作,将林权抵押登记事项如实记载于林权登记簿,以备查阅。对于已全部抵押的林权,不得重复办理抵押登记。除取得抵押权人书面同意外,不予办理林权变更登记。

二十五、银行业金融机构要依照信贷管理规定完善林权抵押贷款风险评价机制,采用定量和定性分析方法,全面、动态地进行贷款风险评估,有效地对贷款资金使用、借款人信用及担保变化情况等进行跟踪检查和监控分析,确保贷款安全。

二十六、银行业金融机构要严格履行对抵押财产的贷后管理责任,对抵押财产定期进行监测,做好林权抵押贷款及抵押财产信息的跟踪记录,同时督促抵押人在林权抵押期间继续管理和培育好森林、林木,维护抵押财产安全。

二十七、银行业金融机构要建立风险预警和补救机制,发现借款人可能发生违约风险时,要根据合同约定停止或收回贷款。抵押财产发生自然灾害、市场价值明显下降等情况时,要及时采取补救和控制风险措施。

二十八、各级林业主管部门要会同有关部门积极推进森林保险工作。鼓励抵押人对抵押财产办理森林保险。抵押期间,抵押财产发生毁损、灭失或者被征收等情形时,银行业金融机构可以根据合同约定就获得的保险金、赔偿金或者补偿金等优先受偿或提存。

二十九、贷款需要展期的,贷款人应在对贷款用途、额度、期限与借款人经营状况、还款能力的匹配程度,以及抵押财产状况进行评估的基础上,决定是否展期。

三十、贷款到期后,借款人未清偿债务或出现抵押合同规定的行使抵押权的其他情形时,可通过竞价交易、协议转让、林木采伐或诉讼等途径处置已抵押的林权。通过竞价交易方式处置的,银行业金融机构要与抵押人协商将已抵押林权转让给最高应价者,所得价款由银行业金融机构优先受偿;通过协议转让方式处置的,银行业金融机构要与抵押人协商将所得价款由银行业金融机构优先受偿;通过林木采伐方式处置的,银行业金融机构要与抵押人协商依法向县级以上地方人民政府林业主管部门提出林木采伐申请。

三十一、银行业金融机构因处置抵押财产需要采伐林木的，采伐审批机关要按国家相关规定优先予以办理林木采伐许可证，满足借款人还贷需要。林权抵押期间，未经抵押权人书面同意，采伐审批机关不得批准或发放林木采伐许可证。

三十二、有条件的县级以上地方人民政府林业主管部门要建立林权管理服务机构。林权管理服务机构要为开展林权抵押贷款、处置抵押林权提供快捷便利服务，并适当减免抵押权人相关交易费用。

三十三、各级林业主管部门要为银行业金融机构对抵押林权的核实查证工作提供便利。林权登记机关依法向银行业金融机构提供林权登记信息时，不得收取任何费用。

三十四、各级林业主管部门要积极协调各级地方人民政府出台必要的引导政策，对用于林业生产发展的林权抵押贷款业务，要协调财政部门按照国家有关规定给予贴息，适当进行风险补偿。

国家林业局
关于促进农民林业专业合作社发展的指导意见

林改发〔2009〕190号

(2009年9月1日)

为深入贯彻落实中央林业工作会议和《中共中央 国务院关于全面推进集体林权制度改革的意见》(中发〔2008〕10号)精神,促进农民林业专业合作社发展,规范农民林业专业合作社组织及其行为,维护农民林业专业合作社及其成员的合法权益,加快现代林业发展,依据《中华人民共和国农民专业合作社法》及有关法律法规,结合林业实际,提出以下指导意见。

一、充分认识发展农民林业专业合作社的重要性

(一)发展农民林业专业合作社,是坚持家庭承包经营、促进互助合作的重要形式。农民林业专业合作社是在明晰产权、承包到户的基础上,同类林产品的生产经营者或者同类林业生产经营服务的提供者、利用者,自愿联合,民主管理的互助性经济组织。建立农民林业专业合作社,能够有效地解决林业生产经营活动中政府"统"不了、部门"包"不了、农户"办"不了或"办起来不合算"的难题,有效地解决千家万户的小生产与千变万化的大市场连接的交易费用大和风险成本高的问题,对于进一步巩固和发展集体林权制度改革的成果将产生重要作用。

(二)发展农民林业专业合作社,是推进适度规模经营、发展现代林业的重要抓手。林业生产周期长,适度规模经营有利于按照自然规律和经济规律,实现良性循环。发展农民林业专业合作社,有利于突破家庭小规模、分散经营格局,发挥规模经营的优势,推进林业标准化、产业化、信息化、生态化发展,提高林业劳动生产率和林地产出率;有利于发展林产品加工流通业,带动林业产业结构调整,加快现代林业发展进程。

(三)发展农民林业专业合作社,是维护农民权益、促进农民增收的重要途径。发展农民林业专业合作社,通过合作经营、集约经营和规模经营,有利于降低林产品生产和流通成本,增加农民收入;有利于创新机制，激励农民增加投入，提高农民投资收益；有利于提高农民的市场谈判地位，维护农民合法权益。

（四）发展农民林业专业合作社，是培育新型市场主体、发展市场经济的内在要求。发展农民林业专业合作社，有利于专业化分工合作，促进各类生产要素向林业流动，提高要素配置效率；有利于形成共同购买林业生产资料、租赁机械、销售产品、共享技术信息的合作体；有利于共同经营森林，克服生产周期长的弱点，形成有效的资金流；有利于联合从事林产品加工业，提高林产品的附加值；有利于形成产权明晰、内部运行机制规范的新型市场主体，促进农村经济发展。

（五）发展农民林业专业合作社，是培育新型农民、推进社会主义新农村建设的重要载体。农民林业专业合作社通过为农民提供林业科技、信息、培训、生态保护等综合性服务，培养农民的市场竞争意识和互助合作精神，提高农民经营能力和技术水平，培养和造就新型农民，有利于增强农民的民主管理意识，保障农民民主权利，有利于完善乡村治理结构，促进基层民主建设和乡风文明。

二、发展农民林业专业合作社的指导思想和基本原则

（六）指导思想。以邓小平理论和"三个代表"重要思想为指导，深入贯彻落实科学发展观，切实执行《中华人民共和国农民专业合作社法》，全面落实国家有关扶持政策，以林业专业化合作为基础，以优势林业产业和特色产品为依托，大力发展农民林业专业合作社，优化合作社治理结构，切实加强经营管理，建立农民增收的长效机制和利益保障机制，不断提高林业生产的规模化、产业化和生态化水平，努力实现兴林富民，为发展现代林业、建设生态文明、推动科学发展、构建和谐社会作出新的贡献。

（七）基本原则。发展农民林业专业合作社，必须坚持以下基本原则。

——以服务农民为宗旨。围绕发展林业生产，全力为成员提供产前、产中、产后服务，在服务中加快发展、在发展中强化服务。

——以尊重农民意愿为核心。坚持"民办、民管、民受益"，充分尊重农民的经营主体地位，维护家庭承包经营制度，依法保障农民林地承包经营权和林业生产经营自主权，坚持入社自愿、退社自由、地位平等、民主管理，实现利益共享、风险共担。

——以资源增长和农民增收为目标。坚持有利于加快植树造林步伐，提高森林经营水平，提升森林资源质量，增加森林资源总量，增强森林生态系统的整体功能，促进资源增长、农民增收、生态良好、林区和谐。

——以市场运作为导向。坚持以市场需求为导向，以利益共享为纽带，紧紧依托优势产业、特色产品来培育和发展专业合作社，完善内部运行机制，提高专业合作社的市场竞争能力。

——以政府引导规范为保障。切实加强政府的指导、支持和服务作用，加强典型示范，协调落实各项扶持政策，优化发展环境，指导专业合作社建设，不断提高专业合作社建设的规范化、制度化水平。

三、依法建立农民林业专业合作社

（八）依法组建。在家庭承包经营的基础上，从事林木种苗与花卉生产、植树造林、森林管护、森林采伐、林下种植、林间养殖、野生动物驯养繁殖、生态旅游、生产资料采购、林产品销售、加工、运输、贮藏等经营业务的提供者和利用者，都可以在自愿联合的前提下，组建农民林业专业合作社，也可以依法以资金、林木、林地、产品、劳力等形式出资或折资折股入社。

（九）制定章程。设立农民林业专业合作社要根据"民办、民管、民受益"的要求，依法制定适合本社特点的章程，章程应当载明名称和住所、业务范围、成员资格、加入和退出的条件、成员的权利和义务、成员出资方式、数额、财务及资金管理、盈余分配、亏损处理、组织机构的设置及其职责、解散事由和清算办法等。

（十）依法登记。每个农民林业专业合作社至少要有5名以上的成员，其中农民至少占到成员总数的80%，确保农民在专业合作社中的主体地位。设立农民林业专业合作社要召开全体设立人参加的设立大会，及时到工商行政管理部门依法登记注册，领取农民林业专业合作社法人营业执照。未经依法登记的，不得以农民林业专业合作社的名义从事经营活动。

（十一）突出服务宗旨。农民林业专业合作社以其成员为主要服务对象，依照专业合作社章程为成员提供林木种苗、林业机具、化肥农药等生产资料采购供应服务，提供苗木、花卉、木材及其加工产品、森林食品、药材等林产品销售、加工、运输、贮藏以及有关的林业技术、政策咨询、信息发布、许可代理等产前、产中、产后服务；联合防火、防病虫害、防人为破坏，统一产品生产标准、统一承揽林业工程建设任务。以及开展林权抵押贷款、森林保险和社区合作内部化的金融服务。通过服务，引进推广新品种、新技术，推进专业化生产、规模化经营，优化配置林业生产要素，提高农民抵御市场风险和自然灾害的能力。

（十二）实行民主管理。农民林业专业合作社成员入社自愿，退社自由，由全体成员依据章程实行民主决策、管理和监督。重大事项由成员大会或成员代表大会讨论决定，实行一人一票制，同时可以依法设立附加表决权。农民林业专业合作社依法在许可的经营范围内自主经营管理，任何组织和个人不得干涉。

（十三）合理分配利益。农民林业专业合作社要建立合理的利益分配机制，按照章程规定或者成员大会决议，把可分配盈余量化为每个成员的份额，主要按照成员与本社的交易量所占的比例进行分配，确保各成员得到公平、合理的收益，不断增强合作社的吸引力和凝聚力。

（十四）加强财务管理和监督。农民林业专业合作社要按照《财政部关于印发农民专业合作社财务会计制度（试行）的通知》（财会〔2007〕15号）进行会计核算，依法建立健全销售业务、采购业务、存货、对外投资、固定资产、借贷业务内部控制制度。应定期、及时向成员公布财务状况等会计信息，接受成员的监督。农民林业专业合作社成员以其账户内记载的出资额和公积金份额为限对农民林业专业合作社承担责任。有条件的农民林业专业合作社要设立执行监事或者监事会，对本社的财务进行内部审计，审计结果向成员大会报告。如果有必要，成员大会也可以委托独立的审计机构对本社的财务进行审计。

（十五）依法进行变更和注销登记。农民林业专业合作社的名称、住所、成员出资总额、业务范围、法定代表人姓名发生变更的，要及时到工商行政管理部门申请变更登记。涉及营业执照变更的，要同时申请换发营业执照。因章程规定、成员大会决议、合并或分立、依法被吊销营业执照的，应依法进行合并、分立、解散和清算，维护各成员的合法权益，并及时向工商行政管理部门申请注销登记，办理注销登记手续。

四、切实加强对农民林业专业合作社的政策扶持

（十六）积极支持农民林业专业合作社承担林业工程建设项目。天然林保护、公益林管护、速生丰产林基地建设、木本粮油基地建设、生物质能源林建设、碳汇造林等林业工程建设项目，林业基本建设投资、技术转让、技术改造等项目，应当优先安排农民林业专业合作社承担。

（十七）大力扶持农民林业专业合作社基础设施建设。各地应将农民林业专业合作社的森林防火、林业有害生物防治、林区道路建设等基础设施建设纳入林业专项规划，优先享受国家各项扶持政策。

（十八）鼓励有条件的农民林业专业合作社承担科技推广项目。支持农民林业专业合作社承担林木优良品种（系）选育及林木高效丰产栽培技术、森林植被恢复和生态系统构建技术、野生动物驯养繁育技术、森林资源综合利用技术等林业新品种、新技术推广项目。

（十九）鼓励农民林业专业合作社创建知名品牌。积极鼓励和支持农民林业专业合作社开展林产品商标注册、品牌创建、产品质量标准与认证、森林可持续经营认证活动。对通过质量标准和认证以及森林可持续经营认证的，林业主管部门应给予奖励。

（二十）支持农民林业专业合作社开展森林可持续经营活动。县级林业主管部门和基层林业工作站要指导和帮助农民林业专业合作社自主编制森林经营方案。经林业主管部门认定后，农民林业专业合作社或其成员依法采伐自有林木，可按森林经营方案执行。未编制森林经营方案的，林业主管部门应按照森林资源状况安排采伐指标，依法发放林木采伐许可证并及时做好相关服务。

（二十一）支持农民林业专业合作社开展多渠道融资和森林保险。各级林业主管部门要按照《中国人民银行 财政部 银监会 保监会 林业局关于做好集体林权制度改革与林业发展金融服务工作的指导意见》（银发〔2009〕170号）的要求，支持农民林业专业合作社开展多渠道融资和森林保险，支持农民林业专业合作社开展成员之间的信用合作。要切实加强森林资源勘界、确权、登记发证工作，要加强森林资源资产评估和林木、林地经营权流转管理，及时依法为农民林业专业合作社办理林权抵押登记手续并加强抵押林地、林木的监管工作。

（二十二）依法对农民林业专业合作社实行财政和税收优惠政策。国家依法支持农民专业合作社开展信息、培训、产品质量标准与认证、基础设施建设、市场营销和技术推广等服务的资金，应当安排农民林业专业合作社使用。农民林业专业合作社应当享受《财政部国家税务总局关于农民专业合作社有关税收政策的通知》（财税〔2008〕81号）中的有关税收优惠政策。农民林业专业合作社成员采伐自有林木的，应当降低或免征育林基金，具体实施办法由各省、自治区、直辖市制定，并报财政部、国家林业局备案。

五、不断强化发展农民林业专业合作社的组织保障

（二十三）明确部门职能，强化机构建设。各级林业主管部门要依法履行对农民林业专业合作社的指导、协调和服务职能，明确专门机构，配备专职人员负责此项工作。要充分发挥基层林业工作站在服务农民林业专业合作社中的作用。要制定农民林业专业合作社发展规划并组织实施。要做好农民林业专业合作社的试点示范、政策咨询、业务指导、宣传培训等工作，指导农民林业专业合作社完善内部运行机制，建立健全规章制度，搞好规范化建设。

（二十四）积极沟通协调，落实扶持政策。各级林业主管部门要加大与发展改革、财政、工商、税务、金融、人事等部门的协调力度，落实各项优惠政策。积极争取国家对农民林业专业合作社开展林业生产、加工、流通、服务和其他涉林经济活动的各项优惠政策。在落实各项扶持政策时，对民族地区、边远地区和贫困地区的农民林业专业合作给予优先扶持和适当倾斜。通过财政支持、税收优惠和金融、科技的扶持以及产业政策引导等措施，促进农民林业专业合作社发展。

（二十五）开展试点示范，积极培育典型。各地要抓好典型，大力开展农民林业专业合作社的试点示范工作，坚持示范引路，以点带面。要选择和培育一批优势明显、运行流畅、操作规范、带动作用大的农民林业专业合作社作为试点示范单位。要积极开展农民林业专业合作社评定表彰工作，充分发挥典型示范作用。

（二十六）加大宣传培训，营造良好氛围。各级林业主管部门要不断加大宣传工作力度。重点宣传建立农民林业专业合作社的重大意义、政策法规、专业知识及成功典型、经验做法等，引导农民创办和加入农民林业专业合作社，营造全社会关心和支持农民林业专业合作社健康发展的舆论环境和良好工作氛围。要切实做好培训工作，帮助农民林业专业合作社管理人员掌握好政策和经营技术，努力培养造就一支高素质的经营管理队伍，促进农民林业专业合作社健康快速发展。

（二十七）加强制度建设，建立长效机制。各级林业主管部门要高度重视农民林业专业合作社建设，要明确指导思想、工作目标和重点任务，落实工作责任，制定保障措施。要充分利用当前农民林业专业合作社建设与发展的良好机遇，建立健全法律法规体系，保障农民林业专业合作社持续健康发展。

国家林业局
关于切实加强集体林权流转管理工作的意见

林改发〔2009〕232 号
(2009 年 11 月 6 日)

　　为贯彻落实中央林业工作会议精神和《中共中央 国务院关于全面推进集体林权制度改革的意见》(中发〔2008〕10 号)要求，切实加强集体林权流转管理和指导工作，依法管理和规范流转行为，维护广大农民和林业经营者的合法权益，促进林业又好又快发展，依据《中华人民共和国森林法》《中华人民共和国农村土地承包法》《中华人民共和国农村土地承包经营纠纷调解仲裁法》《中华人民共和国村民委员会组织法》等有关法律法规，现就加强集体林权流转管理工作提出如下意见。

　　一、充分认识加强集体林权流转管理工作的重要性

　　(一)加强集体林权流转管理，是优化资源配置，促进林业生产力发展的必然要求。集体林地明晰产权、承包到户后，集体林权流转是实现森林资源资产变现，促进林地向经营能力强、生产效率高的经营者流动，实现规模经营，优化配置资源，进一步解放和发展林业生产力的必然要求。加强集体林权流转管理，对于维护农民及相关林权权利人的合法权益，培育健康有序的林权交易市场，促进林业生产力发展，具有十分重要的作用。

　　(二)加强集体林权流转管理，是落实处置权，实现兴林富民的客观需要。放活经营权、落实处置权、保障收益权是集体林权制度改革的基本要求。森林资源资产流转、变现，是落实处置权的重要内容，有利于让农民获取资金从事林业生产经营活动，增加森林资源。规范集体林权流转行为，搭建森林资源流转平台，对于盘活森林资源资产，促进生产要素向林区流动，做大做强林业产业，实现兴林富民，具有十分重要的意义。

　　(三)加强集体林权流转管理，是维护森林资源安全和社会和谐稳定，巩固集体林权制度改革成果的重要举措。由于相关法律法规不完善，一些地方集体林权流转处于不规范状态，暗箱操作，低价转让集体林地、林木的现象时有发生,造成农民失山失地和集体森林资源资产流失,有的甚至引发林权纠纷、毁林和群体事件,对森林资源安全和林区和谐稳定带来了不利影响。加强集体林权流转管理工作,有利于防止农民失山失地,有利于维护流转各方的合法权益,有利于维护森林资源安全和林区和谐稳定,有利于巩固和扩大集体林权制度改革的成果。

二、加强集体林权流转管理的指导思想和基本原则

(四)指导思想。以邓小平理论、"三个代表"重要思想和科学发展观为指导,全面贯彻党的十七届三中全会、中央林业工作会议和《中共中央 国务院关于全面推进集体林权制度改革的意见》精神,以稳定林地承包经营关系为基础,规范集体林权流转行为,建立健全林权流转服务体系,促进集体林权流转规范、有序、健康发展。

(五)基本原则。集体林权流转管理工作必须坚持农村基本经营制度,维护农民的林地承包经营权;坚持统筹兼顾、依法行政;坚持依法、自愿、有偿流转;坚持公开、公平、公正;坚持有利于森林资源的保护、培育、合理利用和林区的和谐稳定。

三、依法规范集体林权流转行为

(六)稳定林地家庭承包经营关系。为保护农民平等享有的集体林地承包经营权,维护农民的合法权益,对适宜家庭承包经营的集体林地应当实行家庭承包经营。要引导农民在获得林地承包经营权后一定期限内自主经营,引导农民依法通过转包、出租、互换、入股等形式流转。各地应根据实际情况,采取有效措施,防止炒买炒卖林权,防止农民失山失地,确保农民长期拥有可持续就业和增收的生产资料。

(七)建立规范有序的集体林权流转机制。依法采取转让方式流转林地承包经营权的,应当经原发包的集体经济组织同意;采取转包、出租、互换、入股、抵押或者其他方式流转的,应当报原发包的集体经济组织备案。集体统一经营的山林和宜林荒山荒地,在明晰产权、承包到户前,原则上不得流转;确需流转的,应当进行森林资源资产评估,流转方案须在本集体经济组织内提前公示,经村民会议三分之二以上成员同意或者三分之二以上村民代表同意后,报乡镇人民政府批准,并采取招标、拍卖或公开协商等方式流转。在同等条件下,本集体经济组织成员在林权流转时享有优先权。流转共有林权的,应征得林权共有权利人同意。国有单位或乡镇林场经营的集体林地,其林权转让应当征得集体经济组织村民会议和该单位主管部门的同意。

(八)加强集体林权流转的引导。林地承包经营权和林木所有权流转,当事人双方应当签订书面合同,需要变更林权的,当事人应及时依法到林权登记机关申请办理林权变更登记。要引导发展农民林业专业合作社、家庭合作林场、股份制林场等林业合作组织,联合经营林地;鼓励广大农民和林业经营者与企业合作造林;鼓励短期限流转、部分林权流转、林木采伐权流转和本集体经济组织内部成员间的流转;鼓励到林业产权交易管理服务机构进行流转。对不宜实行家庭承包经营的,可以将林地承包经营权折股分给本集体经济组织成员后,再实行承包经营或股份合作经营。

(九)切实维护集体林权流转秩序。区划界定为公益林的林地、林木,暂不进行转让;但在不改变公益林性质的前提下,允许以转包、出租、入股等方式流转,用于发展林下种养业或森林旅游业。对未明晰产权、未勘界发证、权属不清或者存在争议的林权不得流转;集体林权不得流转给没有林业经营能力的单位和个人;流转后不得改变林地用途;流转期限不得超过原承包经营剩余期限。

(十)禁止强迫或妨碍农民流转林权。已经承包到户的山林,农民依法享有经营自主权和处置权,禁止任何组织或个人采取强迫、欺诈等不正当手段迫使农民流转林权,更不得迫使农民低价流转山林。已经承包到户的山林需要流转的,其流转方式、条件、期限等由流转双方依法协商确定,任何一方不得将自己的意志强加给另一方。党员干部特别是各级领导干部,要以身作则,绝不允许借改革之机为本人和亲友谋取私利。

四、妥善处理集体林权流转的历史遗留问题

(十一)全面核查集体林权流转的历史遗留问题。要结合本地实际开展梳理工作,全面掌握以往林权流转的时间、地点、面积、价格等,对群众反映强烈的流转活动,要依法对其合法性、有效性进行核查。对本次集体林权制度改革以前因林权流转造成无山无林可分的地方,更要认真对待,切实贯彻落实《中共中央国务院关于全面推进集体林权制度改革的意见》精神,妥善解决这类历史遗留问题,维护本集体经济组织成员的合法权益,维护林区的社会稳定。

(十二)依法妥善处理集体林权流转的历史遗留问题。本着"尊重历史、兼顾现实、注重协商、利益调整"的原则,依法妥善处理集体林权流转的历史遗留问题。对于集体林权制度改革前的流转行为,符合《中华人民共和国农村土地承包法》《中华人民共和国村民委员会组织法》等有关法律规定、流转合同规范的,要予以维护;流转合同不规范的,要予以完善;不符合有关法律规定的，要依法予以纠正。

（十三）积极探索解决历史遗留问题的有效形式。对流转面积过大、价格过低、期限过长、群众反映强烈的，要采取协商的方式，通过让利、缩短流转期、折资入股等办法依法进行调整，特别是要把政策性让利真正落实给农民；也可以因地制宜地采取"预期均山"的办法予以解决。"预期均山"要按照集体林权制度改革的规范程序运作，既要保障农民平等享有林地承包经营权，又要依法保护林业经营者对承包林地的投资权益。

五、加强集体林权流转服务平台建设

（十四）加强集体林权流转服务。各地要建立健全林权流转运行机制和相应的规章制度，确保流转活动的公平性和合法性。要积极培育林权流转市场，制定林权交易规则，提供林业产权交易、森林资源资产评估、木竹检尺、林业科技、法律咨询等服务，形成规范有序的流转市场体系和管理服务体系。

（十五）加强流转森林资源资产的评估工作。要加强森林资源资产评估机构和评估队伍建设，规范流转森林资源资产评估行为，维护交易各方合法权益。流转森林资源资产的评估应当以具有相应资质的森林资源调查机构核查的森林资源实物量为基础，进行价值评估。从事流转森林资源资产实物量调查和价值评估的森林资源调查机构和资产评估机构应当符合国家规定的相关资质条件，并严格按照国家有关资源调查、资产评估相关法规和技术规范的规定和要求进行森林资源实物调查和资产价值评估。

（十六）加强集体林权流转的金融服务工作。为完善林业融资环境，改变林权抵押贷款难的状况，各地林业主管部门要采取有效措施，积极协助金融机构降低因开展林权抵押贷款、森林保险等业务带来的风险，做好抵押林权处置的服务工作和林地林木权属抵押登记管理工作；要积极探索建立林权收储中心、林业专业性担保公司等，化解林权融资风险，促进林业金融服务持续健康发展。

六、强化集体林权流转的管理工作

（十七）依法强化集体林权流转登记工作。各级林业主管部门要严格按照林权登记发证的有关规定，认真审查林权流转登记申请文件，特别是要认真审查其权属证明文件和流转决策程序的合法性、有效性、申请人的资格证明、流转合同和流转方式等内容，依法办理林权登记手续。对于合法规范的集体林权流转，需要变更林权的，林权登记机关应当及时受理，认真审查并进行林权变更登记；对于不符合法律法规相关规定的林权流转，登记机关不得给予林权变更登记。

（十八）加强集体林权纠纷调处和仲裁工作。要重视群众的来信来访，认真对待涉林纠纷。因集体林权流转发生纠纷的，要鼓励当事人自行和解；和解不成的，应当根据当事人的请求，由村民委员会、乡镇人民政府等进行调解；当事人和解、调解不成或者不愿和解、调解的，林地承包仲裁机构应当根据当事人的申请，及时依法给予仲裁。当事人不愿意提请仲裁的，也可以直接向人民法院起诉。各级林业主管部门应积极采取有效措施，指导纠纷调处和仲裁，维护各方的合法权益。

（十九）加强集体林权流转合同管理。为保障当事人的合法权益，集体林权流转应当依法签订书面合同，明确约定双方的权利和义务。省级林业主管部门应当统一制定本辖区内林权流转合同示范文本。县级林业主管部门或乡镇林地承包经营管理部门应当及时向达成流转意向的双方提供统一文本格式的流转合同，认真指导流转双方签订流转合同，并对林权流转合同及有关文件、文本、资料等进行归档，妥善保管。

（二十）加强集体林权流转收益管理。已承包到户的林权流转，转包费、租金、转让费等收益归转出方所有，或按照承包合同约定进行分配，任何组织和个人不得擅自截留、扣缴。集体经济组织经营的林权流转收益归本集体所有，纳入农村集体财务管理，用于本集体经济组织内部成员分配和公益事业。

（二十一）加强集体林权流转监管工作。各级林业主管部门应当加强对集体林权流转的监管，对弄虚作假、恶意串标、强买强卖等违法违规行为要及时制止，构成犯罪的要移送司法机关依法查处。要加强对林权流转后是否改变林地用途，有无违反国家政策法律等情况进行监督，对违反规定的，要依法予以查处。

七、加强集体林权流转管理工作的组织领导

（二十二）切实加强对集体林权流转管理工作的组织领导。集体林权流转事关广大农民群众的切身利益，事关林区社会的和谐稳定，事关集体林权制度改革成效及改革成果的巩固，涉及面广、政策性强、工作难度大。各地要高度重视，进一步增强责任感、使命感和紧迫感，认真研究，精心组织，加强领导，加大宣传和培训力度，确保集体林权流转的指导和监管收到实效。

（二十三）加强林权管理工作机构和队伍建设。各级林业主管部门要充分发挥职能作用，加强林权管理和交易服务机构建设，加强林地承包仲裁

机构建设。选调一批业务素质高、工作能力强、思想作风正、敢于负责的人员，充实到林权管理和服务机构工作，为开展林权流转服务和监管提供组织保障。

（二十四）加强集体林权流转相关制度建设。各地要建立和完善林权流转的相关制度，针对流转中存在的突出矛盾和问题，研究制定规范流转的办法，尽快建立起林权流转服务和监管制度，为规范集体林权流转行为提供制度保证。

国家林业局
关于进一步加强集体林权流转管理工作的通知

林改发〔2013〕39号
2013年4月1日

近年来,随着集体林权制度改革不断推进,集体林权流转对发展适度规模经营、推动现代林业建设和增加农民收入发挥了积极的作用,但同时有些地方不同程度地存在流转行为不规范、侵害农民林地承包经营权益、流转合同纠纷增多、擅自改变林地用途,以及林权流转管理和服务不到位等问题。为进一步加强林权流转管理,防范林权流转风险,保障广大农民、林业经营者和投资者的合法权益,规范集体林权流转,现就有关事项通知如下:

一、坚持依法、自愿、有偿流转原则,切实保障农民林地承包经营权

坚持农村集体土地承包经营制度,保护农民林地承包权益,是落实党在农村基本土地政策、国家宪法和法律规定的具体体现。开展集体林权流转,必须在坚持农村集体林地承包经营制度的前提下,按照依法、自愿、有偿原则流转,承包方有权依法自主决定林权是否流转和流转的方式,任何组织和个人都不得限制或者强行农民进行林权流转。各级林业主管部门要统一认识,一定要充分尊重农民林权流转的主体地位,按照"流不流转是农民的事,转多转少是市场的事,规不规范是政府的事"的要求规范林权流转,不得把林权流转指标作为评判集体林权制度改革是否成功的标准,不得将流转规模作为工作政绩,更不得把促成流转作为招商引资优惠条件强行推动,确保林权流转严格按照有关法律法规和中央的政策进行。

二、规范林权流转秩序,防范林权流转风险

各地应加大林权流转引导和规范。依法抵押的未经抵押权人同意的不得流转;采伐迹地在未完成更新造林任务或者未明确更新造林责任前不得流转;集体统一经营管理的林地经营权和林木所有权进行林权流转的,流转方案须在本集体经济组织内公示,经村民会议三分之二以上成员或者三

分之二以上村民代表同意后，报乡镇人民政府批准，到林权管理服务机构挂牌流转，或者采取招标、拍卖、公开协商等方式流转。对工商企业等社会组织在林业产前、产中、产后服务等方面投资开发林业，带动农户发展林业产业化经营的，要充分尊重农民意愿，防止出现以"林地开发"名义搞资本炒作或"炒林"现象，探索建立工商企业流转林权的准入和监管制度，对流转后闲置浪费流转林地影响林业生产、恶意囤积林地和擅自改变林地用途等行为要予以制止，要责令其依法纠正，情节严重的要追究法律责任。禁止国家公职人员利用职务之便违法参与林权流转谋取私利。违法流转导致农民的林权流转收益受损等问题要依法纠正，对因林权流转引发的农村林地承包经营纠纷要依法调解调处仲裁。

三、完善制度，全面加强林地承包经营权流转监管工作

各级林业主管部门要按照《中共中央 国务院关于全面推进集体林权制度改革的意见》和《国家林业局关于切实加强集体林权流转管理工作的意见》等有关政策法律规定要求，建立健全林权流转监管制度，保障林权流转有序健康发展。要尽快建立健全林权流转管理和服务制度，为规范林权流转行为提供制度保证。要建立"村有信息员、乡镇有服务窗口、县有服务场所"三级联动的林权流转管理服务网络和互联互通的集体林权流转信息采集系统和共享平台，逐步实现林权流转信息网络化管理。要积极探索林权流转合同制和备案制管理。省级林业主管部门要制定并推行使用林权流转统一合同示范文本，探索开展流转合同签订指导工作。要不断加大林权流转服务，为流转提供有关法律政策宣传、市场信息、价格咨询、资产评估、合同签订等服务，逐步建立和完善流转服务平台和网络，研究发布林权流转信息和流转指导价格并实行动态管理。要切实履行监管职责，按照《国家林业局关于进一步加强和规范林权登记发证管理工作的通知》（林资发〔2007〕33号）和《国家林业局办公室关于办理涉外林权变更登记问题的复函》（办资字〔2011〕214号）要求，对因农村集体林地承包经营权流转而发生的林权变更登记申请依法严格审查，确保林权登记质量。各县（区、市）要设立农村土地承包仲裁委员会、加强专兼职仲裁员队伍建设，依法开展农村土地承包和流转纠纷的调解仲裁工作，要及时了解和掌握涉及农民的林权流转纠纷调解仲裁情况，做好应对预案。加强对林权流转情况的统计和监测，并定期汇总、分析林权流转情况，重点研究不规范林权流转问题的解决办法和政策。

四、加强领导,确保林权流转健康有序发展

集体林权流转事关广大农民的切身利益,事关流转市场规范有序,事关生态林业与民生林业发展。各级林业主管部门要高度重视,把林权流转管理工作摆上重要议事日程,切实加强领导。要明确职责,实行领导负责制,层层落实责任,加强监督检查和信息沟通,充分发挥管理、指导、协调和服务职能,把各项工作落到实处。要按照《国务院办公厅关于清理整顿各类交易场所的实施意见》的要求,积极配合当地人民政府做好林权交易场所清理整顿工作和林权流转市场监管工作。建立健全面向广大农民的林权流转管理和服务县级林权管理服务机构,配备工作人员和工作场所。要加强业务培训,不断提高流转管理和服务工作人员的整体素质和业务能力,为开展林权流转提供组织和人员保障。

请各地结合实际,研究制定贯彻落实本通知的具体办法,并将有关情况于 2013 年 5 月 20 日前报我局农村林业改革发展司。

国家林业局
关于规范集体林权流转市场运行的意见

林改发〔2016〕100号

2016年7月29日

随着林业改革不断深入,集体林权流转规模不断扩大、方式不断创新,推动了林业规模化经营,有力地促进了林业增效、农民增收。为使集体林权流转既顺畅,又切实避免"乱象",现提出如下意见。

一、严格界定流转林权范围

集体林权流转是指在不改变林地所有权和林地用途的前提下,林权权利人将其拥有的集体林地经营权(包括集体统一经营管理的林地经营权和林地承包经营权)、林木所有权、林木使用权依法全部或者部分转移给他人的行为,不包括依法征收致使林地经营权发生转移的情形。集体林权可通过转包、出租、互换、转让、入股、抵押或作为出资、合作条件及法律法规允许的其他方式流转。区划界定为公益林的林地、林木暂不进行转让,允许以转包、出租、入股等方式流转。权属不清或有争议、应取得而未依法取得林权证或不动产权证、未依法取得抵押权人或共有权人同意等情况下的林权不得流转。

二、准确把握林权流转原则

林权流转应当坚持依法、自愿、有偿原则,流转的意愿、价格、期限、方式、对象等应由林权权利人依法自主决定,任何组织或个人不得采取强迫、欺诈等不正当手段强制或阻碍农民流转林权。坚持林地林用原则,集体林权流转不得改变林地所有权、林地用途、公益林性质和林地保护等级,流转后的林地、林木要严格依法开发利用。坚持公开、公正、公平的原则,保证公开透明、自主交易、公平竞争、规范有序,不得有失公允,流转双方权利义务应当对等。

三、切实规范林权流转秩序

对家庭承包林地,以转让方式流转的,流入方必须是从事农业生产经营的农户，原则上应在本集体经济组织成员之间进行，且需经发包方同意；以其他形式流转的，应当依法报发包方备案。集体统一经营管理的林地经营权和林木所有权流转的，流转方案应在本集体经济组织内提前公示，依法经本集体经济组织成员同意，采取招标、拍卖或公开协商等方式流转；流转给本集体经济组织以外的单位或者个人的，要事先报乡（镇）人民政府批准，签订合同前应当对流入方的资信情况和经营能力进行审查。林权再次流转的，应按照原流转合同约定执行，并告知发包方；通过招标、拍卖、公开协商等方式取得的林地承包经营权，须经依法登记取得林权证或不动产权证书，方可依法采取转让、出租、入股、抵押等方式流转。委托流转的，应当有林权权利人的书面委托书。

四、严格林权流入方资格条件

林权流入方应当具有林业经营能力，林权不得流转给没有林业经营能力的单位或者个人。《国家发展改革委 商务部关于印发市场准入负面清单草案（试点版）的通知》（发改经体〔2016〕442号）明确要求：租赁农地从事生产经营要进行资格审查，未获得资质条件的，不得租赁农地从事生产经营。鼓励各地依照该精神，依法探索建立工商资本租赁林地准入制度，实行承诺式准入等方式，可采取市场主体资质、经营面积上限、林业经营能力、经营项目、诚信记录和违规处罚等管理措施，对投资租赁林地从事林业生产经营资格进行审查。家庭承包林地的经营权可以依法采取出租、入股、合作等方式流转给工商资本，但不得办理林权变更登记。

五、努力完善林权流转服务

各地要完善县级林业服务平台功能，逐步健全县乡村三级服务和管理网络，为林业经营主体提供林权流转、惠林政策实施、生产信息技术、林权投融资等指导、服务。加强林权流转信息公开，重点公开流转面积、流向、用途、流转价格等信息，引导林权有序流转。可采取减免费用、政府购买服务等方式鼓励农户和其他林业经营主体拥有的林权到林权交易平台、公共资源交易平台等公开市场上流转交易。鼓励各地探索政府购买林业公益性服务，大力发展社会化林业专业服务组织，开展流转信息沟通、居间、委托、评估等林权流转中介服务。引导和规范森林资源资产评估行为，向社会公布评估机构不良行为，指导和监督森林资源资产评估协会工作。

六、强化流转合同管理

集体林权流转应当依法签订书面合同，明确约定双方的权利和义务，流转期限不得超过原承包剩余期。各地要加强林权流转合同管理，探索建立合同网签和面签制度，要求市场主体以规范格式向社会作出公开信用承诺，并纳入交易主体信用记录。县级林业主管部门要提供可编辑的合同示范文本网络下载服务，大力推广使用《集体林权流转合同示范文本（GF-2014-2603）》。在指导流转合同签订或流转合同鉴证中，发现流转双方有违反法律法规的约定，要及时予以纠正。对符合法律法规规定的，经流转公示无异议后，可出具书面意见，作为林权流转关系和相关权益的证明，并推动与不动产登记、工商、银行业金融等机构实时共享互认，协同不动产登记部门做好林地承包经营权转移登记工作。

七、加强林权流转用途监督

各地要加强对林权流转工作的指导，研究制定林权流转具体操作规程，切实履行好林权流转监督管理职责。要加强林权流转的事中事后监管，及时查处纠正违法违规行为。要实行最严格的林地用途管制，确保林地林用。切实做好抵押林权处置的服务工作，防范抵押风险。采取措施保证流转林地用于林业生产经营，探索建立奖惩机制，对符合要求的林业经营主体可给予林业生产经营扶持政策支持，对不符合要求的可依法禁止限制其承担涉林项目。鼓励和支持林业经营主体主动公示"林业生产经营改善计划"，以及林地、林木开发利用和流转合同履约等情况年度报告，自觉接受行政监督和社会监督。

八、推进林权流转市场信用体系建设

以县（市、区）为单位，逐步建立林权流转市场主体守合同、重信用信息采集归档工作，依法将其涉林违法违规行为的司法判决书、行政处罚书、农村土地承包经营纠纷调解书和裁决书、经查证属实的被投诉举报记录等情况记入其信用档案。各地要探索建立林权流转市场主体信用评级制度和信用评价成果运用机制，在实施财政性资金项目安排或授予荣誉性称号时，将信用状况作为参考条件，同等条件下优先考虑信用好的。

九、搭建集体林权流转市场监管服务平台

各地要建立林权数据动态管理制度，实行林权权源表管理模式，将林地承包合同和林权流转合同、林权登记、林业经营主体、流转交易、抵押担保、森林保险以及森林资源等涉及林权信息有序衔接集成，实现关联业务协同管理。加快推进林权流转市场监管服务平台建设，构建全国统一的"数据一个库、监管一张网、管理一条线"的网络监管体系，实现相关数据的互联互通和纵横信息共享。加快建立林权信息基础数据库和管理信息系统，实现网上办理，逐步实现林权管理的自动化、标准化和信息化。推广"林权IC卡"和手机APP服务做法，为林农各项经营活动提供实时更新、查询信息服务。

本意见自发布之日起实施，有效期至2021年10月31日，《国家林业局关于切实加强集体林权流转管理工作的意见》（林改发〔2009〕232号）和《国家林业局关于进一步加强集体林权流转管理工作的通知》（林改发〔2013〕39号）同时废止。

附录二

改革案例

附件一：集体林改革

甘肃省泾川县：积极探索生态脆弱区林改之路

泾川县地处甘肃省东部，陕甘交界处，全县辖14个乡（镇）、1个经济开发区，总人口35.1万人，总面积1409.3平方千米，有林业用地122.1万亩，集体林地117.86万亩，占96.2%，其中公益林104.6万亩，占88.7%。

2008年10月，我县被确定为全省集体林权制度改革试点县，我们正确把握方向，明确目标定位，坚持走群众路线，积极探索，扎实推进，明晰产权改革全面完成，配套改革稳步推进。截至目前，完成勘界确权108.24万亩，占应改面积的100%；颁发林权证6.95万户、108.24万亩。我们的主要做法是：

一、从统一思想入手，解决"能不能改"的问题

我县集体林地的90%是人工公益林，是历届县领导班子团结带领全县人民几十年如一日一棵一棵栽植、一片一片抚育起来的，凝结着几代人的汗水和心血，因此也获得了许许多多的荣誉，是泾川最响亮的一大品牌。林改初期，县里领导最担忧的是，林地分到一家一户，怕出现乱砍滥伐，使来之不易的生态成果遭受损失，怕背罪名；一些乡村干部认为，把林地分了，集体收入来源减少了，公益事业更难办了，推进林改积极性不高；一些群众认为，公益林没多少利益可图，承包到户后还有了管护责任，分不分无所谓。针对这些问题，我们多次召开林改领导小组会议，深入学习领会《中共中央 国务院关于全面推进集体林权制度改革的意见》和省委

号文件，准确把握精神实质，统一各级干部的思想认识，坚定推进改革的信心，确定了山、川、塬不同类型的3个乡镇、13个村先行试点，探索路子，积累经验。由四大班子主要领导、分管领导带队组成调研组，深入到群众中去，把政策交给群众，听取群众的意见，寻找推进改革的"金钥匙"。正如玉都镇太阳墩70多岁的老党员刘兴华说的，"我们从年轻时就响应政府的号召，栽了几十年树，看着秃山荒沟变绿了，但那是集体的。现在搞林改，把地分给我们了，林子是我们自己的财产了，真是打心底里高兴"。通过广泛的宣传发动，使群众真正认识到，通过五十多年的生态建设，生态环境发生了巨大变化。通过林权改革，使农民真正分到了林地，拥有了林权，可以抵押贷款、可以有偿流转、可以栽植经济林木、可以发展林下经济，帮助群众致富，还可以留给子孙。群众对政策了解了，对林改的好处知晓了，参与林改的热情被激发起来。

二、确立改革主体，解决"靠谁来改"的问题

农民是林改的主体，我们始终把由农民参与、由农民做主、让农民满意贯穿于林改的全过程。从县直部门抽调了180名得力干部，通过专题培训，下派到重点乡村服务群众、服务林改、指导林改，与乡村干部一道进村入户开会动员，促膝座谈，使群众不断熟悉政策、掌握程序，让群众广泛参与林改，充分保障了群众的知情权和参与权。由群众自主讨论改革办法，自主确定分配方案，做到群众对情况不清楚不实施，意见不一致不票决，公示有异议不确权，充分尊重群众意愿，真正把群众的事交给群众办，保障了群众的决策权和监督权。同时，由群众推选熟悉情况、办事公道、责任心强、在群众中有威信的代表，组成林改理事会、林改分配小组、勘界小组和评估小组，代表群众评估分配、勘界确权。高平镇袁家城村东庄组群众全员参与林改，白天在山头地块搞评估，晚上聚在一块定方案，村民何锁林说："给我们分山分林，这么好的事，大家都愿去，怎么分、怎么改，群众自己说了算。"

三、尊重群众首创精神，解决"怎么样改"的问题

我县林地大部分分布在山间沟壑，立地条件、林分质量差异较大，要公平公正地划分到户很不容易。为了全面掌握村情、山情、林情，我们组织人员逐村社、逐山头、逐地块进行调研摸底。在吃透情况的基础上，坚持因地制宜，分类指导，一乡一策、一村一策，不搞"一刀切"。具体工作中，充分尊重群众的首创精神，改革的路子让群众找，分林的办法让群众想，做到体现民意、顺应民心。群众借鉴耕地承包的经验，根据不同坡

向、树木大小、疏密程度和距离远近，摸索出了因地划分、因树作价、优劣搭配、数量平衡、现金找补、随机抓阄等普遍认可管用的均山均林办法。汭丰乡三十梁村二组的林地在阴、阳两面坡上，林改小组组织群众开了10多次会议，确定了"按人分山，按号抓阄，落实到户"的办法，通过现场勘界，把两面坡上的林子沿垂直等高线分成若干块，分别搭配编号，林子分得很顺利，群众比较满意。村民韩孝明说："办法是我们定的，阄是自己抓的，还能有啥意见。"

四、坚持正确方向，解决"如何改好"的问题

坚持以家庭承包经营为主的改革方向不动摇，县上针对林改初期个别乡村图省事、怕麻烦而出现的搞大户承包和大面积实行股份制经营等苗头性问题，及时制止纠正，明确要求凡是能够确权到户的集体林地必须全部实行家庭承包经营，做到执行政策不走样，确保群众拿大头，多得利，使几十年来国家投入巨资建设积累的林业资产无偿划归农户所有。建立了一把手负责、一张图控制、一套表统计、一个标准要求、一套程序规范运行的"五个一"工作机制，注重从决策程序、调查登记、方案制定、现场勘界、地形勾绘、纠纷调处、合同签订及发证建档八个方面规范操作，全县承包到户经营102.4万亩，占94.6%。确保每个农民平等享有集体林地承包经营权。妥善处理遗留问题和矛盾纠纷，对林改前大户承包经营及拍卖流转的林地，纳入林改程序，合理分配利益，规范完善合同，重新确权颁证。对个别常年外出、有地无人的农户，集中划拨暂由村民小组托管，待回村后交由本人经营，确保户户有林。林地到户之后，群众把林木、林地当做自己的财产来经营、来爱护，人人肩负起了管林护林的责任，自觉成为护绿的使者。我们因势利导，探索建立了专职护林员与群众双重管护机制，生态得到了更好地保护。林改工作开展以来，全县没有发生一起砍伐林木的案件。我们还特别重视林改档案的建立管理，实行纸质档案与电子档案双建双存，确保林改经得起历史检验。

五、推进配套改革，解决"怎样改活"的问题

为了让群众在林改中看到致富希望、在林改后真正获得利益，我们在推进明晰产权、承包到户改革的基础上，学习借鉴福建、浙江经验，积极探索深化改革。县委、县政府制定出台了《关于深化集体林权制度改革加快现代林业发展的意见》《林权抵押贷款管理办法》等13个政策性文件；成立了泾川县林业综合服务中心、森林资源评估中心和收储中心，3个机构合署办公，科级建制，事业单位，定编23名；建立了林业综合服务大厅，为群众提供林政执法、法律咨询、资源评估、产权交易、科技信息等综合服务。加快建立林业合作经济组织，组建农民林业专业合作社 15 个，创办千亩育苗基地 1 处；建立了地方公益林补偿制度，在财政困难的情况下，对属集体的 57.1 万亩一般公益林按照每亩每年 1 元的标准直接补助到户，随着财力的增加逐步提高补偿标准；县财政给收储中心拨付资金 100 万元，作为林权抵押贷款风险保证金，已落实林权抵押贷款 3375 万元。群众高兴地说，过去贷款没啥抵押，现在有了"绿本本"，作用和城里人的房产证一样，贷点钱办事方便多了。据估算，我县活立木蓄积 110 万立方米，价值 8.8 亿元，如果用现有林地林木抵押贷款，每年总额可达 15.6 亿元，户均 1.95 万元。

通过改革，从根本上确立了农民经营林地的主体地位，群众营林造林的积极性更高了，一些分林较早的农户，先后自发造林 2 万多亩，全县栽植柿子、核桃、文冠果、柴胡、板蓝根等经济树种和药材近 3 万亩，林下养殖生态鸡 13.4 万只。实践证明，紧紧围绕落实家庭承包经营制度这个核心，在统一思想、依靠群众、支持保障上狠下功夫，成功地回答了生态脆弱区林改要不要改、怎么样改、改了以后怎么经营等重大问题，走出了一条符合实际的林改之路。

辽宁本溪：生态富民谱新曲 林下经济展宏图

本溪满族自治县地处辽宁省东部山区，总面积501.6万亩，地貌特征为"八山一水半分田，半分道路和庄园"。总人口30万，其中农业人口20万。全县林业用地面积412.7万亩，人均林地面积13.76亩，人均耕地面积1.2亩。为此，县委县政府立足山区资源优势，提出了"念山水经，走特色路"，发展生态型林下经济的发展思路，将林下经济作为农民增收致富的突破口。作为县域经济发展的重要支柱产业，有力的推进地方经济迅速发展。

一、编规划，定调子，大力推广科学模式

本溪县立足于林地资源丰富的基础优势，在充分调研和论证的基础之上，坚持生态优先的原则，以兴林富民为目标，组织编制现代林业产业"五个一"工程总体规划，并通过实施规划，在全县形成林果、林菜、林游和林工等复合经营的林下经济发展模式，走立体经营之路，实现长中短相结合，促进林业的可持续发展。

目前，全县发展林下药材面积76万亩，山野菜面积50.4万亩，果材兼用林108万亩。全县森林旅游总面积20多万亩，年收入超过3亿元，接待游客50万人次。

二、重扶持、出实招、五措并举汇聚力量

一是政府不断加大引导力度，适时出台了多个相关文件，制定了促进林下经济发展的惠民便民以及招商引资政策。成立了正科级事业单位——林业产业发展局，专门抓林下经济发展项目，全力推动"一县一业"建设战略布局。编制了98个村的森林经营方案，简化并下放了集体育林设计、审批、验收等管理事权，进一步放宽了林下经济经营政策。

二是壮大林业产业标准化种植基地。本溪县抓住"中国药都中药材生产规范基地"这一有利契机，全力推广林下降级标准化种植，形成了"四条线、四园区"的中药材产业区域化布局，建设万亩林下参、千亩刺五加、万亩红松园和70万亩中药材野生资源保护区4各园区、同时编制实施8个中药材地方标准化规程。

三是加强专业合作化组织建设。通过资金扶持，政策引领，典型带动，组织开展林业专业合作组织、林业协会建设、成立了全省首家林业专业合作社联社、全县组建林业合作社120个，组建中药材、林业协会的建设，提高了承包到户后林业产业生产经营的组织化程度，增强了市场竞争能力。

四是培育乡村林业技术服务队伍。自2009年，本溪县将林业站的人员工资，三险，住房公积金，取暖费等纳入了县财政预算。投资新建和维修改革林业站办公场所，配备车辆，微机，GPS等设备。为强化乡村林业技术服务，为每个乡镇配备一名林业技术服务监管员，为每个村配备一名林业技术员，相关人员工资均有林业局解决，每年投入100多万元。

五是树立典型带动农户共同致富．通过树立宣传发展林下经济的农民典型代表，推出修士项目，有效带动广大林农发展林下经济，使他们找到了林改后致富的向和出路。

三、办实事，动真情，破解难题便民服务

一是破解资金不足问题。全县3941名机关干部与全县2.5万农户结成帮扶对子，多渠道筹集社会资金5亿多元，发展林地经济。同时，县委，县政府积极协调金融部门进行林地抵押贷款，总额达到了5.3亿元。整合农业综合开发等各项支农资金3.5亿元，加大对林业贷款的财政贴息支持力度，贴息金额达到125亿元，并将386万亩的森林纳入政策性保险的范畴，有效提高林农低于自然灾害的能力。充分调动了林农发展林下经济项目的积极性。

二是破解技术缺乏难。加强林业站建设，在全省率先开展林业展馆里体制建设，完善基础设施，充实技术力量，积极开展科技下乡活动，每年举办培训班百余期，培训林农5000余次。在农村着重培养三种人，即一乡一个带头人，一村一个明白人，一组一个经纪人，目前全县农民林业专业经纪人队伍达到了3000多人。

三是破解信息不畅难。本溪县投资800多万元用于2007年新建了县林业综合服务中心，并将服务中心下移，分设了3个乡级服务中心，为林农办证和发展林地经济提供一条龙服务。综合服务中心成立以来，办理采伐许可证等2万笔，为林农提供法律，实用技术咨询9000多次，发布致富信息3200条，办理林木交易320件，服务林农16万余次。建立产业信息网，建立产业专家组，基本解决了广大林农的技术匮乏，经营落后、信息部令的问题。

林下开辟新天地，山里产出大效益。生态更好了，农民更富了，社会更加和谐了，"不砍树也能致富"的目标已经成为了现实。2011年实现林业

产值62.7亿元,农民人均涉林收入达到6400元,比改革前整整翻了5倍,占农村人均纯收入的比重由40%提高到60%,林下经济已经成为全县农民增收致富和促进县域经济可持续发展的主导产业。

附件二：国有林改革

原山林场：国有林场改革发展的转型样本[①]

日前，中共中央、国务院印发《国有林场改革方案》和《国有林区改革指导意见》（中发〔2015〕6号），标志着我国的森林资源管护和生态环境改善进入到一个全新的阶段，保护生态成为是国有林场和国有林区的工作重点，森林生态资源如何保护，全国国有林场75万职工如何生存，富余职工往哪里安置，国有林场职工如何实现同步奔小康？成为国有林发展面临的重大问题。

山东省淄博市原山林场依托森林公园这个平台，大力发展生态旅游产业，在全国4855家国有林场中率先实现了山绿、场活、业兴、人富，为当前的国有林场改革提供了可借鉴、可推广、可复制的现实样板。

一、艰难的改革历程

（一）破题，森林旅游让原山彻底扔掉了"要饭林场"的帽子

原山林场建于1957年，场部坐落在淄博市博山区城郊，现有森林面积42968亩，森林覆盖率92%，职工1070人。改革之初，原山林场也与全国其他国有林场一样，自然条件艰苦，基础设施薄弱，职工生活困难，处在非工、非农、非城、非乡的尴尬境地。1986年，对事业单位实行企业化管理，财政上把原山林场仅有吃饭的钱也给断了，截至1996年底，林场累计负债2000多万元。此时，淄博市又将濒临绝境的淄博市园艺场划归原山林场管理，合并后林场累计负债达4009万元，3个月发不了职工工资，林场陷入困境，曾被当地人戏称为"要饭林场"。

而今日的原山，短短十几年的时间，却创造了一连串让业内人士刮目相看的骄人业绩：国家级森林公园、全国重点风景名胜区、国家AAAA级旅游景区、全国青年文明号、全国森林文化教育基地，年接待国内外游客103万人次，旅游综合收入3800万元，原山不仅成了山东省森林生态旅游

[①] 主要材料来源
中国林业信息网：http://www.greentimes.com/green/news/zhuanti/tjzhy/2016-01/07/content_326626.htm.
鲁中网：http://tour.lznews.cn/2015/0823/426685.html.

的排头兵和当地旅游产业的龙头,还成了淄博市的后花园,"生态休闲到原山"成了当地人的口头禅。

时间回溯到1996年12月,原山林场的"事改企"之路在走过了10个年头之后,终于到了山穷水尽的地步:财政对国有林场"断奶"之后,林场先后靠贷款建了奶牛场、冰糕厂等企业,但由于缺乏经验,林场人闯市场就像旱鸭子下水,没有扑腾几下就沉了底,本钱都没了,还有什么效益可言?林场累计负债达2000多万元,此时,市里又将濒临倒闭的市园艺场划归原山管理,两个老大难累计负债4009万元,126家有名有姓的债主轮番上门讨债。有的职工交不起水电费,只好在电灯泡下点蜡烛,有的甚至靠卖血供孩子上学,职工集体上访时有发生。

1996年12月,以孙建博同志为场长的新一届领导班子组建,如何让林场不再守着绿色的金山要饭吃,让职工吃上饭,过上好日子,经过多方考察论证,原山人将目光瞄向了森林旅游:"国有林场作为国家一项公益事业,我们要不等不靠,依靠自身努力发展壮大国有林场,为社会创造更多生态财富"。经过论证,原山一班人在孙建博的带领下,达成了依托林场资源发展森林生态旅游的共识。

1998年冬天,原山自主开发的第一个旅游项目——森林乐园动工了。没有资金,林场班子便带领职工亲自干,大伙儿在工地上搬石头、和水泥、砌石堰。就这样,依靠自身力量建成的山东省第一家森林乐园,终于在1999年6月1日开业了,一时间全省的游客纷至沓来。不久,全国假日旅游政策出台,第一个"十一"旅游黄金周到来,林场人在市场中挖得了第一桶金。此后,原山紧扣"森林生态"这个主题,先后创造了"两个全国第一":第一个得到国务院总理批示的国有林场、第一个以旅游命名的市内列车——原山旅游号。"四个省内第一":第一家森林乐园、第一家鸟语林、第一家民俗风情园、第一家滑草场;"六个市内第一":第一个国家级森林公园、第一个AAAA景区、第一个国家重点风景名胜区、第一个全国青年文明号、第一个山东十大新景点、第一个山东十佳森林公园。

《国有林场改革方案》要求,通过发展森林旅游等相关产业,妥善安置国有林区富余职工,确保职工基本生活有保障。回头看看原山旅游的发展,恰恰印证了《方案》的定位。依靠发展森林旅游,原山林场不仅逐步归还、消化了所有的内外债,而且使职工过上了当地人人羡慕的好日子。2005年9月1日,国务院总理温家宝作出批示:山东原山林场的改革值得重视,国家林业局可派人调查研究,总结经验,供其他国有林场改革所借鉴。国务院副总理回良玉视察原山，对总结推广原山经验提出了要求，原山林场被国家林业局树为全国国有林场改革的一面旗帜。

(二)品牌，森林生态成为工业城市的绿色名片

保护森林是建设生态文明的根基，改善生态是林业发展之本。《方案》明确要求，加快推进国有林场改革，必须坚守生态、民生两条底线。十二届全国人大三次会议上，孙建博在小组发言中讲道："如果没有钱，林场谈保护生态就是一句空话。只有国有林场人的同步小康，才能实现森林生态的有效保护。"他的观点在代表中引起强烈共鸣，新华社等媒体专题报道了他的发言内容。他认为，生态林业和民生林业是相辅相成的，决不能简单地、人为地割裂开来。《方案》出台后，公益林完全由国家拿钱保护起来，早在政策出台前原山已经形成了林场拿钱购买服务、保护生态的机制。1997年开始，原山在全省国有林场中第一家停止商业性采伐，在保护生态资源的基础上，利用森林公园这个平台搞旅游，利用旅游创下的品牌发展其他相关产业，每年都拿出所需购买生态的资金，购买生态保护费用及林场防火道路、物资配备、基础项目建设，每年投入上千万元。

过去由于林场经济条件差，年年造林不见林，每年倒挂投入林区上百万元资金。新的领导班子上任后，将通过发展旅游挣得的钱不断加大基础投入，建成了森林防火监控中心、物资储备库，建立了山东省第一家专业防火队、第一家专业防火摩托车队；把遍布山林内的2000多个坟头迁到新建的公共墓地，现在，原山林场周边每年火警不到5起，林区内已经连续20年没有发生一起火灾。原山营林面积由1996年的40588亩增加到2014年的43013亩，净增2525亩。活立木蓄积量净增80683立方米，达到153353立方米，森林覆盖率由1996年的82.39%，增加到92.6%，相当于18年再造了一个原山林场。原山还积极推行大区域生态防火理念，通过租赁、合作利用周边的将周边的荒山、坡地实施造林2万亩，与山西五台山国有林管理局合作造林10万亩，成为拥有生态林和经济林17万亩的国有林场。

今天的原山林场，已经俨然成为淄博这座传统工业城市在转型发展中的重要支点和绿色名片，在全国旅游城市、全国文明城市、全国森林城市、全国绿化模范城市、全国生态文明先行示范区等历次创建活动中都发挥了不可替代的作用。博山区委、区政府整合当地7处A级景区全力支持原山创建淄博首家AAAAA级旅游景区，山东省林业厅、淄博市委市政府先后召开专题会议，支持原山做大做强，力争用3至5年时间成为淄博第

一支生态文化板块的上市企业。

（三）责任，18年整合5家困难事业单位

按照《方案》的总体目标要求，事业编制人员要从目前的40万，减少到22万人左右，确保职工生产生活条件明显改善。作为很多国有林场场长来说，最困难、最头疼的问题就是富余职工的人员安置、分流问题。

原山林场现有事业编制人员750人，按照山东省每500亩一名护林员的基本配置，原山最多只能保留130名事业编制人员，其余的600多人咋办？更不用说还有近300人企业编制人员。通过发展森林旅游，从1997年开始，原山便实行"定员、定岗、定责"的方针，成立了股份制的原山集团国有公司，不仅安排富余人员，同时解决职工家属、子女的就业问题，确保了职工队伍的稳定。随着原山事业的发展壮大，自1997年以来的18年间，淄博市委、市政府又先后把淄博市良庄园艺场、淄博市实验苗圃、淄博林业培训中心及淄博市委接待处下属颜山宾馆等4个陷入困境的事业单位交给原山集团接管、代管，有的单位很多年没有缴纳一分钱保险，各种情况十分复杂，原山同样用分类经营的办法，给他们安排了工作，享受上了应有的待遇。5个事业单位、1家企业形成了今天的幸福"一家人"。集团和林场通过保护生态，发展产业，不仅让整合、代管的人员全部得到了妥善安置，还带动了当地的餐饮、出租、宾馆、陶瓷琉璃、生态农业等相关第三产业的发展，累计为社会提供了近万个就业岗位。

"单纯靠国家投入，或许能解决林场职工'吃饭'的问题，但是解决不了'过好日子'的问题。在国有林场改革背景下，国有林场必须学会生态保护和经营创收两条腿走路。"4月13日，孙建博在全国国有林场场长培训班上这样对兄弟林场的场长们讲到。从自主开发第一家森林景点一路走来，原山已经实现了由经营景点到经营品牌的成功跨越，拥有一处森林公园、一处湿地公园，5家星级宾馆，并与周边4个乡村合作发展生态旅游，国宝大熊猫等珍稀动物也相继在原山落户。依托"原山旅游"的知名度和影响力，原山形成了集旅游业、生态林业、旅游地产、餐饮服务、生态文化五大板块于一体的国有企业集团，国定资产10亿元，年综合收入5亿元。

原山是一方创造奇迹的热土，原山也是一方人杰地灵的热土。孙建博说，原山是通过发展森林旅游并带动其他相关产业，才逐步成为全国林业战线的一面旗帜和全国国有林场改革的样板。今后要继续做大做强旅游产业，通过创建AAAAA级旅游景区，力争提前四年全面建成道德林场、法治林场、小康林场，为落实中发〔2015〕6号文件继续发挥引领作用。

二、辉煌的发展成就

经历了这些年的改革创新,山东省淄博市原山国有林场传承创新基因,谋求发展变量,在资源保护、资本运作、生态文化、职工民生、奉献社会等方面好戏连台,改革发展层层破冰,书写了生态林业民生林业全面协调可持续发展的激扬乐章,走在了全国国有林场改革发展的前列。

一连串的荣誉说明了原山林场的奋进与成果:2011年以来,"原山"先后获得"全国创先争优先进基层党组织""全国五一劳动奖状""全国十佳国有林场"等奖励90余项,林场党委书记孙建博先后被授予"全国优秀党务工作者""全国国土绿化突出贡献人物""全国道德模范提名奖"等荣誉称号,场长高玉红先后被授予"中国好人""低碳山东功勋人物""淄博市敬业奉献道德模范""博山区明星企业家"等荣誉称号。全场职工中先后有130多人次受到区级以上表彰。2014年5月16日,在第五次全国自强模范暨助残先进集体和个人表彰大会上,孙建博受到了习近平总书记、李克强总理等中央领导的亲切接见。2013年,孙建博当选十二届全国人大代表,从此,他为推动国有林场改革和现代林业发展不遗余力地建言献策、鼓与呼。

(一)多维突破,走内涵式发展道路

刚刚过去的5年,是原山林场着力夯实内涵发展之路、科学推动跨越式发展的重要阶段。山东省林业厅,淄博市委、市政府支持原山林场做大做强专题会议相继召开,原山林场以此为契机,坚持"改革永远在路上"的发展理念,着力实现"十二五"规划、三年奋斗目标规划(2014—2016年)目标,构建了生态林业、森林旅游、餐饮服务、旅游地产、生态文化五大发展板块,在资本运作、产业升级、转型发展等方面实现多维突破;投资20亿元全面推进六大工程;整合资源,"原山"联合博山区7处A级景区创建并启动了淄博首家国家AAAAA级旅游区;将"原山"打造成为山东省著名商标……在国有林场改革实践中,率先实现了山绿、场活、业兴、人富,实现了森林资源持续增长和职工民生持续改善。

原山林场已成为国有林场改革发展的旗帜。5年来,针对取经者众多的实际,原山林场相继建立了全国国有林场党的群众路线教育实践活动培训基地、国家林业局管理干部学院现场教学基地、山东省林业艰苦创业示范教育基地。为提供可借鉴、可复制、可推广的宝贵经验,全国国有林场场长培训班、山东省国有林场场长培训班、湖南省永州市林业干部素质能力提升培训班等先后在"原山"开班,每年慕名来"原山"学习、调研的国有林场、森林公园超过 200 家。

国家林业局党组书记、局长张建龙多次到原山林场调研，称赞"原山"是全国林业系统的一面旗帜，孙建博是全国林业的代言人，要永远为我们林业人当好这个代言人，为全国国有林场改革当好示范和标杆。

（二）创新理念，大区域防火全方位保护

绿色是实现永续发展的必要条件。秉承这一理念，原山林场一直把森林资源保护作为全场重中之重的工作来抓。

森林防火方面，率先在全国探索出了"防火就是防人"科学理念，每年沿林区周边与 67 个乡（镇）接壤的防火重点部位打烧防火隔离带 60 多千米。在继续确保林区内零火警的同时，又创造性地提出了大区域防火理念，将周边的乡镇纳入原山林场山脉防火体系，通过争取上级支持，累计为周边的乡镇免费配备防火物资 1600 台套。5 年来，原山林区派出所、微波视频监控中心先后完成升级改造，2012 年 10 月又在全国率先进行"雷达测火"监控系统安装，监控面积达到全场面积的 70% 以上，实现一线瞭望、视频监控和雷达测火监控的"三重"保险。

资源管理方面，截至 2014 年，林场完成幼林抚育 10880 亩次、中成林抚育 3.9 万亩次，全场经营总面积为 43013 亩，活立木蓄积量达 197443 立方米，森林覆盖率由 92.6% 增加到 94.4%，通过实施省际合作与场外造林，使森林总面积达 17 万亩。

病虫害防治方面，对森林病虫害实行提前预防、群防群控、属地管理、专业除治的办法，通过国家级森林病虫害中心测报点，继续加强松材线虫病、松柏两大毛虫、美国白蛾等监测对象的监测防控及虫情信息上报等工作，2013 年 6 月，针对松阿扁叶蜂危害情况，首次采用直升机喷药防治，取得了良好的防治效果。

良好的自然生态环境为当地居民打造休闲宜居的绿色平台，2015 年 10 月，原山国家森林公园成为首批"中国森林氧吧"。

（三）协调发展，五大产业提质增效

协调发展是持续健康发展的内因。通过实施资本运作、产业转型升级和内部股份制改造，原山林场在经济下行压力持续加大的前提下，形成了生态林业、森林旅游、餐饮服务、旅游地产、文化产业五大产业齐头并进、互为依存、协调发展的良好局面。

工程运作，科技支撑生态产业发展。2014 年 9 月，"原山"揭牌了由中国林业科学研究院支持建设的院士工作站，以及原山林场携手北京林业大学合作建设的中国北方种苗花卉研发中心，成为国有林场（林业集团）与国家林业最高科研单位优势互补、强强联合的样板。通过租赁、购买周边村庄的荒山坡地，原山林场打造了 2000 亩的淄博林业科技示范园，为绿化工程和场内造林提供了源源不断的优质苗木。原山绿地花园绿化工程有限公司通过创新运作模式、充实队伍力量、提升工程质量，获得"城市园林绿化一级资质企业"的资质，是淄博市仅有的 3 家一级资质企业之一。

森林旅游，转型变身大旅游格局。原山林场一班人"坚持高标定位、开拓进取"，在新常态下不断加快 AAAAA 级旅游景区创建步伐，快速完成了由经营景点到经营品牌的成功跨越。目前，原山林场直接经营管理的景区有原山国家森林公园、如月湖湿地公园、白石洞景区、禹王山景区，引进国宝大熊猫首次落户淄博。同时，"原山"还在更大范围内整合资源，启动了"淄博生态文化游"活动，先后整体接收博山景区 1 家，联合淄博市 A 级景区 10 家，与省内 50 家重点旅行社签约，向省内 17 城市游客赠送"淄博生态文化游"一卡通、"博山旅游一卡通"门票 30 万张，总价值超过 6000 万元，不仅一举打破了传统门票经济的藩篱，而且有效地将陶瓷、琉璃、生态农业、红色文化等淄博独有的旅游文化元素有机地串联起来，集中优势资源创建了国家 AAAAA 级景区。

餐饮服务，打造品牌成就阳光产业。在"原山"总体旅游收入不减少的前提下，餐饮服务业规模得到迅速扩张。新建的原山大会堂成为地区商务、会议、演出地标性建筑；利用原颜山宾馆闲置资产升级打造了美庐快捷酒店。至此，原山旅游饭店管理公司旗下拥有各种档次宾馆 4 个、旅游度假区 2 个、演艺中心 1 个，可同时接待 500 人住宿、1200 人会议。

旅游地产，经济发展新的增长极。"十二五"期间，"原山"充分盘活、利用多年来积累的存量土地，逆势而为，依托自身得天独厚的旅游资源，在地区打出了旅游地产和分时度假新概念，集旅游、休闲、度假、居住为一体，使旅业业与地产业无缝连接，阆苑旅游度假区、美庐旅游度假区、家庭式宾馆等一大批项目相继建成投入使用，原山大厦·美庐城市花园、金色年华颐养中心、AAAAA 级游客中心等项目手续已办理完毕，即将开工建设。原山林场旅游地产的发展，不仅有效拉升了地区地产行业的水平，而且为林场带来了较高的经济回报率，成为经济整体发展中新的增长极。

文化产业，绿色原山彰显道德力量。2013 年 9 月 13 日，随着一声清脆的锣声，原山集团下属的淄博翰墨文化传播股份有限公司在齐鲁股权托管交易中心正式挂牌上市，这是原山人大胆尝试资本市场运作、原山集团整体以生态板块上市所迈出的第一步。文化产业虽然在原山林场五大板块中起步相对较晚，但为何能通过市场融资迅速实现资本扩张？一定程度上得益于原山文化、原山精神自身所蕴藏的深厚底蕴。翰墨公司是一家集传播生态文化、艺术交流合作、电视专题制作、广告宣传、文化传播交流服务、企业形象策划、书画展览、字画装裱、书刊装帧设计等于一体的文化传播公司，曾参与党的十八大重点献礼影片《完美人生》、孙建博长篇纪实文学"命运三部曲"、歌曲《原山美》等一大批影视、书籍、曲艺作品的策划、制作，并多次荣获中国著名景区主题歌曲大赛铜奖、淄博市精品工程奖等。目前正与国家林业局对接，策划运作全国国有林场改革大型纪录片。利用原山在全国林业系统的品牌影响力，网络销售中心应运而生，"互联网+淄博生态文化游"、"互联网+林业产业"、"互联网+原山文化"……一个"买全国、卖全国"的电商平台正在逐步搭建起来，原山网络经济初露端倪。

（四）整合资源，深度引爆发展大裂变

开放是现代国有林场改革的必由之路，也是原山人在发展中自信的表现。事业处于逆境时不自闭，事业处于顺境而不自满。原山人始终以一种开放、包容、达则兼济天下的心态想事、干事、干成事。从资产经营到资本运作，这是原山"十二五"产业提质上档、资本规模扩张的平台和保障。就林业系统内部而言，"原山"不断加强省际合作交流，让原山经验、原山模式在更大的范围被复制、分享，与吉林省林业厅、湖南永州市林业局等达成了干部挂职锻炼、委托培训协议，与河北塞罕坝机械林场、广西维都林场、内蒙古白石生态旅游区等单位进行白酒贴牌生产，与五台山国有林管理局实施合作大造林项目，与蛟河林业实验区管理局合作成立了蛟原股份合作公司、与海南相关部门合作开发旅游度假区项目，与吉林相关部门合作的东北虎园项目和与安徽相关部门合作的桂花园项目等也都在积极推进中。就合作领域而言，又绝不仅仅是林业一个层面，涵盖了科研、养老、旅游、文化、旅游地产、电子商务等多领域、多学科的交流与合作。特别是2013年以来，根据国家林业局和中国林场协会安排，孙建博先后到山西、吉林、黑龙江、广西、广东、海南等9个省（自治区）进行国有林场改革专题调研，签订了林业产业、旅游合作、地产开发、良种繁育等一系列合作协议，使场外合作又迈上了一个新的台阶。

在国家全面推进国有林场改革的大背景下，"原山"正以开放的心态彻底打破传统的产业发展模式,力求在更深更广的领域探索出一条国有林场大发展、大裂变的科学之路,为全国林业发展不断提供新的、更高示范。

(五)共享发展,幸福原山"一家人"

共享是原山林场"一家人"理念的核心,也是原山人不断将幸福送给社会的责任担当。通过担当与共享,让绿色原山闪耀道德的光芒。2011年4月,淄博市委、市政府决定将淄博市委接待处下属颜山宾馆整建制并入原山林场,颜山宾馆已经营40年,留下了太多的历史遗留问题。整合就是替政府分忧,使国有资产增值保值,整合就是要让职工得实惠。本着对组织负责、对社会负责、对职工负责的原则,安排职工重新就业、退还集资款、理顺五项保险……几十年没有解决的问题,"原山"用了不到一个月的时间就全部一次性解决。从1996年新班子上任至今的19年间,"原山"先后接管、代管了淄博市园艺场、淄博林业培训中心、淄博市实验苗圃、淄博颜山宾馆4家困难事业单位,成为由5家事业单位、1家企业组成的原山集团,妥善安置职工千余人。1000个就业岗位背后,是1000个家庭的稳定生活,是1000张充满欢乐的笑脸……稳定的生活与充满欢乐的笑脸,是群众对党发自内心的感谢。孙建博说:"不管你是什么编制、什么身份,进了'原山'门就是一家人。"一家人一起吃苦,一起干活,一起过日子,一起奔小康。通过实施企业内部股份制改造,全场每一位职工都是企业的股东,党员干部为职工、为事业干,职工为自己干。

自"十二五"以来,林场职工连续增长8次工资,截至2015年10月,职工年最低收入达到4.8万元,先后两次享受林场内部调房机会,私家车拥有量超过50%,通过建立股份制企业先后解决职工家属、子弟就业110人次。2011年,"爱心原山"建设正式列入"十二五"规划,成为原山人日常工作和生活的一部分,每年都出一个主题,让职工都围绕这个主题来想事、做事。2011年的主题是"幸福原山新追求"、2012年是"把五种幸福送给社会"、2013年是"争当幸福原山人"……2013年6月,由中央文明办主办,山东省委宣传部、省文明办、淄博市委市政府、中国文明网承办的"学雷锋·在行动——全国道德模范与身边好人现场交流活动"在原山大会堂举办。来自全国的道德模范和"中国好人""身边好人"齐聚原山林场,共同就如何推进社会主义核心价值体系建设,巩固文明城市建设成果等课题进行了现场交流。这是该项活动第一次在道德模范、身边好人所在的工作单位举行。一位领导说:"孙建博、高玉红及其所带领的原山林场本身就是践行雷锋精神的先进典型,在原山林场举办活动最具意义。多年来,

'原山'在淄博市历次创建活动中都发挥了不可替代的作用,活动地点放在'原山',政府和社会都放心。"这些年来,在全国优秀旅游城市、全国绿化模范城市、全国文明城市等创建活动中,原山林场一直是国家考核组必看的检查点,展现了优秀的社会形象。

  2014年12月,山东省委常委、组织部长高晓兵到原山林场调研,她指出,"原山"把市场的优势、国家对林业的优势、思想政治工作的优势都集中在一起,这和班子的无私是分不开的。原山艰苦奋斗纪念馆不能仅仅是"原山"的,也不能仅仅靠"原山"去打造。这些先进人物的事迹要系统地去挖掘和总结,目的是要更多的人受教育。原山林场如何从负债累累发展到今天这么大的资产,靠的是什么精神。要系统地总结,总结以后要进行推广运用。在当前中央6号文件出台、国有林场改革全面推开的背景下,原山林场保护生态、发展产业、惠及民生的典型经验,成为国有林场改革的现实样本。新华社先后3次在《半月谈》等刊发专题文章,介绍原山改革的典型经验,中央人民广播电台、《人民日报》《中国绿色时报》等媒体记者也相继到原山深度采访,指出改革风口上的国有林场应该向原山林场学什么。

大力弘扬塞罕坝精神　再谱国有林场建设新篇章[①]

"塞罕坝是我国林业战线的一面旗帜，塞罕坝人是林业战线的大庆人和大寨人。塞罕坝务林人在创造绿色奇迹的同时，也创造了伟大的塞罕坝精神。"这是去年6～7月间，国家林业局局长贾治邦在视察塞罕坝机械林场后给予林场的高度评价。

在去年的全国林业厅局长会上，贾局长十分精辟地把塞罕坝精神概括为五句话："一是艰苦创业的精神；二是无私奉献精神；三是科学求实精神；四是开拓创新精神；五是爱岗敬业精神。"并称"伟大的塞罕坝精神，是几代塞罕坝人用心血、汗水甚至生命凝结而成的，是中华民族精神在林业行业的具体体现，是中国林业行业的宝贵财富，是激励广大务林人不断进取的光辉旗帜，是发展现代林业、建设生态文明，推动科学发展的强大动力"。贾治邦局长对塞罕坝精神给予的最新总结和最高提炼，思想内涵深刻，突出行业特点，充满时代气息，无时不在鼓舞和激励着全场干部职工奋勇前行。

为了进一步丰富和发展这种精神，塞罕坝机械林场再次总结梳理建设发展历程，目的是为了更好地凝聚塞罕坝精神，在未来国有林场的现代林业建设中继续领航，再续辉煌。

光辉的历史进程，塞罕坝务林人在渺无人烟的荒原绝塞上，创造了让沙漠成绿洲、变荒原为林海的人间奇迹。

塞罕坝近半个世纪的建设历程，是一部爱国史、奋斗史、光荣史。

一块塞北荒原，担当一个历史课题。塞罕坝是蒙汉合璧语，意为"美丽的高岭"。位于河北省围场县境内，距北京直线距离不到300公里，属内蒙古高原和浑善达克沙地最南缘。清朝时期，康熙皇帝在此设置了"木兰围场"。后来由于清王朝的衰败，同治二年（1863年）对塞罕坝进行开围放垦，森林植被遭到严重破坏。随之又遭受日本侵略者的掠夺采伐和连年山火，这里的原始森林便荡然无存。新中国成立初期，塞罕坝已经退化为"飞鸟无栖树、黄沙遮天日"的高原荒丘，浑善达克沙地的不断南侵让其沦

[①] 中国林业信息网 http://www.greentimes.com/green/news/zhuanti/qyxx/content/2011 – 06/03/content_ 132405. htm.

为茫茫荒原。1961年10月，时任林业部国营林场管理总局副局长的刘琨带队在寒风怒吼、大雪横行、人迹罕至的塞罕坝上进行了3天的踏查，发现了在东部荒原上顽强挺立的"一棵松"和残存的落叶松枯根，成为树木可以在这里成活的科学见证，由此坚定了林业部决策者建立直属塞罕坝机械林场的决心。1962年2月，国家计委批准了建场方案并明确了极富远见卓识的四项建场任务：一是建成大片用材林基地，生产中、小径级用材；二是改变当地自然面貌，保持水土，为改变京津地带风沙危害创造条件；三是研究积累高寒地区造林和育林的经验；四是研究积累大型国营机械化林场经营管理的经验。

一个英雄群体，再造一方塞外绿洲。1962年，林业部组建直属的塞罕坝机械林场，从全国18个省份调集精兵强将组成369人的建设大军，这支队伍当时平均年龄不到24岁，大中专毕业生占职工总数的40%，在第一任领导班子承德专属农业局局长王尚海、承德专属林业局局长刘文仕、林业部工程师张启恩、原丰宁县县长王福明的带领下，拉开了创业序幕，开始了大规模的植树造林。经过近50年的艰苦奋斗，几代塞罕坝林场干部职工在极端困难的立地条件下，在140万亩的经营面积上成功营造了112万亩人工林，如果把人工林按一米的株距排开，可绕地球赤道12圈，创造了一个变荒原为林海、让沙漠成绿洲的绿色奇迹。塞罕坝林场森林覆盖率由新中国成立初期的11.4%提高到现在的80%，林木总蓄积量达1012万立方米，森林资产总价值达153亿元。塞罕坝机械林场营造的百万亩森林，把塞罕坝建成了全国最大的人工林林场。不仅明显改善了当地生态状况，使无霜期由42天增加至72天，年降水量由417毫米增加到530毫米，6级以上大风天数由76天减少至47天，而且有效阻滞了浑善达克沙地南侵，为京津地区构筑起一道坚实的绿色屏障。

一个传奇林场，传扬一串旷世美名。塞罕坝机械林场集中连片的人工林面积112万亩。林场以占河北省国有林面积13%的林地，培育出了占河北国有林蓄积量35%的森林，单位面积的林木蓄积量分别达到全国人工林平均水平的2.76倍、全国森林平均水平的1.58倍和世界森林平均水平的1.23倍。党中央和共和国的多位领导人先后到过林场视察，并给予热情支持和高度赞誉。田纪云视察林场，确定了坝上生态农业工程；邹家华视察林场后，确定在河北北部"再建三个塞罕坝"；宋平赞誉塞罕坝林场是"水源卫士，风沙屏障"。后来人对塞罕坝这样描述："河的源头，云的故乡，花的世界，林的海洋，摄影家的天堂，创业者的战场。"著名作家魏巍写道:"万里蓝天白云游、绿野繁花无尽头,若问何花开不败,英雄创业越千秋。"塞罕坝已成为"为北京阻沙源、为辽津涵水源、为河北增资源、为当地拓财源"的绿色明珠。塞罕坝生态文化建设快速发展,于1993年被批准为国家级森林公园后,又连续成为"中国最佳森林公园""中国最佳旅游品牌景区""河北最美的地方";先后被授予"全国林业系统先进集体""全国先进国营林场""中国沙产业十大先进单位""全国科技兴林示范林场""国有林场建设标兵"等荣誉称号,获得"全国五一劳动奖状",成为"感动河北人物群体";还先后被命名为"中央国家机关思想教育基地""再造秀美山川示范教育基地""河北林业艰苦创业教育基地"等。

  反复的实践认识,塞罕坝务林人在前无古人的艰辛之路上,创造出尊重和依靠干部职工,向党兑现承诺的塞罕坝精神实质。

  塞罕坝在实践中造就的精神,是丰富而系统的,值得总结和传扬。

  塞罕坝精神的核心是艰苦创业。塞罕坝高寒、高海拔、大风、沙化、少雨。对于常人来说,仅适应这种极端环境就已非常困难了,但塞罕坝务林人凭着艰苦创业的精神,在年均积雪7个月的高寒塞北,一年120天零下20℃以下天数的恶劣气候环境下,啃窝头、喝冷水、住马架、睡窝棚,以坚韧不拔的斗志,以攻艰克险的坚守,以永不言败的担当,在流沙中植树,在荒漠上建房,终于创造了"人逼沙退、绿荫蓝天"的伟大业绩。

  塞罕坝精神的价值取向是无私奉献。林业周期长、见效慢,10年树木,而高寒地区的树木不止10年,像落叶松、人工林要达到成熟的状态至少需要40年。"前人栽树,后人乘凉",选择了林业就是选择了奉献,就是选择了清贫,这正是塞罕坝精神的价值所在。为实现这个价值,塞罕坝人视林场为家乡,将绿化当事业,几十年如一日地扎根基层,无怨无悔,矢志不渝。建场初期,承德二中刚刚毕业的6名女高中生,毅然决然地离开城市来到塞罕坝林场,书写了"六女上坝"的感人故事。

  塞罕坝精神的支点是科学求实。塞罕坝的建设是在物质和技术几乎一片空白的前提下开始的,塞罕坝人始终坚持科学求实的思想路线,实现着一次又一次的自我超越。塞罕坝人依靠科学技术,攻克了高寒地区引种、育苗、造林等技术难关,创造出一个个营造林技术的新突破:引进的樟子松很好地解决了塞罕坝西部沙丘的树种问题;从东北引进日本兴安落叶松解决了本土生长量不足;在容器苗造林时代,自主研发了容器苗造林的一些基质配方,走在全省容器苗造林的前列;创造了"三锹半人工缝隙植苗法""苗根蘸浆保水法""越冬造林苗覆土防寒防风法"等技术,成为全国科技兴林的先进典型；在高海拔地区工程造林、森林经营、防沙治沙、有害生物防治、野生动植物资源保护与利用等方面也取得了许多科研成果。

塞罕坝精神的动力是开拓创新。在漫长的发展历程中，塞罕坝林场曾经多次遭遇阵痛、陷入困境。1963年造林失败，几万亩耕地大减产，塞罕坝刮起了最严重的一股下马风。但塞罕坝人求新思变，不断总结提炼，确定了以修枝、抚育间伐、低产林改造为主的森林经营生产体系，总结出大密度初植、多次中间抚育利用和主伐利用相结合的人工林可持续经营路线，创造出造林、幼抚、定株、修枝、疏伐、主伐、更新造林等循环有序的森林培育作业流程，整理出一套适合塞罕坝林场特点的森林经营模式，为全省森林经营起到了示范带动作用。确立了"生态立场、营林强场、产业富场、人才兴场、文化靓场"新的发展战略；把林场的教育、医疗纳入地方体系，并在加强保护的前提下，大力发展二、三产业，每年为地方创造上万个就业岗位，实现社会总收入5亿多元，走出了一条以副养林、以林兴场、多业并举的可持续发展之路。

塞罕坝精神的源泉是爱岗敬业。塞罕坝创造的绿色奇迹离不开千千万万爱岗敬业的干部职工，这是林场一穷二白到走向辉煌的力量源泉。几代塞罕坝人把个人理想与林业事业、个人选择与国家需要、个人追求与人民利益紧密结合起来，始终以造林绿化为崇高使命，坚持"先治坡、后治窝，先生产、后生活"。陈瑞军、初景梅夫妇常年坚守"夫妻望火楼"守护森林，由于远离人群，缺乏交流，儿子长到8岁时说话还不清楚。第一任技术副场长张启恩，是林业部造林司的工程师，当领导点将派他来塞罕坝的时候，他没有犹豫，和爱人一道，放弃北京优越的生活条件，带着3个孩子举家迁到塞罕坝，因其在工作中干劲十足，被人们誉为"特号锅炉"，成为林场科技兴林的元勋。第三乡林场的一位营林区主任邓宝珠，爱树像爱自己的子女一样。他怕一次造林不成活，就在造林的同时直接造上备补苗，让备补苗和造林苗同步生长，发现哪有空缺了就及时将备补苗移过去。塞罕坝人这种脚踏实地、一丝不苟、呕心沥血的精神，表现出了对绿色、对人民、对事业的无限热爱。

科学的发展规划，塞罕坝务林人创造了相互协调的生态与产业、相互统一的兴林与富民的宏伟蓝图。

塞罕坝精神是几代人，十几任领导集体缔造、完善和传承的，还需要新一代塞罕坝人不断地弘扬、丰富和发展。

扬起建设现代林场的风帆。以建设现代林场，争做国有林场改革发展排头兵为愿景，近年来塞罕坝机械林场确定了建设和谐、富裕、文明的现代林场的奋斗目标；明确了京津生态屏障、森林资源宝库、生态旅游胜地、和谐富庶家园的发展定位；明晰了推进分类经营、优化人居模式、融入区域经济发展大局的3条改革发展主线；大力实施生态立场、营林强场、产业富场、人才兴场、文化靓场的五大发展战略。

坚持生态立场。把国有林场当成生态建设的主战场，不追求短期效益，在科学合理的环境容量之内，积极发展生态旅游产业，走环境友好型产业发展道路；坚持见缝插针，挖掘造林最大潜力；依法维护国有林场权益，彻底解决与御道口长达40多年的边界纠纷，增加了资源安全保障。

坚持营林强场。实施高强度集约经营、定向培育，坚持"经营和保护并重，利用和培育并举"的原则，保持年采伐量不超过年增长量的1/4。加大迹地更新造林力度，加大对零散宜林地、石质荒山等困难立地造林绿化力度，采用大苗移植、容器苗造林等等攻坚手段和先进适用技术，优化树种结构，加快选育和营造优质速生树种；扩大珍贵树种和混交林营造比例，加大中幼林抚育力度，以一流的营林水平创一流的森林质量，确保塞罕坝森林资源越采越多，越采越好。

坚持产业富场。重点打造木材生产、生态旅游、绿化苗木和绿化工程三大支柱产业。充分利用市场竞争机制，大力推行木材竞价销售、立木销售等促销方式，不断提高木材收益；着力提升以"生态、冷凉、皇家、民俗"为四大特色的生态旅游产业，以年均25%的增速迅猛发展，2010年还成功控股整合了围场县内、承德市属的御道口草原风景区和红松洼国家级自然保护区两大旅游景区，入园游客突破了40万人次，初步实现了合作多赢，成为引领承德市生态旅游业发展的"龙头"；积极外出承揽绿化工程，年收入超千万，成效日益显著。

坚持人才兴场。采取"走出去"与"请进来"，"举兵当帅"与"找帅当兵"的两个结合举措，重学习、强培训、给舞台、活机制，使一支专业化、复合型、能担重任的干部职工队伍正在迅速成长。仅近3年来就派出1000多人次外出考察学习，65人到国家林业局党校、清华大学、北京林业大学等院校学习培训，两名场长到省外挂职锻炼，公开选拔了100多名科级干部、基层林场中层干部和森林旅游开发公司等企业单位高管人员，提高了队伍的素质和干事创业能力。

坚持文化靓场。林场建立了职工文艺汇演、文体竞赛、演艺公司、《塞罕绿笛》内刊、《塞罕坝播报》内部电视频道、出版专著专集、奖励宣传作品、奖励科技成果著述、奖励优秀高考子女等长效机制，全面加强以塞罕坝精神为核心的企业文化建设，发挥塞罕坝多个基地的辐射传播功能，打造长篇报告文学和电视连续剧等生态文化精品，把塞罕坝建设成为树立林业生态文明形象的重要窗口。

踏上二次创业的伟大征程。进入21世纪，塞罕坝林场党委确立了二次创业、塞罕坝崛起的发展战略，将生态建设作为塞罕坝的立场之本和发展之源，强化用塞罕坝生态保京津家园安全的使命意识；走科学发展之路，明晰了"推进分类经营、优化人居模式、融入区域经济发展大局"的3条改革发展主线，坚持了"生态优先、采育结合、持续经营、和谐发展"的经营方针，不断提升育林造林和生产经营的质效，使职工生活上升一个大台阶，取得了小康和和谐的全面进步。

变传统生产方式为人文发展理念，实现了兴林强场和惠民富民的统一。塞罕坝按照以人为本、改善民生的时代要求，提出了"山上治坡、山下治窝，山里生产、山外生活"的新理念，"十一五"期间，森林资源总量增加，全场有林地面积较"十五"期间增加了3万亩，活立木总蓄积较"十五"期间增加324.8万立方米，年增加蓄积量65万立方米，经济效益显著提高。林场历史性地开创了塞罕坝人生活城镇化、住宿公寓化、办公现代化、环境园林化的全新生活，实现了老人孩子们在城里"安居、求学"，职工在岗位上"乐业"的和谐局面。近年来，林场自筹和争取资金超亿元，对全场基础设施进行了全面规划和改造。对塞罕坝城区拆旧建新，建成了五街两路，进行了硬化、美化、亮化，并在总场办公楼前建成了2万平方米的文化广场，对水、暖、电、讯、路进行了全面改造升级。目前，一座景观型、林荫型、休闲型塞罕坝城已初具规模。在国家林业局和河北省林业局的支持下，筹集资金1.7亿元，实施危旧房改造工程，使总场和5个基层林场累计建设11万平方米，共1227户。总场珍惜机遇，学习调研，统筹规划，着眼长远，建成集办公、居住、活动游憩、绿化美化于一体的综合工程；结合实际，顺应民意，建成"民心工程、德政工程"；公开招标，加快进度，让职工早日受益；创新机制，全程监控，将项目建设成为"三网融合"、生活配套设施齐全的优质工程。场容场貌大变样、生活方式大转变、建设事业大发展，实现了"山上山下双轨办公，山里山外两地生活"的全新人居模式。

变靠人力密集型为靠科技密集型，实现了科研实力和营林保护的统一。启动实施了《森林防火关键技术研究》《河北坝上地区樟子松嫁接红松技术研究》《坝上地区人工林大径级材培育》等6项课题，部分成果填补了同类研究领域空白，《塞罕坝森林资源价值评估与核算研究》课题研究达到国际先进水平。4篇论文分别获得河北省林学会优秀科普作品一、二、三等奖；《松线小卷蛾、落叶松小卷蛾预测预报技术规程》课题论文获河北省林学会科学技术奖二等奖。推广实施了《坝上沙区植被固沙技术试验示范》《华北落叶松健康森林经营技术推广示范》等4个项目。以科研促保护，先后与院校和科研单位联合开展了塞罕坝野生动物多样性等方面的研究。课题研究成果10余次获得省部级科技进步奖。研究并坚持"生态优先、保护第一、分类经营、分区施策"的办法，5年累计投入6000万元。建立了科学严密、防控有力的森林防火体系，取得了49年未发生森林火灾的优异成绩。林场将万顷林海划分为"国家级自然保护区、重点公益林、国家级森林公园、商品林"四大板块，有效进行法制化、电子化、信息化分治分管，"四率"指标均达省局要求。

变单一建设模式为多元发展模式，实现了主业为主和主副互补的统一。老场长张硕印撰写"绿洲在这里陨落"一文中评述，"如今，在全场近百万亩林海中，有那么几块几万亩、十几万亩的大片人工林。练兵台、东坝梁、梨树沟、千层板、北曼甸。那片片万顷林海，树连天，天连山，风起云涌，一望无边"。这是坚持以科学发展观为指导，大力培育资源，着力发展产业的结果。近5年塞罕坝又充分发挥资源优势，大力发展林业产业。打造出了木材生产、生态旅游、绿化苗木三大支柱产业。以木材产业为林场的主导产业，一手抓加强管理、集约经营。争取中央建设资金1100余万元，省局配套资金100万元，建成了保护区管理站、管护点、检查站、瞭望塔等配套的管护设施和可靠的管护队伍；"十一五"期间，林业建设投资3亿元，与"十五"同比增加90%，林场总收入4.6亿元，与"十五"同比增长130%。一手抓壮大生态旅游产业和绿化苗木产业。通过多方融资打造精品旅游景区和举办旅游文化节、召开大型旅游推介会等多形式的旅游宣传促销方式，使旅游入园人数以每年25%以上的幅度递增。5年总共接待游客136.2万人次，旅游总收入达到6655万元，旅游年收入突破2000万元；2010年，入园人数达38.4万人次，再创历史新高。在森林公园建设中，新建和升级改造塞罕塔、大梨树沟、康熙点将台等8个景区和52个景点，硬化旅游环线路34.4公里，共投资5830万元，从而拓展了公园的发展空间，提升了公园的品位；经过多次修改完善《科考》与《总规》内容，自然保护区建设不断提挡升级，成功晋升为国家级自然保护区。林场抓住绿化苗木供不应求的商机，逐年上调苗木价格，销售收入逐年增加，2009年已突破1000万元。几年来，利用3000余亩绿化商品苗木基地资源和自身技术优势，把走出去承揽社会绿化工程作为经济增长新亮点，已实现收入1200多万元。

吹响"十二五"建设号角。塞罕坝各级领导和干部职工，按照贾治邦局长强调的"弘扬塞罕坝精神就要发展现代林业、建设生态文明，推动科学发展"的要求，提出了构建现代林业的基本框架，奠定生态文明的牢固基础，创建科学发展的良好环境的三大任务；把建设现代林场，实现塞罕坝崛起作为"十二五"林场全面建设的主旋律和总目标。

塞罕坝林场围绕分类经营，优化人居环境，融入区域经济发展大局3条发展主线进军"十二五"，强力推进干部作风建设，着力提升保护能力，重点实施攻坚造林和科学营林，不断提高经营管理水平，进一步壮大林业产业，强化森林公园和自然保护区建设，突出打好生态文化建设和实施国有林场危旧房改造工程两大战役，深化国有林场改革，加强精神文明建设，推进现代林场建设进程，以更严的要求、更高的标准推进各项工作，加快建设现代化、高水平全国示范国有林场。他们科学确立建设目标，使森林资源总量到2015年，有林地面积由112万亩增加到118万亩，活立木蓄积由1012万立方米增加到1300万立方米，森林覆盖率由80%提高到83.7%，增加3.7%；经济总收入10亿元，年均收入2亿元；科学营林，抚育幼林10万亩，抚育成林28万亩；保护森林资源，投资1.4亿元，完成森林防护道路阻隔网络、森林火险预警监测系统、防火通讯和指挥系统、森林防火扑救装备和其他基础设施建设工程，确保无火灾、无防扑火安全事故；在林业产业方面，投资2.1亿元，完成森林抚育补贴试点、商品林经营、"再建三个塞罕坝林场项目"造林、迹地造林、攻坚造林等工程；加强自然保护区建设，完成国家级自然保护区二、三期建设项目的具体内容，晋升为国家级生态示范自然保护区；投资5000万元建设精品塞罕城，完成塞罕城供暖系统、供水及净化系统、排污系统的升级改造，塞罕城区道路改造工程和净化美化工程；重视生态文化，继续完善教育基地展览馆内部设施，充实内容、扩大规模、丰富内涵，晋升为国家级爱国主义教育基地；加强精神文明建设，强化党组织的堡垒作用，保持干部职工队伍思想稳定，提高综合素质，丰富党团工青妇活动。

寄托着塞罕坝务林人的梦想和希望，凝结着干部职工的实践和汗水，闪耀着务林人智慧和关爱的塞罕坝林场"十二五"计划的重点确定：大力实施生态立场，加强森林资源管护，实施攻坚造林，增加森林资源总量；大力实施营林强场，提升科技营林水平，提高森林资源质量；大力实施产业富场，不断壮大产业规模，优化林业产业结构；大力实施人才兴场，加强干部队伍建设，提高管理水平；大力实施文化靓场，加强精神文明建设，提高文化生活水平；大力推进国有林场改革；大力加强森林公园和自然保护区建设；打好危旧房改造攻坚战，推进现代林场建设；全力以赴筹备50年场庆，确保50年大庆圆满成功等重大战略工程，为林场新一轮建设、崛起、振兴确定了新的思路；为林场探索科学发展、明晰定位、整合优势、凝聚合力搭建了新的平台；为深化改革发展、加强交流合作、实现互利共赢拿出了新的举措。

  山更青、景更美、人更富，塞罕坝的明天一定会更好，他们将继续丰富和发展塞罕坝精神，在现代林业建设中奋勇争先！